达芬奇影视调色全面精通

素材剪辑+高级调色+视频特效+后期输出+案例实战

（第2版）

周玉姣◎编著

清华大学出版社
北京

内 容 简 介

本书汇集了抖音、快手、B 站、小红书中的火爆案例，用两条线帮助读者全面精通达芬奇软件的剪辑、调色与特效处理等技巧。

第一条是纵向技能线，通过 5 大篇幅、140 个技能实例、280 多分钟高清视频、1100 多张图片全程图解 DaVinci Resolve 18 软件视频调色的核心技法，如视频剪辑、色彩校正、降噪处理、蒙版遮罩、混合器调色、色轮调整、选区抠像、节点处理、曲线调色、模糊虚化以及效果使用等。

第二条是横向案例线，通过 3 大实战案例、10 章专题内容，对各种类型的视频素材进行后期调色与剪辑制作，如风光视频、旅游视频、古风人像、夜景视频，以及人像视频调色——《花季少女》、夜景视频汇总——《夜景之美》和延时视频汇总——《银河星空》等，让用户能够融会贯通、举一反三，轻松完成自己的视频调色作品。

本书结构清晰、语言简洁，适合视频拍摄者、视频调色爱好者、达芬奇软件学习者、影视工作人员、电视台工作人员等使用。此外，达芬奇软件的初、中级读者通过学习本书也会有一定的收获。

本书封面贴有清华大学出版社防伪标签，无标签者不得销售。
版权所有，侵权必究。举报：010-62782989，beiqinquan@tup.tsinghua.edu.cn。

图书在版编目(CIP)数据

达芬奇影视调色全面精通：素材剪辑＋高级调色＋视频特效＋后期输出＋案例实战 / 周玉姣编著. —2版. —北京：清华大学出版社，2024.3（2025.2重印）
　ISBN 978-7-302-65374-5

　Ⅰ.①达… Ⅱ.①周… Ⅲ.①调色—图像处理软件 Ⅳ.①TP391.413

中国国家版本馆CIP数据核字(2024)第038193号

责任编辑：韩宜波
封面设计：杨玉兰
责任校对：李玉茹
责任印制：沈　露

出版发行：清华大学出版社
　　　　　网　　址：https://www.tup.com.cn, https://www.wqxuetang.com
　　　　　地　　址：北京清华大学学研大厦A座　　邮　编：100084
　　　　　社 总 机：010-83470000　　　　　　　　邮　购：010-62786544
　　　　　投稿与读者服务：010-62776969，c-service@tup.tsinghua.edu.cn
　　　　　质量反馈：010-62772015，zhiliang@tup.tsinghua.edu.cn
印 装 者：三河市君旺印务有限公司
经　　销：全国新华书店
开　　本：190mm×260mm　　印　张：17　　字　数：424 千字
版　　次：2021 年 3 月第 1 版　　2024 年 3 月第 2 版　　印　次：2025 年 2 月第 4 次印刷
定　　价：99.00 元

产品编号：102050-01

前 言

写作驱动

  本书是初学者全面自学DaVinci Resolve 18的教程。本书从实用角度出发，对软件的工具、按钮、菜单、命令等内容进行了详细解说，能帮助读者全面精通软件。

  读者通过学习本书能够掌握一门实用的技术，提升自身的能力。本书在介绍软件功能的同时，还精心安排了140个针对性很强的实例，讲解了10多个抖音热门调色视频的制作方法，能够帮助读者轻松掌握软件的具体应用和使用技巧，并做到学用结合。书中全部实例都配有视频教学录像，详细地演示了制作过程，读者可通过观看视频辅助学习。

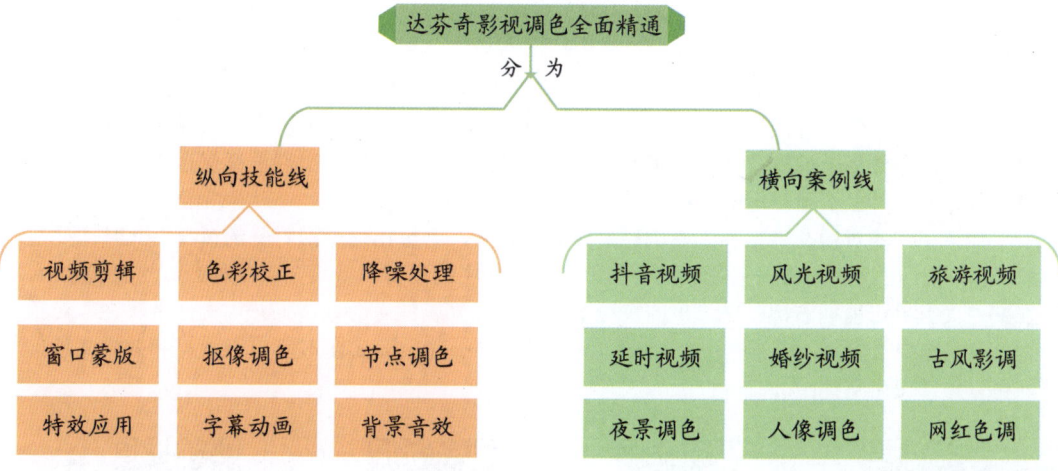

本书特色

  1. 10多个抖音调色视频： 本书精选了10多个抖音热门调色视频案例，简单易学，适合学有余力的读者深入钻研。用户只要掌握基本的操作，开阔思维，就可以在现有能力的基础上实现一定的进阶。

  2. 20多个专家提醒放送： 作者将平时工作中总结的软件实战技巧、设计经验等毫无保留地奉献给读者，不仅大大提高了本书的含金量，还方便读者提升软件的实战技巧与经验，从而大大提高读者学习与工作的效率。

  3. 130多个快捷键应用： 为了让读者将所学知识与技能更好地融会贯通于实际工作中，本书特意汇总了130多个快捷键的应用及说明，包括项目文件的快捷设置、视频修剪快捷操作、视频标记快捷设置、"时间线"面板快捷设置、显示预览快捷设置以及调色节点快捷设置等，帮助读者快速精通DaVinci Resolve 18软件的实践操作。

  4. 140个技能实例奉献： 本书通过大量的技能实例辅讲软件，共计140个，包括软件的基本操作、素材剪辑、一级调色、二级调色、节点调色、色彩校正、背景抠像、风格处理、影调调色、效果添加以及输出交付等内容，招招干货，若全面吸收能让学习更高效，帮助读者从新手入门到后期精通。

5.280多分钟的视频演示： 书中的软件操作技能实例全部录制了带语音讲解的视频，时间长度达280多分钟。视频重现了书中所有实例操作过程，读者可以结合书本内容，也可以单独观看视频演示，像看电影一样进行学习，让学习更加轻松。

6.550多个素材效果奉献： 随书附送的资源中包含290多个素材文件、260多个效果文件。素材涉及婚纱视频、古风人像、古城夜景、星空视频、烟花晚会、延时视频、家乡美景以及特色建筑等，内容丰富，方便读者使用。

7.1100多张图片全程图解： 本书使用1100多张图片对软件技术、实例讲解、效果展示进行全程式的图解，通过这些大量清晰的图片，实例的内容变得通俗易懂，让读者可以一目了然，快速领会并举一反三，然后制作出更多精彩的视频文件。

特别提醒

本书基于DaVinci Resolve 18软件编写，请用户一定要使用同版本软件。附送的素材和效果文件请根据本书提示进行下载。学习本书案例时，可以扫描案例上方的二维码观看操作视频。

直接打开附送资源中的项目时，预览窗口中会显示"离线媒体"提示文字，这是因为每个用户安装的DaVinci Resolve 18软件以及素材与效果文件的路径不一致，属于正常现象，用户只需将这些素材重新链接至素材文件夹中的相应文件即可。用户也可以将随书附送的资源复制至电脑中，需要某个.drp文件时，第一次链接成功后，就能将项目文件进行保存或导出，并且后面打开项目时也不需要再重新链接。

如果用户将资源文件复制到电脑磁盘中直接打开，则会出现无法打开的情况。此时需要注意，打开附送的素材效果文件前，需要先将资源文件中的素材和效果全部复制到电脑的磁盘中，在文件夹上单击鼠标右键，在弹出的快捷菜单中选择"属性"命令，打开"文件夹属性"对话框，取消选中"只读"复选框，然后再重新通过DaVinci Resolve 18软件打开素材和效果文件，就可以正常使用文件了。

素材1　　　　　　效果1　　　　　　效果2、视频　　　素材2、PPT课件及电子教案

版权声明

本书及附送的资源文件所采用的图片、模板、音频与视频等素材，均为所属公司、网站或个人所有，本书引用仅为说明（教学）之用，绝无侵权之意，特此声明。

作者售后

本书由周玉姣编著，提供视频素材和拍摄帮助的人员还有向小红、燕羽、苏苏、巧慧、徐必文、向秋萍等，在此一并表示感谢。

由于作者知识水平有限，书中难免有不足之处，恳请广大读者批评、指正。

编　者

目 录

第 1 章 启蒙：认识 DaVinci Resolve 18

1.1 认识 DaVinci Resolve 18 的工作界面 ····· 2
- 1.1.1 认识步骤面板 ·········· 2
- 1.1.2 媒体池 ············ 3
- 1.1.3 效果 ············ 4
- 1.1.4 检视器 ············ 4
- 1.1.5 时间线 ············ 4
- 1.1.6 调音台 ············ 4
- 1.1.7 元数据 ············ 5
- 1.1.8 检查器 ············ 5

1.2 设置界面初始参数 ··········· 5
- 1.2.1 设置软件界面语言 ········ 6
- 1.2.2 设置帧率与分辨率参数 ······ 6

1.3 影视调色的基本操作 ········· 6
- 1.3.1 明暗对比：调整对比度 ······ 7
- 1.3.2 增强色彩：调整饱和度 ······ 7
- 1.3.3 降噪处理：调整画面噪点 ····· 8
- 1.3.4 优化细节：调整中间调 ······ 9
- 1.3.5 还原色彩：调整画面白平衡 ··· 10
- 1.3.6 色彩转换：替换局部的颜色 ··· 11
- 1.3.7 去色处理：调出单色调 ····· 12

第 2 章 基础：掌握软件的基本操作

2.1 掌握项目文件的基本操作 ········ 15
- 2.1.1 创建项目：新建一个项目 ····· 15
- 2.1.2 新建时间线：通过"媒体池"面板创建 ···· 16
- 2.1.3 保存项目：保存编辑完成的项目文件 ········ 17
- 2.1.4 关闭项目：对编辑完成的项目进行关闭 ······· 17

2.2 导入媒体素材文件 ············· 18
- 2.2.1 导入视频：在媒体池中添加一段视频 ········ 18
- 2.2.2 导入音频：在媒体池中添加一段音频 ········ 19
- 2.2.3 导入图片：在时间线中添加一张图片 ········ 20
- 2.2.4 导入字幕：在媒体池中添加一个字幕 ········ 21
- 2.2.5 导入项目：在项目管理器中添加项目 ········ 22

2.3 替换和链接素材文件 ············· 23
- 2.3.1 替换素材：替换选择的媒体素材 ······· 23
- 2.3.2 取消链接：离线处理选择的素材 ······· 25
- 2.3.3 重新链接：链接离线的媒体素材 ······· 26

2.4 管理时间线轨道 ················ 27
- 2.4.1 管理轨道：控制时间线视图显示 ······· 27
- 2.4.2 控制轨道：激活与禁用轨道信息 ······· 28
- 2.4.3 设置轨道：更改轨道的颜色显示 ······· 28

第 3 章 剪辑：调整与编辑项目文件

3.1 素材文件的基本操作 ············ 31
- 3.1.1 复制素材：制作与前一个相同的素材 ······ 31
- 3.1.2 插入素材：在原素材中间插入新素材 ······ 32
- 3.1.3 自动附加：在时间线末端插入新素材 ······ 33

3.2 编辑与调整素材文件 ············ 34
- 3.2.1 标记素材：快速切换至标记的位置 ········ 34
- 3.2.2 覆盖素材：覆盖轨道中的素材片段 ········ 36
- 3.2.3 适配填充：在轨道空白处填补素材 ········ 37

3.3 调整视频修剪模式 ……………… 39
3.3.1 选择模式：剪辑视频素材 ……………… 39
3.3.2 修剪编辑模式：剪辑视频素材 ……………… 40
3.3.3 动态修剪模式 1：通过滑移剪辑视频 ……………… 41
3.3.4 动态修剪模式 2：通过滑动剪辑视频 ……………… 43
3.3.5 刀片编辑模式：分割视频素材片段 ……………… 44

3.4 编辑素材时长与速度 ……………… 45
3.4.1 更改时长：修改素材的时间长短 ……………… 45
3.4.2 更改速度：修改素材的播放速度 ……………… 46

第 4 章 粗调：对画面进行一级调色

4.1 认识示波器与灰阶调节 ……………… 49
4.1.1 认识波形图示波器 ……………… 49
4.1.2 认识分量图示波器 ……………… 50
4.1.3 认识矢量图示波器 ……………… 51
4.1.4 认识直方图示波器 ……………… 51

4.2 对画面进行色彩校正 ……………… 52
4.2.1 调整曝光：制作云端之上视频效果 ……………… 52
4.2.2 色彩平衡：制作红色蜻蜓视频效果 ……………… 54
4.2.3 镜头匹配：制作荷花绽放视频效果 ……………… 54

4.3 使用色轮的调色技巧 ……………… 56
4.3.1 一级校色轮：制作风景秀丽视频效果 ……………… 56
4.3.2 一级校色条：制作夜景风光视频效果 ……………… 57
4.3.3 Log 色轮：制作银河星空视频效果 ……………… 58

4.4 使用 RGB 混合器进行调色 ……………… 60
4.4.1 红色输出：制作川流不息视频效果 ……………… 60
4.4.2 绿色输出：制作出水芙蓉视频效果 ……………… 61
4.4.3 蓝色输出：制作桥上风景视频效果 ……………… 63

4.5 使用运动特效进行降噪 ……………… 64
4.5.1 时域降噪：风景视频的降噪处理 ……………… 64
4.5.2 空域降噪：人像视频的降噪处理 ……………… 66

第 5 章 细调：对局部进行二级调色

5.1 什么是二级调色 ……………… 68

5.2 使用曲线功能进行调色 ……………… 68
5.2.1 曲线调色 1：制作风和日丽视频效果 ……………… 69
5.2.2 曲线调色 2：制作植物盆栽视频效果 ……………… 71
5.2.3 曲线调色 3：制作花与蜜蜂视频效果 ……………… 72
5.2.4 曲线调色 4：制作山顶风景视频效果 ……………… 73
5.2.5 曲线调色 5：制作荷花盛开视频效果 ……………… 74

5.3 创建选区进行抠像调色 ……………… 76
5.3.1 选区调色 1：制作多肉植物视频效果 ……………… 76
5.3.2 选区调色 2：制作城市风景视频效果 ……………… 78
5.3.3 选区调色 3：制作烟花绽放视频效果 ……………… 80
5.3.4 选区调色 4：制作黄色莲蓬视频效果 ……………… 81

5.4 创建窗口蒙版进行局部调色 ……………… 83
5.4.1 认识"窗口"面板 ……………… 83
5.4.2 调整形状：制作落日晚霞视频效果 ……………… 84

5.5 使用跟踪与稳定功能进行调色 ……………… 85
5.5.1 跟踪对象：制作含苞待放视频效果 ……………… 86
5.5.2 稳定处理：制作人像视频效果 ……………… 89

5.6 使用 Alpha 通道控制调色的区域 ……………… 90
5.6.1 认识"键"面板 ……………… 90
5.6.2 蒙版遮罩：制作美丽风景视频效果 ……………… 91

5.7 使用"模糊"功能虚化视频画面 ……………… 93
5.7.1 模糊调整：对视频局部进行模糊处理 ……………… 93
5.7.2 锐化调整：对视频局部进行锐化处理 ……………… 95
5.7.3 雾化调整：对视频局部进行雾化处理 ……………… 97

第 6 章 进阶：通过节点对视频调色

6.1 节点的基础知识 ……………… 101
6.1.1 打开"节点"面板 ……………… 101

目录

  6.1.2 认识"节点"面板各功能 ……………… 102
6.2 添加视频调色节点 ………………………… 103
  6.2.1 添加串行节点：对视频进行调色处理 …… 104
  6.2.2 添加并行节点：对视频叠加混合调色 …… 106
  6.2.3 图层节点：对视频脸部柔光调整 ………… 109
6.3 制作抖音热门调色视频 …………………… 112
  6.3.1 背景抠像：对素材进行抠像透明处理 …… 112
  6.3.2 图层滤镜：让素材画面变得更加透亮 …… 114
  6.3.3 肤色调整：修复人物皮肤局部的肤色 …… 116
  6.3.4 婚纱调色：打造唯美小清新色调效果 …… 120
  6.3.5 城市调色：制作黑金色调 ………………… 123

第 7 章 应用：使用效果及影调调色

7.1 使用 LUT 功能进行调色 …………………… 128
  7.1.1 1D LUT：在"节点"面板中添加 LUT …… 128
  7.1.2 LUT 调色：直接调用面板中的 LUT
      滤镜 ………………………………………… 129
  7.1.3 色彩调整 1：应用 LUT 还原画面色彩 …… 130
  7.1.4 色彩调整 2：应用 LUT 进行夜景调色 …… 131
7.2 应用"效果"面板中的滤镜 ……………… 132
  7.2.1 Resolve FX 美化：制作人物磨皮视频 …… 133
  7.2.2 风格化滤镜：制作暗角艺术视频效果 …… 134
  7.2.3 替换滤镜：制作镜像翻转视频效果 ……… 135
  7.2.4 移除滤镜：删除已添加的视频效果 ……… 137
7.3 使用抖音热门影调风格进行调色 ……… 138
  7.3.1 红色影调：制作激动热情视频效果 ……… 138
  7.3.2 绿色影调：制作清新自然视频效果 ……… 139
  7.3.3 古风影调：制作美人如画视频效果 ……… 140
  7.3.4 建筑影调：制作青橙色调效果 …………… 143

第 8 章 转场：为视频添加转场效果

8.1 了解转场效果 ……………………………… 146

  8.1.1 了解硬切换与软切换 ……………………… 146
  8.1.2 认识"视频转场"面板 …………………… 146
8.2 替换与移动转场效果 ……………………… 147
  8.2.1 替换转场：替换需要的转场效果 ………… 148
  8.2.2 移动转场：更改转场效果的位置 ………… 149
  8.2.3 删除转场：删除无用的转场效果 ………… 150
  8.2.4 边框效果：为转场添加白色边框 ………… 151
8.3 制作视频转场画面效果 …………………… 152
  8.3.1 光圈转场：制作椭圆展开视频效果 ……… 152
  8.3.2 划像转场：制作百叶窗视频效果 ………… 153
  8.3.3 叠化转场：制作交叉叠化视频效果 ……… 154
  8.3.4 运动转场：制作单向滑动视频效果 ……… 155

第 9 章 字幕：制作视频的字幕效果

9.1 设置标题字幕属性 ………………………… 158
  9.1.1 添加文本：为视频添加标题字幕 ………… 158
  9.1.2 设置区间：更改标题的区间长度 ………… 160
  9.1.3 设置字体：更改标题字幕的字体 ………… 160
  9.1.4 设置大小：更改标题的字号大小 ………… 161
  9.1.5 设置颜色：更改标题字幕的颜色 ………… 162
  9.1.6 设置描边：为标题字幕添加边框 ………… 163
  9.1.7 设置阴影：强调或突出显示字幕 ………… 164
  9.1.8 背景颜色：设置标题字幕背景样式 ……… 166
9.2 制作动态标题字幕效果 …………………… 168
  9.2.1 淡入淡出：制作婀娜多姿视频效果 ……… 168
  9.2.2 缩放效果：制作华灯初上视频效果 ……… 170
  9.2.3 裁切动画：制作落日晚霞视频效果 ……… 171
  9.2.4 旋转效果：制作海湾景色视频效果 ……… 172
  9.2.5 滚屏动画：制作电影落幕视频效果 ……… 174

第 10 章 后期：音频调整与渲染导出

10.1 编辑与修整音频素材 …………………… 177

10.1.1 断开音频：分离视频与音频的链接……177
10.1.2 替换音频：更换视频的背景音乐……178
10.1.3 播放音频：查看音频波动……179
10.1.4 整体调节：调整整段音频音量……181
10.1.5 修改属性：将音频调为立体声……182
10.1.6 剪辑音频：应用范围选择模式修剪……185
10.1.7 分割音频：应用刀片工具分割音频……187

10.2 为音频添加特效……187
10.2.1 淡入淡出：制作淡入淡出声音特效……188
10.2.2 回声特效：制作背景声音的回音效果……188
10.2.3 去除杂音：清除声音中的咝咝声……190
10.2.4 混响特效：制作 KTV 声音效果……191

10.3 渲染与导出成品视频……193
10.3.1 单个导出：将视频渲染成一个对象……193
10.3.2 多个导出：将多个视频片段单独渲染……195
10.3.3 导出 MP4：导出田园风光视频……197
10.3.4 导出音频：导出等待绽放音频……198

第 11 章 人像视频调色——《花季少女》

11.1 欣赏视频效果……202
11.1.1 效果赏析……202
11.1.2 技术提炼……203

11.2 视频调色过程……203
11.2.1 导入多段视频素材……203
11.2.2 调整视频的色彩基调……204
11.2.3 对人物肤色进行调整……206
11.2.4 去除痣、痘印和斑点……210
11.2.5 为人物制作磨皮效果……217

11.3 剪辑输出视频……220
11.3.1 为人像视频添加转场……220
11.3.2 为人像视频添加字幕……222
11.3.3 为视频匹配背景音乐……227
11.3.4 交付输出制作的视频……228

第 12 章 夜景视频汇总——《夜景之美》

12.1 欣赏视频效果……231
12.1.1 效果赏析……231
12.1.2 技术提炼……232

12.2 视频调色过程……232
12.2.1 导入素材文件……232
12.2.2 对视频进行剪辑操作……234
12.2.3 调整视频画面的色彩与风格……235
12.2.4 为夜景视频添加字幕……239

12.3 剪辑输出视频……244
12.3.1 为视频匹配背景音乐……244
12.3.2 交付输出制作的视频……245

第 13 章 延时视频汇总——《银河星空》

13.1 欣赏视频效果……248
13.1.1 效果赏析……248
13.1.2 技术提炼……249

13.2 视频调色过程……249
13.2.1 导入延时视频素材……249
13.2.2 对视频进行变速处理……251
13.2.3 对视频进行调色处理……252

13.3 剪辑输出视频……254
13.3.1 为视频匹配背景音乐……254
13.3.2 交付输出制作的视频……256

附录 达芬奇调色常用快捷键

第 1 章
启蒙：认识 DaVinci Resolve 18

章前知识导读

达芬奇是一款专业的影视调色剪辑软件，英文名称为 DaVinci Resolve。它集视频调色、剪辑、合成、音频、字幕于一体，是常用的视频编辑软件之一。本章将带领读者认识 DaVinci Resolve 18 的功能及面板等内容。

新手重点索引

- 认识 DaVinci Resolve 18 的工作界面
- 影调调色的基本操作
- 设置界面初始参数

效果图片欣赏

1.1 认识 DaVinci Resolve 18 的工作界面

DaVinci Resolve 是一款 Mac 和 Windows 都适用的双操作系统软件，于 2019 年更新至 DaVinci Resolve 18 版本。虽然对系统的配置要求较高，但 DaVinci Resolve 18 有着强大的兼容性，还提供了多种操作工具，将剪辑、调色、特效、字幕、音频等实用功能集于一身，是许多剪辑师、调色师都十分青睐的影视后期剪辑软件之一。本节主要介绍 DaVinci Resolve 18 的工作界面，如图 1-1 所示。

图 1-1 DaVinci Resolve 18 工作界面

1.1.1 认识步骤面板

在 DaVinci Resolve 18 中，一共有 7 个步骤面板，分别为媒体、快编、剪辑、Fusion、调色、Fairlight 和交付，单击相应标签按钮，即可切换至相应的步骤面板，如图 1-2 所示。

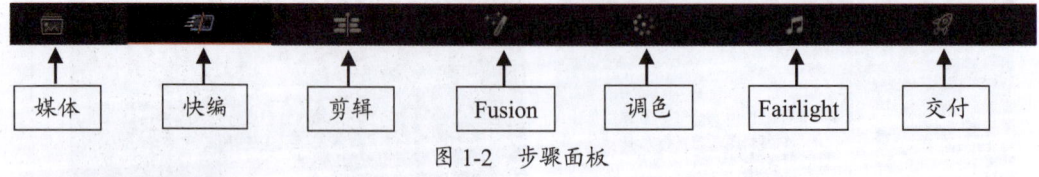

图 1-2 步骤面板

❶ "媒体"步骤面板

在 DaVinci Resolve 18 界面下方单击"媒体"按钮 ，即可切换至"媒体"步骤面板，在其中可以导入、管理以及克隆媒体素材文件，并可查看媒体素材的属性信息等。

② "快编"步骤面板

单击"快编"按钮，即可切换至"快编"步骤面板。"快编"步骤面板是 DaVinci Resolve 18 新增的一个剪切步骤面板，跟"剪辑"步骤面板功能有些类似，用户可以在其中进行编辑、修剪以及添加过渡转场等操作。

③ "剪辑"步骤面板

"剪辑"步骤面板是 DaVinci Resolve 18 默认打开的工作界面，在其中可以导入媒体素材、创建时间线、剪辑素材、制作字幕、添加滤镜、添加转场、标记素材入点和出点以及双屏显示素材画面等。

④ Fusion 步骤面板

在 DaVinci Resolve 18 中，Fusion 步骤面板主要用于动画效果的处理，包括合成、绘图、粒子以及字幕动画等，还可以制作出电影级的视觉特效和动态图形动画。

⑤ "调色"步骤面板

DaVinci Resolve 18 中的调色系统是其特色功能。在 DaVinci Resolve 18 工作界面下方的步骤面板中，单击"调色"按钮，即可切换至"调色"步骤面板。在"调色"步骤面板中，提供了 Camera Raw、色彩匹配、色轮、RGB 混合器、运动特效、曲线、色彩扭曲器、限定器、窗口、跟踪器、神奇遮罩、模糊、键、调整大小以及立体等功能面板，用户可以在相应面板中对素材进行色彩调整、一级调色、二级调色和降噪等操作，最大限度地满足了用户对影视素材的调色需求。

⑥ Fairlight 步骤面板

单击 Fairlight 按钮，即可切换至 Fairlight（音频）步骤面板，在此用户可以根据需要调整音频效果，包括音调匀速校正和变速调整、音频正常化、1D 声像移位、混响、嗡嗡声移除、人声通道和齿音消除等。

⑦ "交付"步骤面板

影片编辑完成后，在"交付"步骤面板中可以进行渲染输出设置，将制作的项目文件输出为 MP4、AVI、EXR、IMF 等格式的文件。

1.1.2 媒体池

在 DaVinci Resolve 18 "剪辑"步骤面板左上角的工具栏中，单击"媒体池"按钮，即可展开"媒体池"面板，如图 1-3 所示。

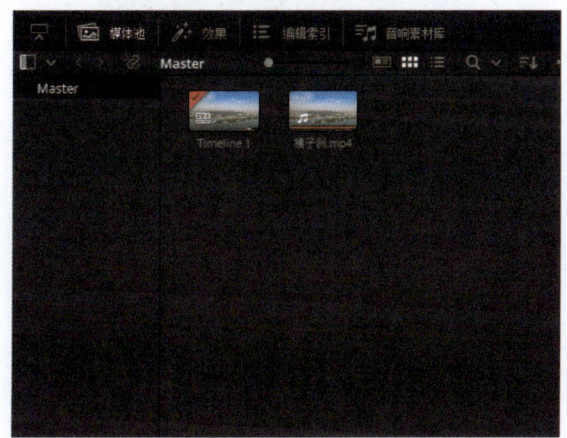

图 1-3 "媒体池"面板

在下方的步骤面板中，单击"媒体"按钮，如图 1-4 所示，即可切换至"媒体"步骤面板。

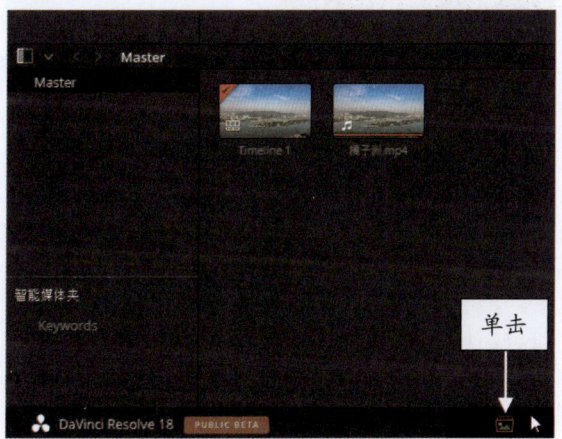

图 1-4 单击"媒体"按钮

1.1.3 效果

在 DaVinci Resolve 18"剪辑"步骤面板的工具栏中,单击"剪辑"按钮,展开"工具箱"面板,其中提供了视频转场、音频转场、标题、生成器以及效果等功能,如图 1-5 所示。

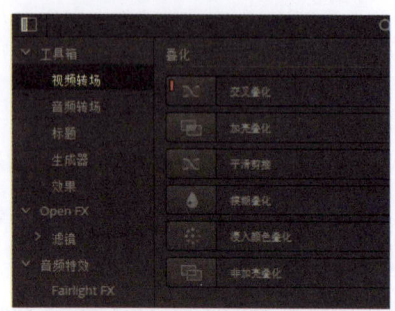

图 1-5 "工具箱"面板

1.1.4 检视器

在 DaVinci Resolve 18 的"剪辑"步骤面板中,单击"检视器"面板右上角的"单检视器模式"按钮,即可使预览窗口以单屏显示,此时"单检视器模式"按钮转换为"双检视器模式"按钮,如图 1-6 所示。在系统默认情况下,"检视器"面板的预览窗口以单屏显示。

图 1-6 "检视器"面板

在图 1-6 中,左侧的屏幕为媒体池素材预览窗口,用户在选择的素材上双击鼠标左键,即可在媒体池素材预览窗口中显示素材画面;右侧的屏幕为时间线效果预览窗口,拖曳时间线滑块,即可在窗口中显示滑块所到处的素材画面。

在导览面板中,单击相应按钮,用户可以执行变换、裁切、动态缩放、Open FX 叠加、Fusion 叠加、标注、智能重构图、跳到上一个编辑点、倒放、停止、播放、跳到下一个编辑点、循环、匹配帧、标记入点以及标记出点等操作。

1.1.5 时间线

"时间线"面板是 DaVinci Resolve 18 进行视频、音频编辑的重要工作区之一,在其中可以轻松实现素材的剪辑、插入以及调整等操作,如图 1-7 所示。

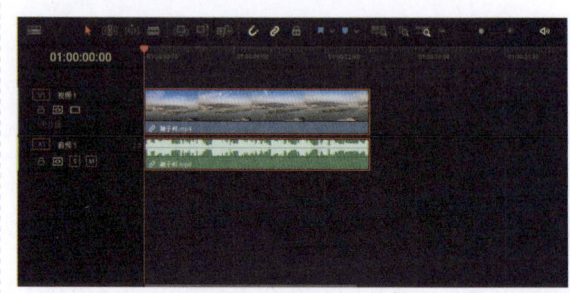

图 1-7 "时间线"面板

1.1.6 调音台

在 DaVinci Resolve 18"剪辑"步骤面板的右上角,单击"调音台"按钮,即可展开"调音台"面板,在此用户可以执行编组音频、调整声像以及动态调整音量等操作,如图 1-8 所示。

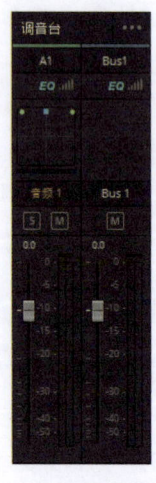

图 1-8 "调音台"面板

1.1.7 元数据

在 DaVinci Resolve 18 "剪辑"步骤面板右上角的工具栏中，单击"元数据"按钮，即可展开"元数据"面板，其中显示了媒体素材的时长、帧数、位深、优先场、数据级别、音频通道以及音频位深等数据信息，如图 1-9 所示。

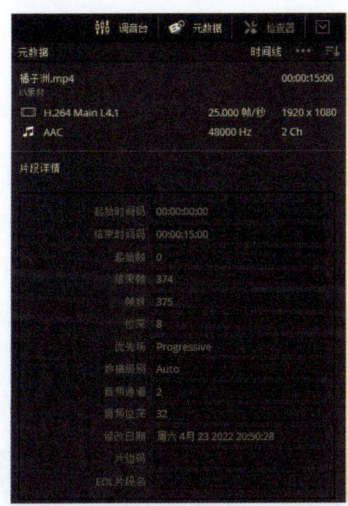

图 1-9 "元数据"面板

1.1.8 检查器

在 DaVinci Resolve 18 "剪辑"步骤面板的右上角单击"检查器"按钮，即可展开"检查器"面板。"检查器"面板的主要作用是针对"时间线"面板中的素材进行基本的处理。图 1-10 所示为"检查器"|"视频"选项面板，由于"时间线"面板中只置入了一个视频素材，因此面板上方仅显示了"视频""音频""效果""转场""图像"和"文件"6 个标签，单击相应标签即可打开相应面板。图 1-11 所示为"音频"选项面板。在打开的面板中，用户可以根据需要设置属性参数，对"时间线"面板中选中的素材进行基本处理。

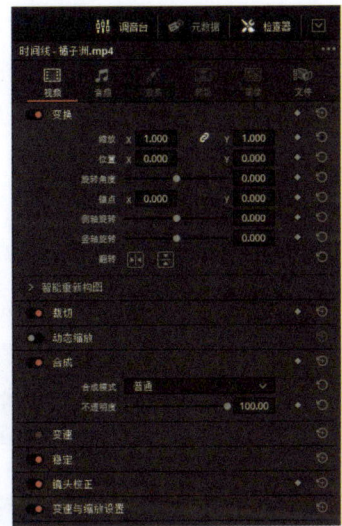

图 1-10 "视频"选项面板

图 1-11 "音频"选项面板

1.2 设置界面初始参数

用户安装好 DaVinci Resolve 18 软件后，首次打开该软件时，需要对软件界面的初始参数进行设置，以方便后期的软件操作。本节主要介绍如何设置软件界面的语言、项目帧率与分辨率等初始参数。

1.2.1 设置软件界面语言

首次启动 DaVinci Resolve 18 软件时，界面的语言默认是英文。为了方便用户操作，在偏好设置预设面板中，用户可以设置软件界面为简体中文。在"UI 设置"面板中，单击"语言"右侧的下三角按钮，在弹出的列表框中选择"简体中文"选项，如图 1-12 所示。执行操作后，单击"保存"按钮，重新启动 DaVinci Resolve 18 软件，即可将界面语言设置为简体中文。

图 1-13 选择"偏好设置"命令

1.2.2 设置帧率与分辨率参数

在 DaVinci Resolve 18 中，用户可以选择菜单栏中的"文件"|"项目设置"命令，打开"项目设置"对话框，如图 1-14 所示。在"主设置"选项卡中，可以设置时间线分辨率、像素宽高比、时间线帧率、播放帧率、视频格式、SDI 配置、数据级别、视频位深以及监视器缩放等。

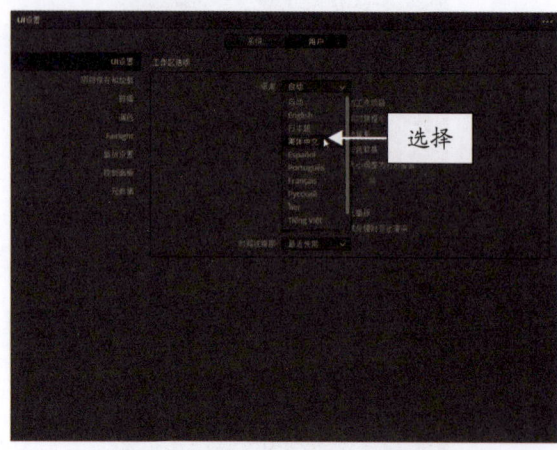

图 1-12 选择"简体中文"选项

如果用户在打开软件后，需要再次打开偏好设置预设面板，可以在工作界面中选择 DaVinci Resolve|"偏好设置"命令，如图 1-13 所示。执行操作后，即可打开偏好设置预设面板。

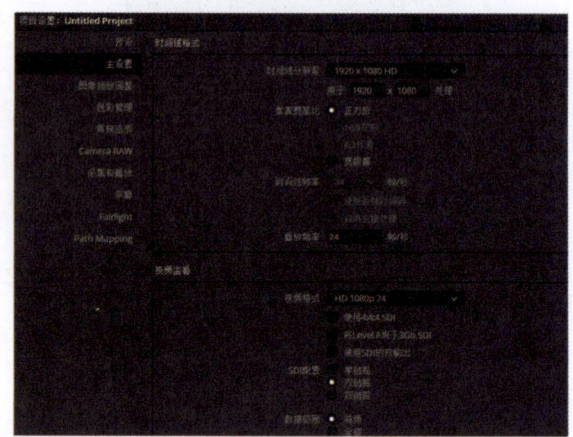

图 1-14 "项目设置"对话框

1.3 影视调色的基本操作

色彩在视频编辑中是必不可少的一个重要元素，合理的色彩搭配加上亮丽的色彩，总能为视频增添几分亮点。在拍摄和采集素材的过程中，常会遇到很难控制的环境光照，使拍摄出来的源素材欠缺色感、层次不明，因此需要用户通过后期调色来调整前期拍摄的不足。下面主要介绍在 DaVinci Resolve 18 中进行影视调色的基本操作。

第 1 章 》启蒙：认识 DaVinci Resolve 18

▶ 1.3.1 明暗对比：调整对比度

对比度是指图像中阴暗区域最亮的白与最暗的黑之间不同亮度范围的差异。下面介绍调整画面对比度的操作方法。

素材文件	素材\第1章\红枫似火.drp
效果文件	效果\第1章\红枫似火.drp
视频文件	视频\第1章\1.3.1 明暗对比：调整对比度.mp4

【操练+视频】——明暗对比：调整对比度

STEP 01 打开一个项目文件，进入"剪辑"步骤面板，在"时间线"面板中插入一段视频素材，如图 1-15 所示。

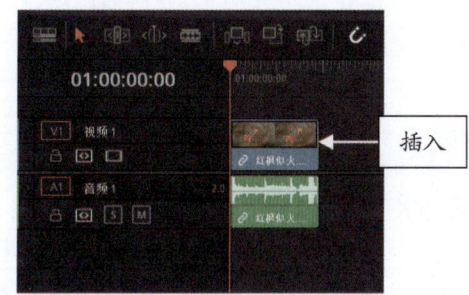

图 1-15 插入一段视频素材

STEP 02 在预览窗口中可以预览插入的素材画面效果，如图 1-16 所示，可以看到视频画面整体偏暗。

图 1-16 预览画面效果

STEP 03 切换至"调色"步骤面板，展开"色轮"面板，在"对比度"数值框中，输入参数 1.500，

如图 1-17 所示，即可使画面更清晰。

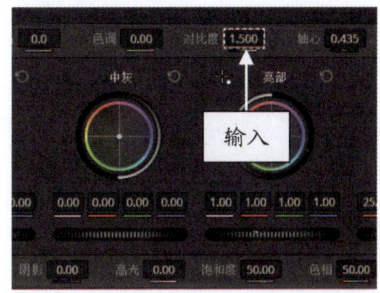

图 1-17 输入参数

STEP 04 执行上述操作后，在预览窗口中预览调整对比度后的画面效果，如图 1-18 所示。

图 1-18 调整对比度后的画面效果

▶ 1.3.2 增强色彩：调整饱和度

饱和度是指色彩的鲜艳程度，由颜色的波长来决定。从色彩的成分来讲，饱和度取决于色彩中含色成分与消色成分之间的比例。含色成分越多，饱和度越高；反之，消色成分越多，则饱和度越低。下面介绍调整画面饱和度的操作方法。

素材文件	素材\第1章\花开枝头.drp
效果文件	效果\第1章\花开枝头.drp
视频文件	视频\第1章\1.3.2 增强色彩：调整饱和度.mp4

【操练+视频】——增强色彩：调整饱和度

STEP 01 打开一个项目文件，进入"剪辑"步骤面板，在"时间线"面板中插入一段视频素材，

7

如图 1-19 所示。

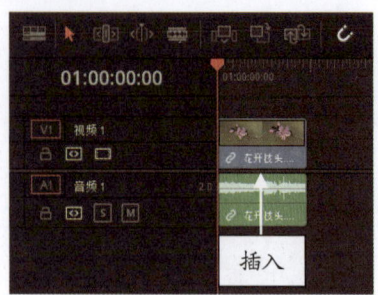

图 1-19　插入一段视频素材

STEP 02 在预览窗口中可以预览插入的素材画面效果，如图 1-20 所示，可以看到画面的色彩不够鲜明。

图 1-20　预览画面效果

STEP 03 切换至"调色"步骤面板，展开"色轮"面板，在"饱和度"数值框中，输入参数100.00，如图 1-21 所示，即可使视频色彩更加鲜明。

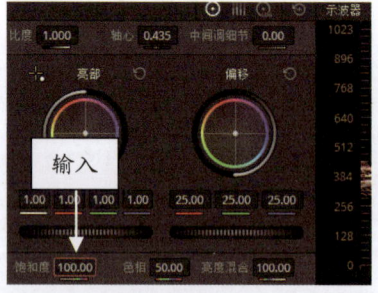

图 1-21　输入参数

STEP 04 在预览窗口中，即可预览调整饱和度后的画面效果，如图 1-22 所示。

图 1-22　调整饱和度后的画面效果

1.3.3　降噪处理：调整画面噪点

我们在拍摄照片或者视频时，画面上有时会出现颗粒感的情况，这个就是噪点。通常，感光度过高、锐化参数过大、相机温度过高以及曝光时间太长等都会导致拍摄的素材画面出现噪点。下面介绍降噪的方法。

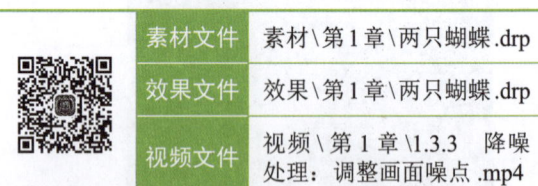

素材文件	素材\第1章\两只蝴蝶.drp
效果文件	效果\第1章\两只蝴蝶.drp
视频文件	视频\第 1 章\1.3.3　降噪处理：调整画面噪点.mp4

【操练+视频】——降噪处理：调整画面噪点

STEP 01 打开一个项目文件，进入"剪辑"步骤面板，在"时间线"面板中插入一段视频素材，如图 1-23 所示。

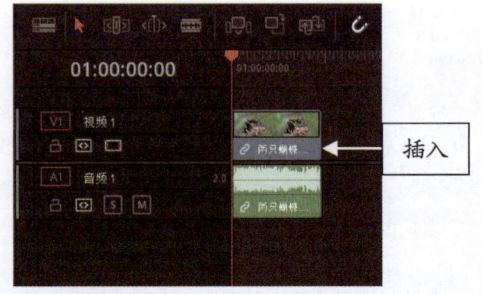

图 1-23　插入一段视频素材

STEP 02 在预览窗口中可以预览插入的素材画面效果，如图 1-24 所示，可以看到视频画面出现

第 1 章 »启蒙：认识 DaVinci Resolve 18

了很多噪点。

图 1-24 预览画面效果

STEP 03 切换至"调色"步骤面板，展开"运动特效"面板，在"空域阈值"选项区下方的"亮度"和"色度"数值框中，均输入参数 100.0，如图 1-25 所示，即可除去视频画面中的噪点，让视频画面更加光滑。

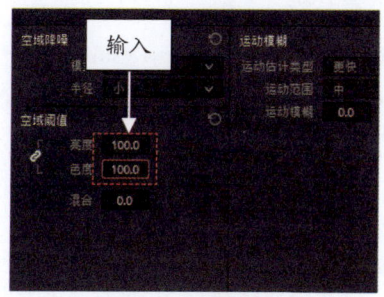

图 1-25 输入参数

STEP 04 在预览窗口中，即可预览降噪后的画面效果，如图 1-26 所示。

图 1-26 降噪后的画面效果

1.3.4 优化细节：调整中间调

色阶值范围为 0~256，一般图像像素值接近 0 的区域定义为暗部区域，图像像素值接近 128 的区域定义为中间调区域，图像像素值接近 256 的区域定义为高光区域。调整中间调细节，可以使画面更加细腻。下面介绍调整中间调细节的操作方法。

	素材文件	素材\第1章\蓓蕾初开.drp
	效果文件	效果\第1章\蓓蕾初开.drp
	视频文件	视频\第1章\1.3.4 优化细节：调整中间调.mp4

【操练+视频】——优化细节：调整中间调

STEP 01 打开一个项目文件，进入"剪辑"步骤面板，在"时间线"面板中插入一段视频素材，如图 1-27 所示。

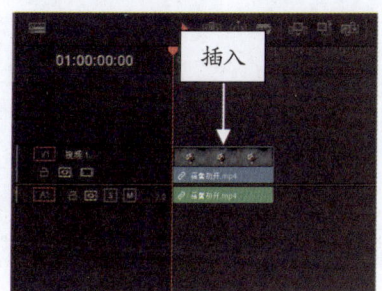

图 1-27 插入一段视频素材

STEP 02 在预览窗口中可以预览项目效果，如图 1-28 所示，可以看到背景画面不是很光滑。

图 1-28 预览画面效果

9

STEP 03 切换至"调色"步骤面板,展开"色轮"面板,在"中间调细节"数值框中,输入参数 -100.00,如图 1-29 所示,即可使画面更加光滑。

图 1-29 输入参数

STEP 04 在"节点"面板中,选中 01 节点,单击鼠标右键,在弹出的快捷菜单中选择"添加节点"|"添加串行节点"命令,如图 1-30 所示。

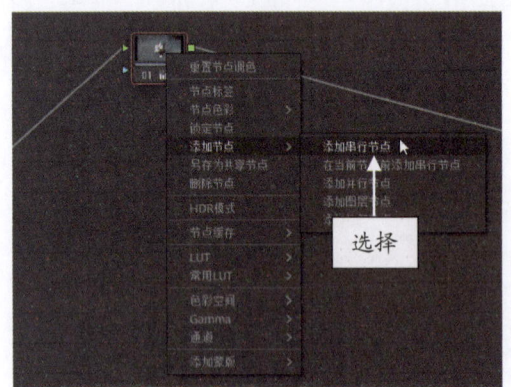

图 1-30 选择"添加串行节点"命令

STEP 05 执行操作后,即可添加一个编号为 02 的调色节点,如图 1-31 所示。

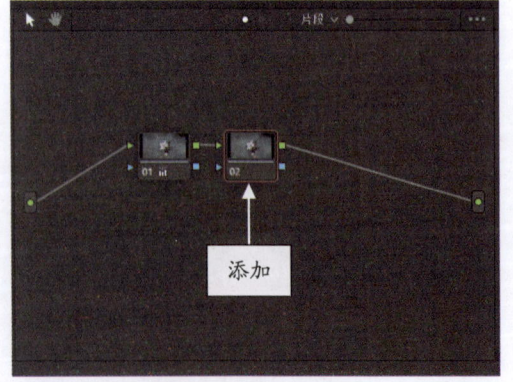

图 1-31 添加 02 调色节点

STEP 06 用同样的方法,展开"色轮"面板,在"中间调细节"数值框中输入参数 -100.00,即可使画面中的细节更加精细。在预览窗口中,可以预览调整中间调细节后的画面效果,如图 1-32 所示。

图 1-32 调整中间调细节后的画面效果

1.3.5 还原色彩:调整画面白平衡

白平衡是指红、绿、蓝三基色混合后生成的白色平衡指标。在 DaVinci Resolve 18 中,应用"白平衡"吸管工具,在预览窗口的图像画面中吸取白色或灰色的色彩偏移画面,即可调整画面白平衡,还原图像色彩。下面介绍调整画面白平衡的操作方法。

素材文件	素材\第1章\傲骨凌梅.drp
效果文件	效果\第1章\傲骨凌梅.drp
视频文件	视频\第1章\1.3.5 还原色彩:调整画面白平衡.mp4

【操练+视频】——还原色彩:调整画面白平衡

STEP 01 打开一个项目文件,进入"剪辑"步骤面板,在预览窗口中可以预览插入的素材画面效果,如图 1-33 所示,可以利用白平衡来还原彩色。

STEP 02 切换至"调色"步骤面板,进入"色轮"面板,单击下方的"白平衡"吸管工具 ,如图 1-34 所示。

STEP 03 此时,鼠标指针变为白平衡吸管样式,在预览窗口中的素材图像上单击,吸取画面中的色彩,如图 1-35 所示,可以还原画面色彩。

第 1 章 » 启蒙：认识 DaVinci Resolve 18

图 1-33　预览画面效果

图 1-34　单击"白平衡"吸管工具

图 1-35　吸取画面中的色彩

STEP 04 在预览窗口中，即可预览调整白平衡后的画面效果，如图 1-36 所示。

图 1-36　调整白平衡后的画面效果

1.3.6　色彩转换：替换局部的颜色

在 DaVinci Resolve 18 中，应用限定器创建色彩选区后，通过调整色相参数，可以为选定的色彩替换颜色，达到色彩转换的效果。下面介绍替换画面局部颜色的操作方法。

	素材文件	素材\第1章\豌豆花朵.drp
	效果文件	效果\第1章\豌豆花朵.drp
	视频文件	视频\第1章\1.3.6　色彩转换：替换局部的颜色.mp4

【操练 + 视频】——色彩转换：替换局部的颜色

STEP 01 打开一个项目文件，进入"剪辑"步骤面板，在"时间线"面板中插入一段视频素材，在预览窗口中可以预览插入的素材画面效果，如图 1-37 所示。我们可以对视频进行局部调色，让视频画面更加精美。

图 1-37　预览画面效果

STEP 02 切换至"调色"步骤面板，单击"限定器"按钮，展开"限定器-HSL"面板，单击"拾取器"按钮，如图 1-38 所示。

图 1-38　单击"拾取器"按钮

11

STEP 03 执行操作后，光标随即转换为滴管工具。移动光标至"检视器"面板，在面板上方单击"突出显示"按钮 ，如图1-39所示。

图1-39　单击"突出显示"按钮

> ▶ 温馨提示
>
> 在"检视器"面板中单击"突出显示"按钮 ，可以使被选取的色彩区域在画面中突出显示，未被选取的区域将会呈灰色显示。

STEP 04 在预览窗口中，按住鼠标左键拖曳滴管工具选取色彩区域，如图1-40所示。

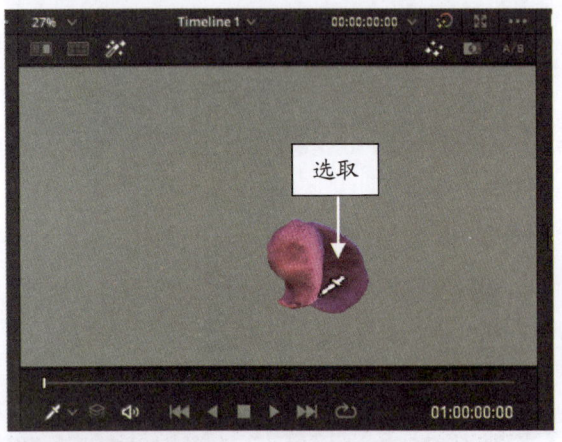

图1-40　选取色彩区域

STEP 05 展开"色轮"面板，在"色相"数值框中，输入参数61.00，如图1-41所示，即可使红色变为紫色。

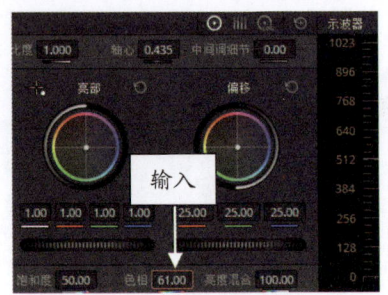

图1-41　输入参数

STEP 06 切换至"剪辑"步骤面板，在预览窗口中即可查看替换局部色彩后的画面效果，如图1-42所示。

图1-42　替换局部色彩后的画面效果

1.3.7　去色处理：调出单色调

对画面进行去色或单色处理主要是指将素材画面转换为灰度图像，制作黑白图像效果。下面介绍对画面去色，一键将画面转换为黑白色的操作方法。

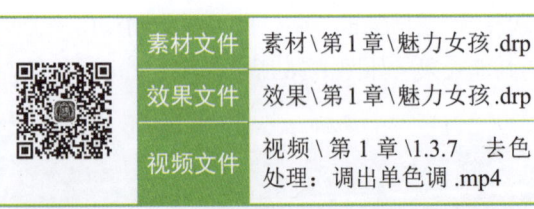

素材文件	素材\第1章\魅力女孩.drp
效果文件	效果\第1章\魅力女孩.drp
视频文件	视频\第1章\1.3.7　去色处理：调出单色调.mp4

【操练+视频】——去色处理：调出单色调

STEP 01 打开一个项目文件，进入"剪辑"步骤面板，在"时间线"面板中插入一段视频素材，如图1-43所示。

第 1 章 》启蒙：认识 DaVinci Resolve 18

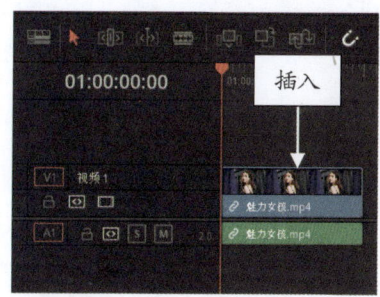

图 1-43 插入一段视频素材

STEP 02 在预览窗口中可以预览插入的素材画面效果，如图 1-44 所示，我们可以试着把色彩改成黑白色调，让视频画面别有一番意境。

图 1-44 预览画面效果

STEP 03 切换至"调色"步骤面板，进入"RGB

混合器"面板，在面板下方选中"黑白"复选框，如图 1-45 所示。

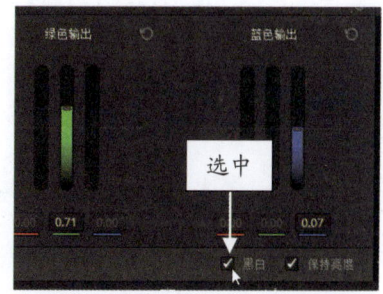

图 1-45 选中"黑白"复选框

STEP 04 执行上述操作后，在预览窗口中，即可预览制作的黑白色调画面效果，如图 1-46 所示。

图 1-46 预览画面效果

第 2 章

基础：掌握软件的基本操作

章前知识导读

在开始学习 DaVinci Resolve 18 软件之前，读者应该积累一定的基础知识，这样有助于后面的学习。本章主要介绍 DaVinci Resolve 18 的基本操作，帮助用户更好地掌握软件。

新手重点索引

- 掌握项目文件的基本操作
- 替换和链接素材文件
- 导入媒体素材文件
- 管理时间线与轨道

效果图片欣赏

第 2 章 » 基础：掌握软件的基本操作

2.1 掌握项目文件的基本操作

使用 DaVinci Resolve 18 编辑文件时，需要先创建一个项目，然后才能对视频、照片、音频进行编辑。下面主要介绍 DaVinci Resolve 18 中有关项目的基本操作，包括创建项目、新建时间线、保存项目以及关闭项目等。

▶ 2.1.1 创建项目：新建一个项目

启动 DaVinci Resolve 18 软件后，会弹出"项目"管理器面板，单击"新建项目"按钮，如图 2-1 所示，即可新建一个项目文件。此外，用户还可以在项目文件已创建的情况下，通过"新建项目"命令创建一个项目，下面介绍具体操作步骤。

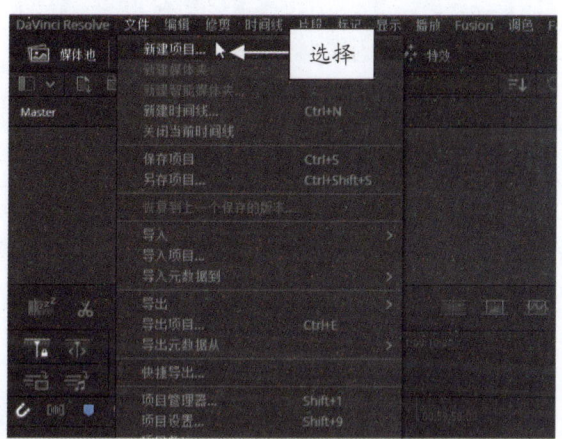

图 2-2 选择"新建项目"命令

图 2-3 单击"创建"按钮

STEP 03 在计算机中选择需要的素材文件，并将其拖曳至"时间线"面板中，添加素材文件，如图 2-4 所示。

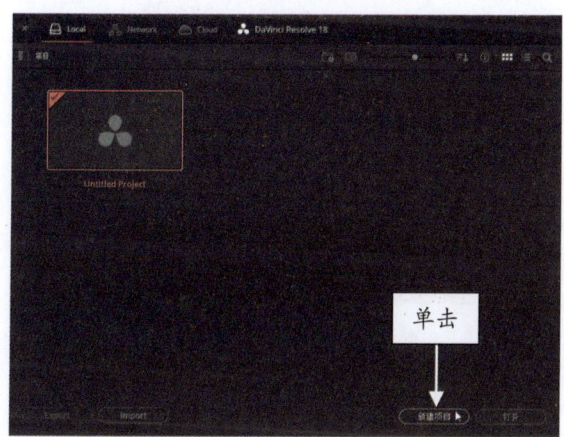

图 2-1 单击"新建项目"按钮

素材文件	素材\第 2 章\吐蕊绽放.mp4
效果文件	效果\第 2 章\吐蕊绽放.drp
视频文件	视频\第 2 章\2.1.1 创建项目：新建一个项目.mp4

【操练+视频】
——创建项目：新建一个项目

STEP 01 进入"剪辑"步骤面板，在菜单栏中选择"文件"|"新建项目"命令，如图 2-2 所示。

STEP 02 弹出"新建项目"对话框，在文本框中输入项目名称，单击"创建"按钮，如图 2-3 所示。

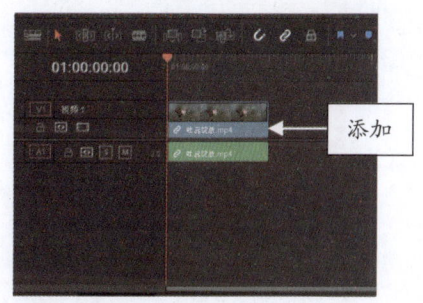

图 2-4 添加素材文件

STEP 04 执行操作后，在预览窗口中，可以预览添加的素材画面，如图 2-5 所示。

图 2-5 预览素材画面

▶ 温馨提示

当用户正在编辑的文件没有执行过保存操作时，在新建项目的过程中，会弹出提示信息框，提示用户当前编辑项目未被保存。单击"保存"按钮，即可保存项目文件；单击"不保存"按钮，将不保存项目文件；单击"取消"按钮，将取消项目文件的新建操作。

▶ 2.1.2 新建时间线：通过"媒体池"面板创建

在"时间线"面板中，用户可以对添加到视频轨中的素材执行剪辑、分割等操作。除了通过拖曳素材至"时间线"面板新建时间线外，还可以通过"媒体池"面板新建一个时间线，下面介绍具体的操作方法。

素材文件	素材\第2章\黑色蝴蝶.mp4
效果文件	效果\第2章\黑色蝴蝶.drp
视频文件	视频\第2章\2.1.2 新建时间线：通过"媒体池"面板创建.mp4

【操练＋视频】
——新建时间线：通过"媒体池"面板创建

STEP 01 进入"剪辑"步骤面板，在"媒体池"面板中单击鼠标右键，弹出快捷菜单，选择"时间线"|"新建时间线"命令，如图 2-6 所示。

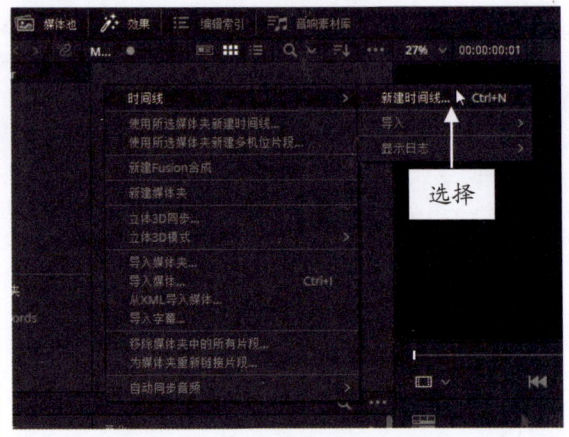

图 2-6 选择"新建时间线"命令

STEP 02 弹出"新建时间线"对话框，在"时间线名称"文本框中可以修改时间线名称，单击"创建"按钮，如图 2-7 所示。

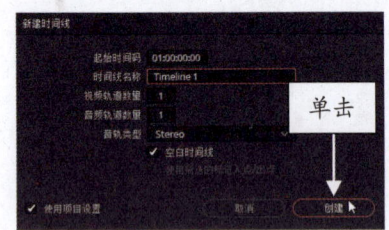

图 2-7 单击"创建"按钮

STEP 03 即可添加一个时间线。在计算机中选择需要的素材文件，并将其拖曳至视频轨中，添加素材文件，如图 2-8 所示。

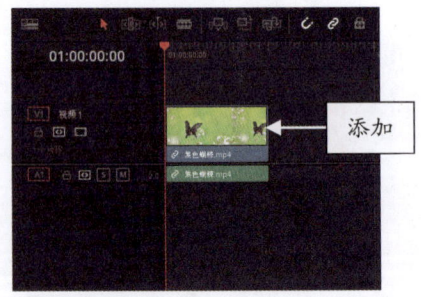

图 2-8 添加素材文件

STEP 04 在预览窗口中，可以预览添加的素材画面，如图 2-9 所示。

第 2 章 ≫ 基础：掌握软件的基本操作

图 2-9　预览素材画面

▶ 2.1.3　保存项目：保存编辑完成的项目文件

在 DaVinci Resolve 18 中编辑视频、图片、音频等素材后，可以将正在编辑的素材文件及时保存，保存后的项目文件会自动显示在"项目"管理器面板中，用户可以在其中打开保存好的项目文件，继续编辑项目中的素材。下面介绍保存项目文件的操作方法。

素材文件	素材\第2章\湖水碧绿.drp
效果文件	效果\第2章\湖水碧绿.drp
视频文件	视频\第2章\2.1.3　保存项目：保存编辑完成的项目文件.mp4

【操练 + 视频】
——保存项目：保存编辑完成的项目文件

STEP 01　打开一个项目文件，在预览窗口中，可以查看打开的项目效果，如图 2-10 所示。

图 2-10　查看打开的项目效果

STEP 02　待素材编辑完成后，在菜单栏中选择"文件"|"保存项目"命令，如图 2-11 所示，即可保存编辑完成的项目文件。

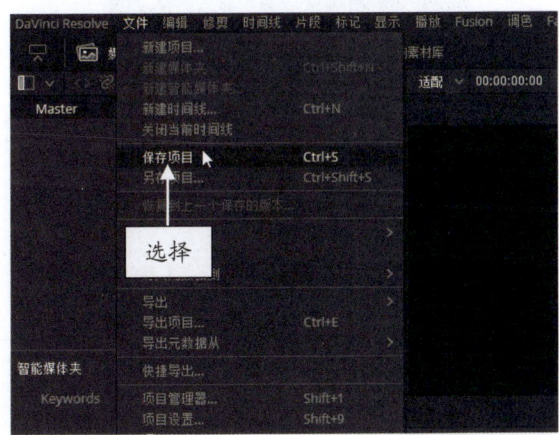

图 2-11　选择"保存项目"命令

▶ 温馨提示

用户按 Ctrl + S 组合键，可以快速保存项目文件。

▶ 2.1.4　关闭项目：对编辑完成的项目进行关闭

当用户对项目文件完成编辑后，在不退出软件的情况下，可以在"项目"管理器面板中将项目关闭。下面介绍关闭项目文件的操作方法。

素材文件	素材\第2章\雨后滴露.drp
效果文件	效果\第2章\雨后滴露.drp
视频文件	视频\第2章\2.1.4　关闭项目：对编辑完成的项目进行关闭.mp4

【操练 + 视频】
——关闭项目：对编辑完成的项目进行关闭

STEP 01　打开一个项目文件，在预览窗口中可以查看打开的项目效果，如图 2-12 所示。

STEP 02　在工作界面的右下角，单击"项目管理器"按钮，如图 2-13 所示。

17

图 2-12 查看打开的项目效果

STEP 03 弹出"项目"管理器面板,选中"雨后滴露"项目图标,单击鼠标右键,在弹出的快捷菜单中选择"关闭"命令,如图 2-14 所示,即可关闭项目文件。

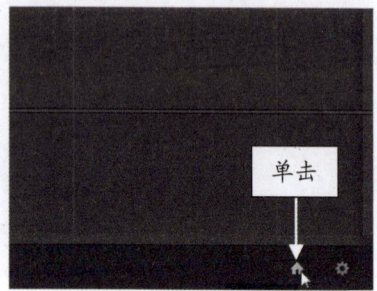

图 2-13 单击"项目管理器"按钮

图 2-14 选择"关闭"命令

2.2 导入媒体素材文件

在 DaVinci Resolve 18 的"剪辑"步骤面板中,可以添加各种不同类型的素材。本节主要介绍导入视频素材、音频素材、图片素材、字幕素材以及项目的操作方法。

▶ 2.2.1 导入视频:在媒体池中添加一段视频

在 DaVinci Resolve 18 中,可以将视频素材导入"媒体池"面板中,也可以将视频素材添加到"时间线"面板中,下面介绍具体的操作方法。

素材文件	素材\第 2 章\小小蜻蜓.mp4
效果文件	效果\第 2 章\小小蜻蜓.drp
视频文件	视频\第 2 章\2.2.1 导入视频:在媒体池中添加一段视频.mp4

【操练 + 视频】
——导入视频:在媒体池中添加一段视频

STEP 01 新建一个项目文件,在"媒体池"面板中单击鼠标右键,在弹出的快捷菜单中选择"导

入媒体"命令,如图 2-15 所示。

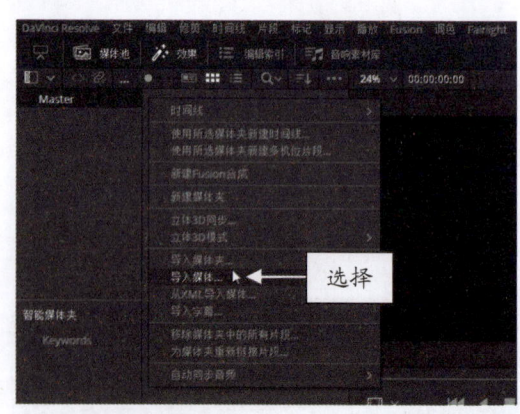

图 2-15 选择"导入媒体"命令

STEP 02 弹出"导入媒体"对话框,在文件夹中选择需要导入的视频素材,如图 2-16 所示。

STEP 03 单击"打开"按钮,即可将视频素材导入"媒体池"面板中,如图 2-17 所示。

第 2 章 » 基础：掌握软件的基本操作

图 2-16　选择视频素材

图 2-19　预览视频素材效果

2.2.2　导入音频：在媒体池中添加一段音频

在 DaVinci Resolve 18 中，通过菜单选项，可以将音频素材导入"媒体池"面板中，也可以将音频素材添加到"时间线"面板中。下面介绍具体的操作方法。

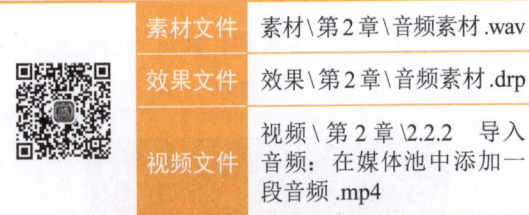

素材文件	素材\第2章\音频素材.wav
效果文件	效果\第2章\音频素材.drp
视频文件	视频\第 2 章\2.2.2　导入音频：在媒体池中添加一段音频.mp4

【操练 + 视频】
——导入音频：在媒体池中添加一段音频

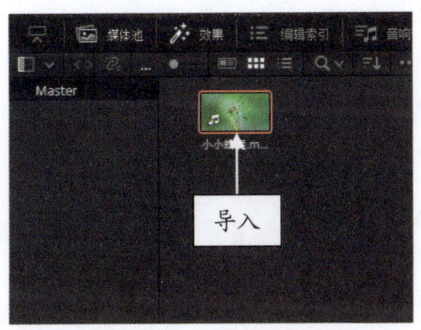

图 2-17　导入"媒体池"面板

STEP 04 选择"媒体池"面板中的视频素材，按住鼠标左键将其拖曳至"时间线"面板的视频轨中，如图 2-18 所示。

图 2-18　拖曳视频至"时间线"面板

STEP 05 执行上述操作后，按空格键即可在预览窗口中预览添加的视频素材，效果如图 2-19 所示。

STEP 01 进入"剪辑"步骤面板，新建一个项目文件，在菜单栏中选择"文件"|"导入"|"媒体"命令，如图 2-20 所示。

STEP 02 弹出"导入媒体"对话框，在文件夹中选择需要导入的音频素材，如图 2-21 所示。

19

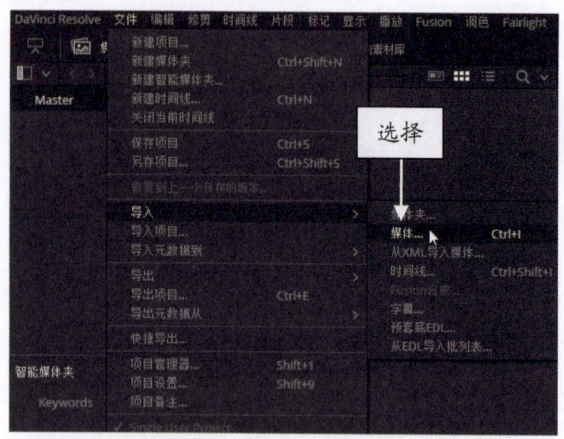

图 2-20 选择"媒体"命令

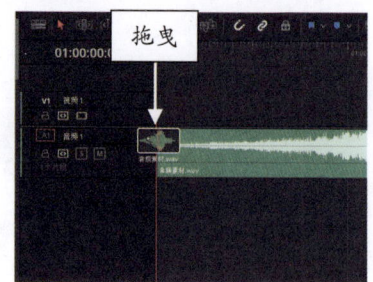

图 2-23 拖曳音频至音频轨

▶ 2.2.3 导入图片：在时间线中添加一张图片

在 DaVinci Resolve 18 中，通过拖曳的方式，可以将图片素材导入"媒体池"面板中，也可以将图片素材添加到时间线中，下面介绍具体的操作方法。

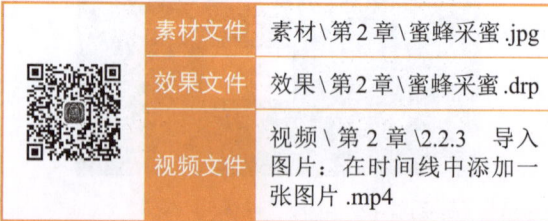

素材文件	素材\第2章\蜜蜂采蜜.jpg
效果文件	效果\第2章\蜜蜂采蜜.drp
视频文件	视频\第2章\2.2.3 导入图片：在时间线中添加一张图片.mp4

【操练+视频】
——导入图片：在时间线中添加一张图片

图 2-21 选择音频素材

STEP 03 单击"打开"按钮，即可将音频素材导入"媒体池"面板，如图 2-22 所示。

STEP 01 新建一个项目文件，在计算机中选择一张图片素材，并拖曳至"媒体池"面板中，如图 2-24 所示。执行操作后，即可在"媒体池"面板中导入一张图片。

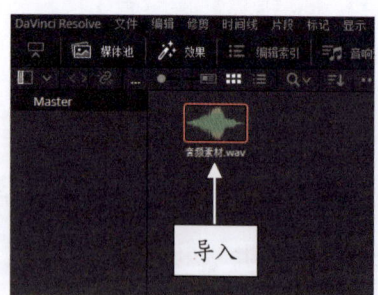

图 2-22 导入音频素材

STEP 04 选择"媒体池"面板中的音频素材，将其拖曳至"时间线"面板的音频轨上，如图 2-23 所示。执行操作后，即可完成导入音频素材的操作。

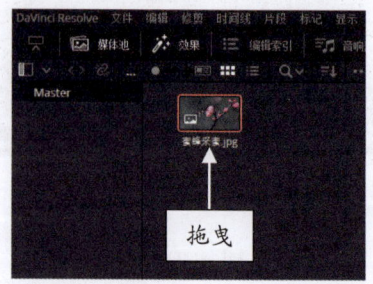

图 2-24 拖曳至"媒体池"面板

STEP 02 选择"媒体池"面板中的图片素材，将其拖曳至"时间线"面板的视频轨中。在预览窗口中，可以查看添加的图片素材效果，如图2-25所示。

图 2-25　查看添加的图片素材效果

2.2.4　导入字幕：在媒体池中添加一个字幕

在 DaVinci Resolve 18 中，用户可以将字幕素材导入"媒体池"面板中，也可将字幕素材添加到时间线中，下面介绍具体的操作方法。

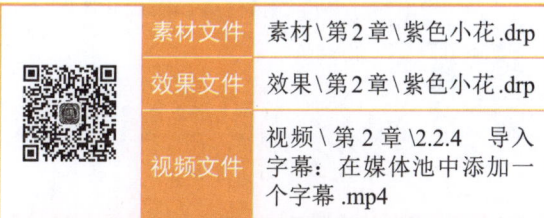

素材文件	素材\第2章\紫色小花.drp
效果文件	效果\第2章\紫色小花.drp
视频文件	视频\第2章\2.2.4　导入字幕：在媒体池中添加一个字幕.mp4

【操练+视频】
——导入字幕：在媒体池中添加一个字幕

STEP 01　打开一个项目文件，在预览窗口中可以查看项目效果，如图 2-26 所示。

图 2-26　查看项目效果

STEP 02　在"媒体池"面板中，单击鼠标右键，弹出快捷菜单，选择"导入字幕"命令，如图 2-27 所示。

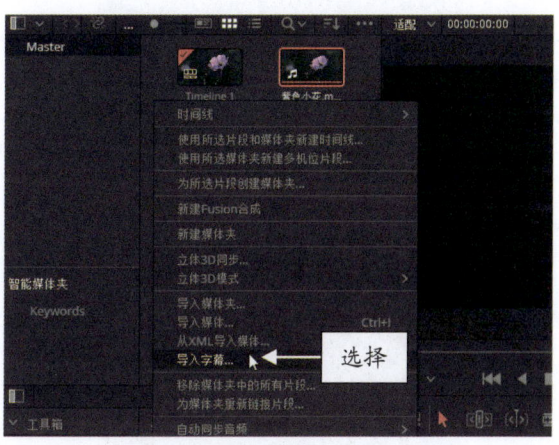

图 2-27　选择"导入字幕"命令

STEP 03　弹出"选择要导入的文件"对话框，在文件夹中选择需要导入的字幕素材，如图 2-28 所示。

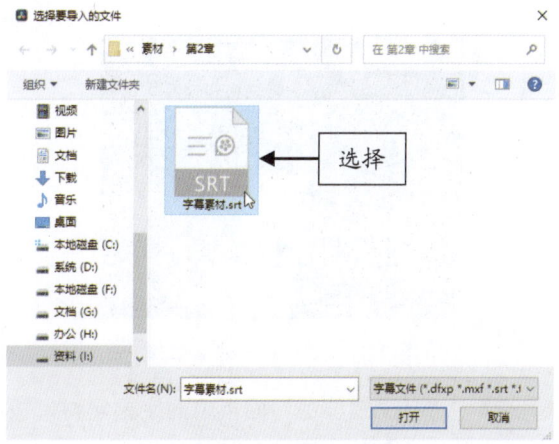

图 2-28　选择字幕素材

STEP 04　单击"打开"按钮，即可将字幕素材导入"媒体池"面板中，如图 2-29 所示。

STEP 05　在"时间线"面板左侧的轨道列表空白位置处单击鼠标右键，弹出快捷菜单，选择"添加字幕轨道"命令，如图 2-30 所示。

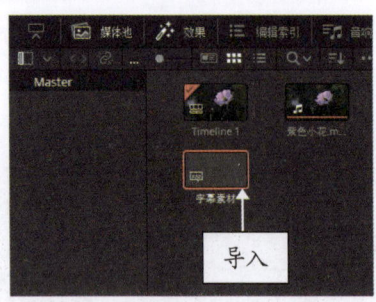

图 2-29 导入"媒体池"面板

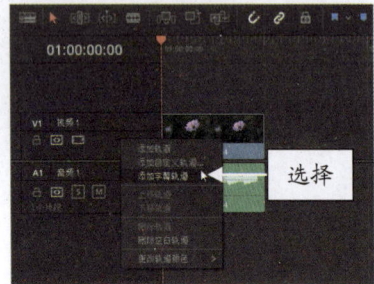

图 2-30 选择"添加字幕轨道"命令

STEP 06 执行操作后,即可添加一条字幕轨道,如图 2-31 所示。

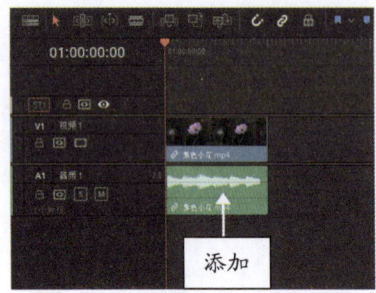

图 2-31 添加一条字幕轨道

STEP 07 选择"媒体池"面板中的字幕素材,按住鼠标左键将其拖曳至"时间线"面板的字幕轨中,如图 2-32 所示。

图 2-32 拖曳字幕至字幕轨

STEP 08 执行上述操作后,可以适当调整字幕位置,按空格键即可在预览窗口中播放视频画面,最终效果如图 2-33 所示。

图 2-33 预览视频效果

2.2.5 导入项目:在项目管理器中添加项目

当用户不小心在项目管理器中将制作的项目文件删除后,可以重新导入项目文件,下面介绍具体的操作方法。

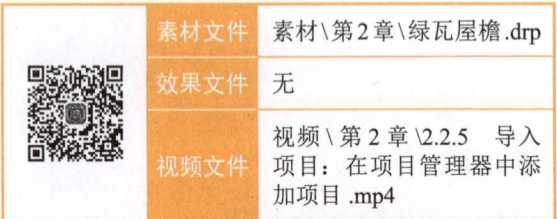

【操练+视频】
——导入项目:在项目管理器中添加项目

STEP 01 进入"剪辑"步骤面板,在菜单栏中选择"文件"|"导入项目"命令,如图 2-34 所示。

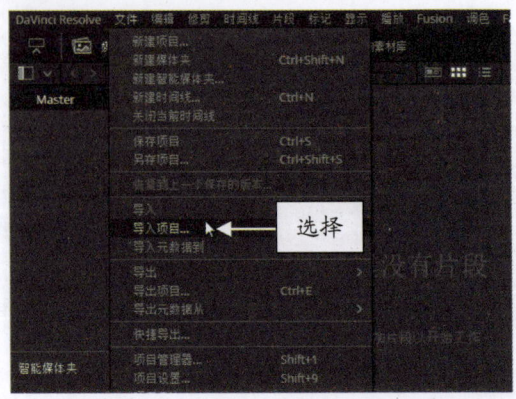

图 2-34 选择"导入项目"命令

第 2 章 › 基础：掌握软件的基本操作

STEP 02 弹出"导入项目文件"对话框，在其中选择制作的项目文件，如图2-35所示。单击"打开"按钮，即可导入项目文件。

STEP 04 进入"项目"管理器面板，即可查看导入的项目文件，如图2-37所示。

图 2-37 查看导入的项目文件

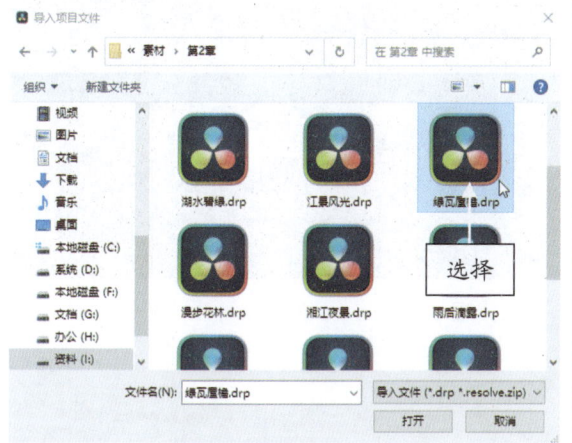

图 2-35 选择项目文件

STEP 03 在工作界面的右下角单击"项目管理器"按钮，如图2-36所示。

STEP 05 在导入的项目文件上双击鼠标左键，即可打开项目文件，在预览窗口中可查看导入的项目文件，如图2-38所示。

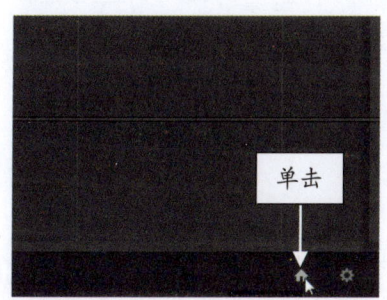

图 2-36 单击"项目管理器"按钮

图 2-38 预览视频素材效果

2.3 替换和链接素材文件

使用 DaVinci Resolve 18 对视频素材进行编辑时，用户可以根据需要对素材进行替换和链接。本节主要介绍替换与链接视频素材的操作方法。

2.3.1 替换素材：替换选择的媒体素材

在 DaVinci Resolve 18 "剪辑"步骤面板中编辑视频时，用户可以根据需要对素材文件进行替换操作，使制作的视频更加符合用户的需求。下面介绍替换素材文件的操作方法。

23

素材文件	素材\第2章\雨后荷花.drp
效果文件	效果\第2章\雨后荷花.drp
视频文件	视频\第2章\2.3.1 替换素材：替换选择的媒体素材.mp4

【操练＋视频】
——替换素材：替换选择的媒体素材

STEP 01 打开一个项目文件，进入"剪辑"步骤面板，在预览窗口中查看项目效果，如图 2-39 所示。

图 2-39　查看项目效果

STEP 02 在"媒体池"面板中，选择需要替换的素材文件，如图 2-40 所示。

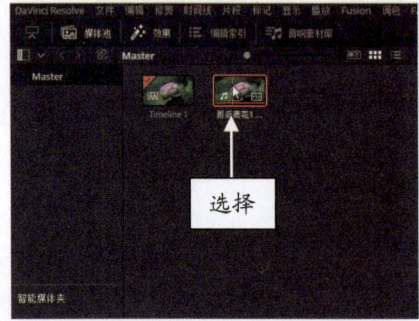

图 2-40　选择需要替换的素材文件

STEP 03 单击鼠标右键，弹出快捷菜单，选择"替换所选片段"命令，如图 2-41 所示。

STEP 04 弹出"替换所选片段"对话框，在其中选中需要替换的视频素材，如图 2-42 所示。

STEP 05 双击鼠标左键或单击"打开"按钮，即可替换"时间线"面板中的视频文件，如图 2-43 所示。

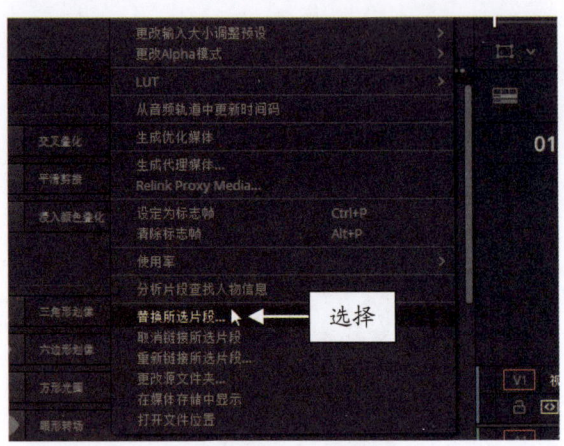

图 2-41　选择"替换所选片段"命令

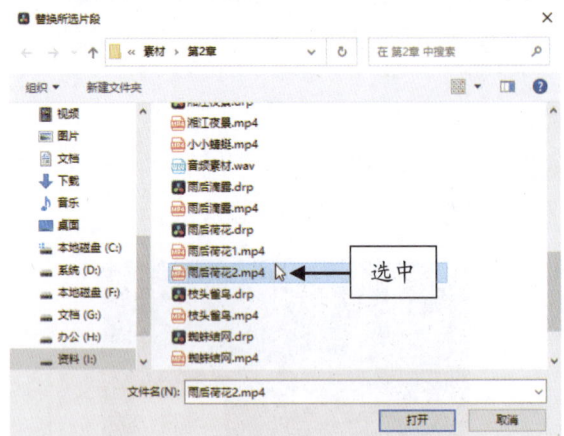

图 2-42　选中需要替换的视频素材

▶ 温馨提示

在"时间线"面板中选中视频素材，在"媒体池"面板中，导入需要替换的素材文件，然后在菜单栏中选择"编辑"|"替换"命令，也可替换"时间线"面板中的视频素材。

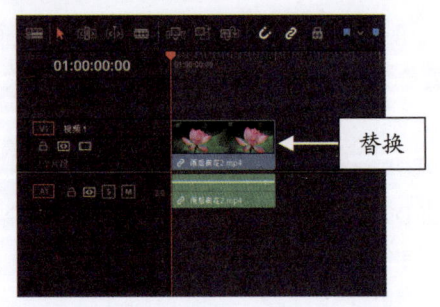

图 2-43　替换"时间线"面板中的视频文件

第 2 章 » 基础：掌握软件的基本操作

STEP 06 在预览窗口中，可以预览替换的素材画面效果，如图 2-44 所示。

图 2-44 预览替换的素材画面效果

▶ 2.3.2 取消链接：离线处理选择的素材

在 DaVinci Resolve 18 的"剪辑"步骤面板中，用户还可以离线处理选择的视频素材，下面介绍具体的操作方法。

素材文件	素材\第 2 章\蜘蛛结网 .drp
效果文件	无
视频文件	视频\第 2 章\2.3.2 取消链接：离线处理选择的素材 .mp4

【操练 + 视频】
——取消链接：离线处理选择的素材

STEP 01 打开一个项目文件，进入"剪辑"步骤面板，在预览窗口中查看项目效果，如图 2-45 所示。

图 2-45 打开一个项目文件

STEP 02 在"媒体池"面板中，选择需要离线处理的素材文件，如图 2-46 所示。

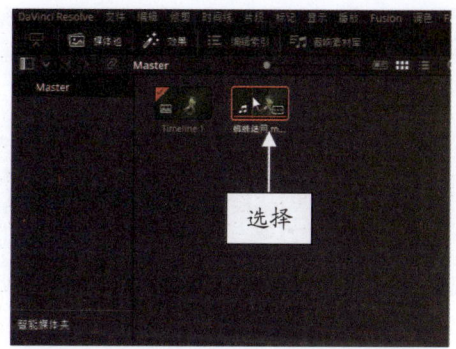

图 2-46 选择需要离线处理的素材文件

STEP 03 单击鼠标右键，弹出快捷菜单，选择"取消链接所选片段"命令，如图 2-47 所示。

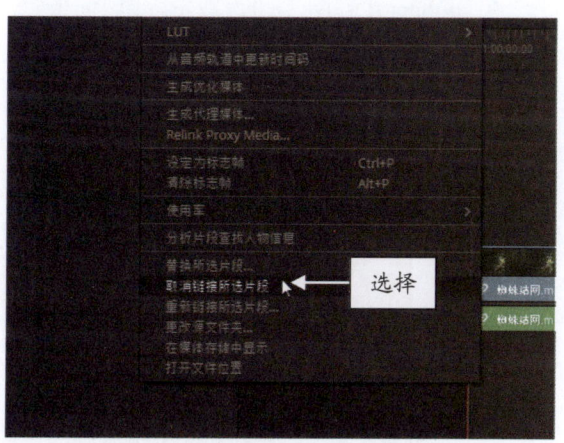

图 2-47 选择"取消链接所选片段"命令

STEP 04 执行操作后，即可离线处理视频轨中的素材，如图 2-48 所示。

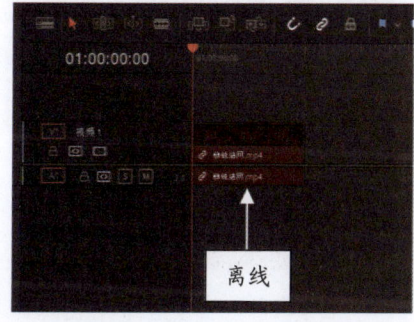

图 2-48 离线处理视频素材

STEP 05 在预览窗口中会显示"离线媒体"警示文字，如图 2-49 所示。

25

图 2-49 显示"离线媒体"警示文字

▶ 2.3.3 重新链接：链接离线的媒体素材

在 DaVinci Resolve 18 的"剪辑"步骤面板中，用户对视频素材离线处理后，需要重新链接离线的视频素材，下面介绍具体的操作方法。

素材文件	素材\第2章\湘江夜景.drp
效果文件	效果\第2章\湘江夜景.drp
视频文件	视频\第2章\2.3.3 重新链接：链接离线的媒体素材.mp4

【操练 + 视频】
——重新链接：链接离线的媒体素材

STEP 01 打开一个项目文件，进入"剪辑"步骤面板，如图 2-50 所示。

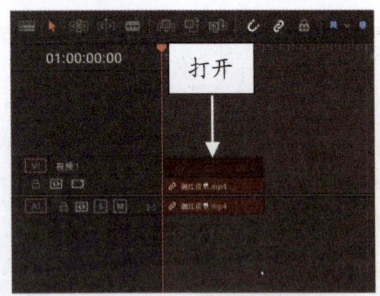

图 2-50 打开一个项目文件

STEP 02 在"媒体池"面板中，选择离线的素材文件，如图 2-51 所示。

STEP 03 单击鼠标右键，弹出快捷菜单，选择"重新链接所选片段"命令，如图 2-52 所示。

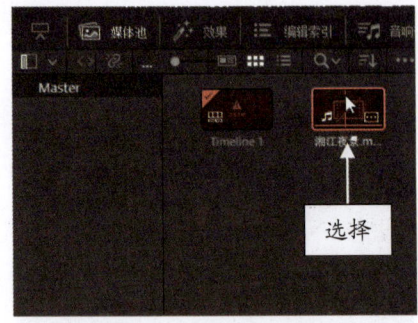

图 2-51 选择离线的素材文件

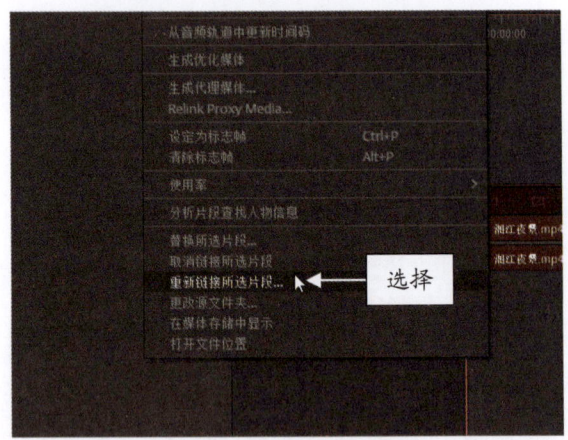

图 2-52 选择"重新链接所选片段"命令

STEP 04 弹出"选择源文件夹"对话框，在其中选择链接素材所在的文件夹，单击"选择文件夹"按钮，如图 2-53 所示。

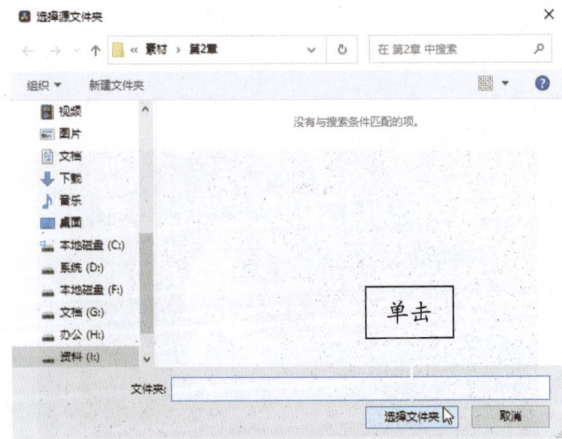

图 2-53 单击"选择文件夹"按钮

STEP 05 执行上述操作后，即可自动链接视频素材。在预览窗口中，可查看重新链接的素材画面效果，如图 2-54 所示。

图 2-54 查看重新链接的素材画面效果

2.4 管理时间线轨道

在 DaVinci Resolve 18 的"时间线"面板中，提供了插入与删除轨道的功能，用户可以在时间线轨道上单击鼠标右键，在弹出的快捷菜单中选择相应的命令，直接对轨道进行添加或删除等操作。本节主要介绍管理时间线轨道的方法。

2.4.1 管理轨道：控制时间线视图显示

在时间线轨道上，通过调整轨道大小，可以控制时间线显示的视图尺寸，下面介绍具体的操作方法。

素材文件	素材\第 2 章\冬日梅花 .drp
效果文件	无
视频文件	视频\第 2 章\2.4.1　管理轨道：控制时间线视图显示 .mp4

【操练+视频】——管理轨道：控制时间线视图显示

STEP 01 打开一个项目文件，将光标移至时间线的轨道上，此时鼠标指针呈现双向箭头形状，如图 2-55 所示。

STEP 02 按住鼠标左键向上拖曳，即可调整"时间线"面板中的视图尺寸，如图 2-56 所示。

图 2-55 鼠标指针呈现双向箭头形状　　　图 2-56 调整"时间线"面板中的视图尺寸

2.4.2 控制轨道：激活与禁用轨道信息

在"时间线"面板中，用户可以禁用或激活时间线轨道中的素材文件，下面介绍具体的操作方法。

素材文件	素材\第 2 章\狗尾草 .drp
效果文件	无
视频文件	视频\第 2 章\2.4.2　控制轨道：激活与禁用轨道信息 .mp4

【操练+视频】——控制轨道：激活与禁用轨道信息

STEP 01 打开一个项目文件，进入达芬奇"剪辑"步骤面板，在预览窗口中可以查看打开的项目效果，如图 2-57 所示。

图 2-57　查看打开的项目效果

STEP 02 在"时间线"面板中，单击"禁用视频轨道"按钮 ，如图 2-58 所示，即可禁用视频轨道上的素材。

STEP 03 执行上述操作后，预览窗口中的画面将无法进行播放。再次单击该按钮 ，即可激活轨道素材信息，如图 2-59 所示。

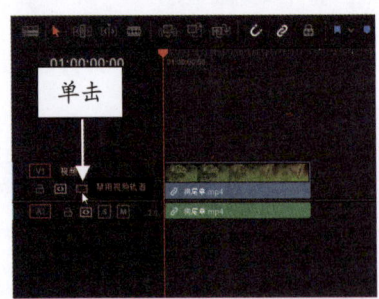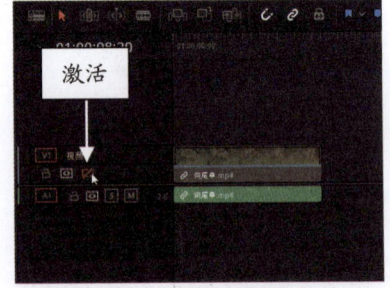

图 2-58　单击"禁用视频轨道"按钮　　　　图 2-59　激活轨道素材

2.4.3 设置轨道：更改轨道的颜色显示

在"时间线"面板中，视频轨道上的素材默认显示为浅蓝色。用户可以通过设置更改轨道素材的显示颜色，下面介绍具体的操作方法。

素材文件	素材\第 2 章\枝头雀鸟 .drp
效果文件	无
视频文件	视频\第 2 章\2.4.3　设置轨道：更改轨道的颜色显示 .mp4

【操练＋视频】——设置轨道：更改轨道的颜色显示

STEP 01 打开一个项目文件，在"时间线"面板中，可以查看视频轨道上素材显示的颜色，如图 2-60 所示。

STEP 02 在视频轨道上单击鼠标右键，弹出快捷菜单，选择"更改轨道颜色"|"橘黄"命令，如图 2-61 所示，可以让轨道面板更加精美，颜色不再单调。

图 2-60　查看视频轨道上素材显示的颜色　　　图 2-61　选择"橘黄"命令

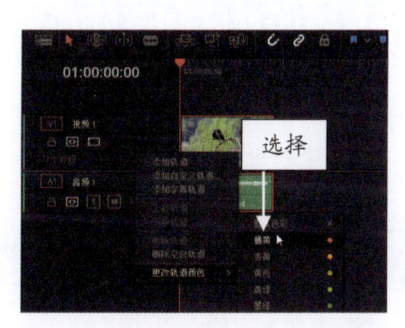

> ● 温馨提示
>
> 　　在音频轨道上单击鼠标右键，在弹出的快捷菜单中选择"更改轨道颜色"命令，在弹出的子菜单中选择需要更改的颜色后，即可修改音频轨道上素材的显示颜色。

STEP 03 执行上述操作后，即可更改轨道上素材显示的颜色，如图 2-62 所示。

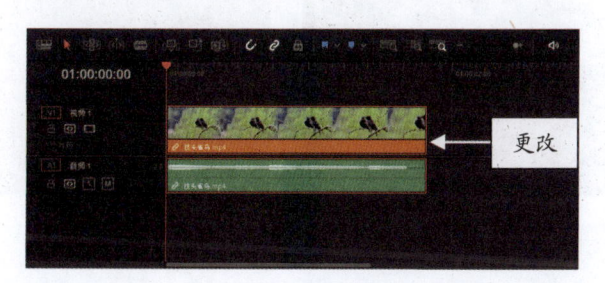

图 2-62　更改轨道上素材显示的颜色

第3章

剪辑：调整与编辑项目文件

章前知识导读

在 DaVinci Resolve 18 中，用户可以对素材进行相应的编辑，使制作的影片更为生动、美观。本章主要介绍素材的基本操作、编辑与调整素材文件、调整视频修剪模式、编辑素材时长与速度等内容。通过本章的学习，用户可以熟悉编辑和调整各种媒体素材的方法。

新手重点索引

- 素材文件的基本操作
- 调整视频修剪模式
- 编辑与调整素材文件
- 编辑素材时长与速度

效果图片欣赏

第 3 章 » 剪辑：调整与编辑项目文件

3.1 素材文件的基本操作

在 DaVinci Resolve 18 中，用户需要了解并掌握素材文件的基本操作，包括复制素材、插入素材以及自动附加等内容。

▶ 3.1.1 复制素材：制作与前一个相同的素材

在 DaVinci Resolve 18 中编辑视频效果时，如果一个素材需要使用多次，这时可以使用"复制"和"粘贴"功能来实现。下面介绍复制素材文件的操作方法。

素材文件	素材\第3章\一片芦苇.drp
效果文件	效果\第3章\一片芦苇.drp
视频文件	视频\第3章\3.1.1 复制素材：制作与前一个相同的素材.mp4

【操练 + 视频】
——复制素材：制作与前一个相同的素材

STEP 01 打开一个项目文件，进入"剪辑"步骤面板，在预览窗口中可以查看项目效果，如图 3-1 所示。

图 3-1 查看项目效果

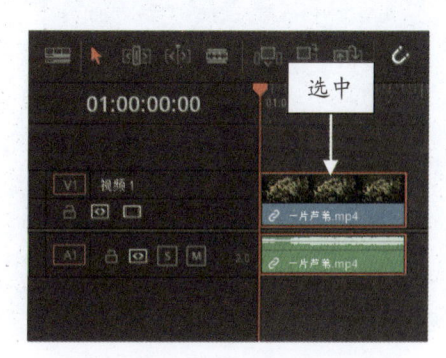

图 3-2 选中视频素材

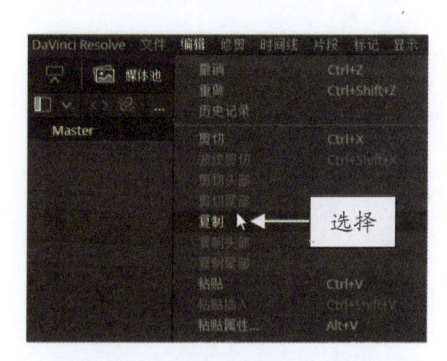

图 3-3 选择"复制"命令

图 3-4 移动时间指示器

STEP 02 在"时间线"面板中，选中视频素材，如图 3-2 所示。

STEP 03 在菜单栏中，选择"编辑"|"复制"命令，如图 3-3 所示。

STEP 04 在"时间线"面板中，拖曳时间指示器至相应位置，如图 3-4 所示。

STEP 05 在菜单栏中，选择"编辑"|"粘贴"命令，如图 3-5 所示。

STEP 06 执行操作后，在"时间线"面板中的时间指示器位置会粘贴复制的视频素材，此时时间指示器会自动移至粘贴素材的片尾处，如图3-6所示。

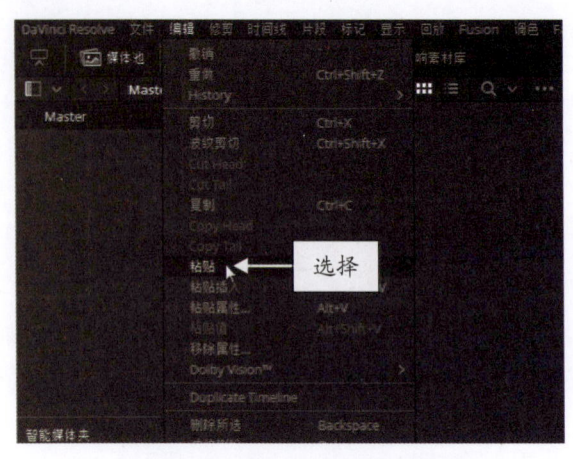

图3-5 选择"粘贴"命令

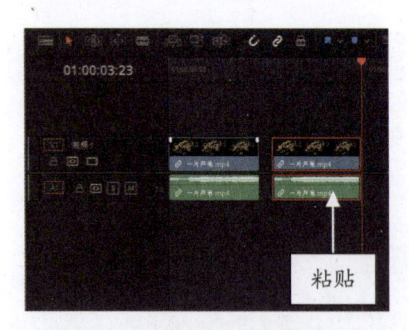

图3-6 粘贴复制的视频素材

▶ 温馨提示

用户还可以通过以下两种方式复制素材文件。

🔘 快捷键：选择"时间线"面板中的素材，按Ctrl+C快捷键复制素材后，移动时间指示器至合适位置，按Ctrl+V快捷键即可粘贴复制的素材。

🔘 快捷菜单：选择"时间线"面板中的素材，单击鼠标右键，在弹出的快捷菜单中选择"复制"命令，即可复制素材；然后移动时间指示器至合适位置，在空白位置处单击鼠标右键，在弹出的快捷菜单中选择"粘贴"命令，即可粘贴复制的素材。

▶ 3.1.2 插入素材：在原素材中间插入新素材

DaVinci Resolve 18 支持用户在原素材中间插入新素材的功能，方便用户编辑素材文件，下面介绍具体的操作方法。

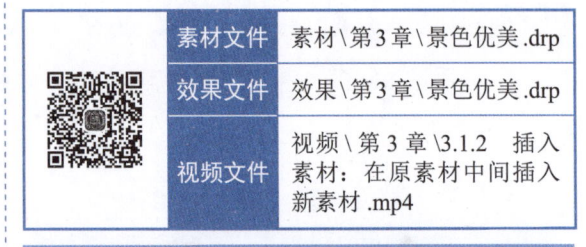

素材文件	素材\第3章\景色优美.drp
效果文件	效果\第3章\景色优美.drp
视频文件	视频\第3章\3.1.2 插入素材：在原素材中间插入新素材.mp4

【操练+视频】
——插入素材：在原素材中间插入新素材

STEP 01 打开一个项目文件，进入"剪辑"步骤面板，拖曳时间指示器至01:00:02:20位置处，如图3-7所示。

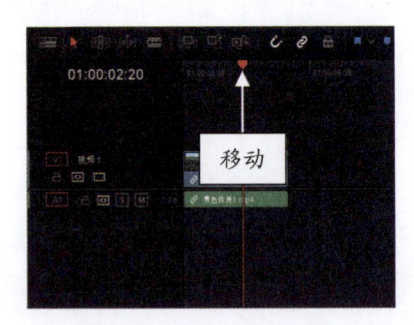

图3-7 移动时间指示器

STEP 02 在"媒体池"面板中，选择相应视频素材，如图3-8所示。

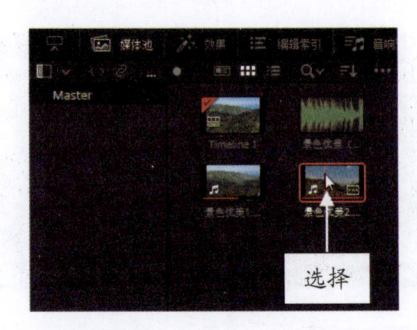

图3-8 选择相应视频素材

STEP 03 在"时间线"面板上方的工具栏中，单击"插入片段"按钮，如图3-9所示。

STEP 04 执行上述操作后，即可将"媒体池"面板中的视频素材插入"时间线"面板的时间指示器位置处，如图3-10所示。

第 3 章 » 剪辑：调整与编辑项目文件

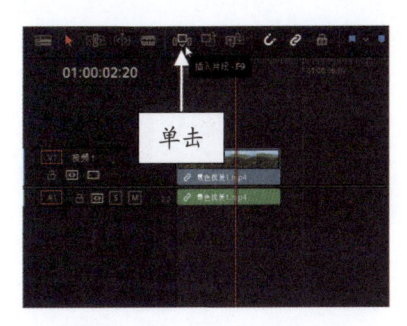

图 3-9　单击"插入片段"按钮

图 3-10　插入视频素材

STEP 05　添加背景音乐并调整音乐时长，将时间指示器移动至视频轨的开始位置处，在预览窗口中单击"播放"按钮▶，查看视频效果，如图 3-11 所示。

图 3-11　查看视频效果

3.1.3　自动附加：在时间线末端插入新素材

在 DaVinci Resolve 18 的"时间线"面板中添加素材文件通常都是通过拖曳的方式，下面介绍通过菜单选项将素材文件添加到时间线末端的操作方法。

素材文件	素材\第3章\秋收时节.drp
效果文件	效果\第3章\秋收时节.drp
视频文件	视频\第 3 章\3.1.3　自动附加：在时间线末端插入新素材.mp4

【操练 + 视频】
——自动附加：在时间线末端插入新素材

STEP 01　打开一个项目文件，进入"剪辑"步骤面板，如图 3-12 所示。

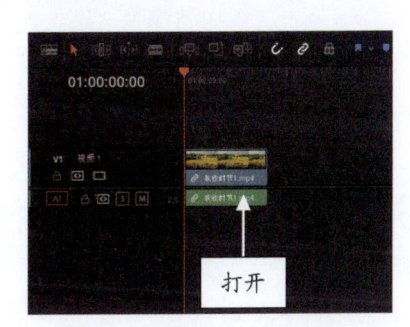

图 3-12　打开一个项目文件

STEP 02　在"媒体池"面板中，选择相应视频素材，如图 3-13 所示。

图 3-13　选择相应视频素材

33

STEP 03 在菜单栏中,选择"编辑"|"附加到时间线末端"命令,如图3-14所示。

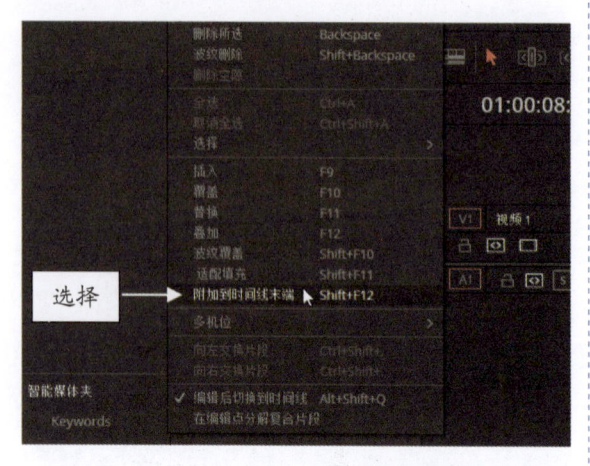

图 3-14 选择"附加到时间线末端"命令

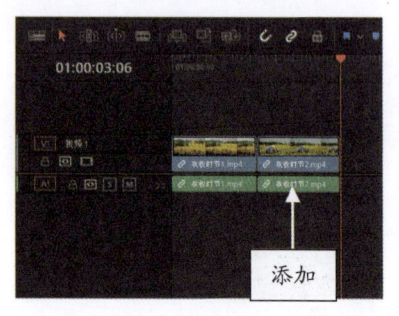

图 3-15 自动添加到时间线末端

STEP 04 执行操作后,即可将所选素材自动添加到时间线末端位置,如图3-15所示。

STEP 05 添加背景音乐并调整音乐时长后,在预览窗口中,即可查看添加的视频效果,如图3-16所示。

图 3-16 查看添加的视频效果

3.2 编辑与调整素材文件

在 DaVinci Resolve 18 中,可以对视频素材进行相应的编辑与调整,包括标记素材、覆盖素材以及适配填充等几种常用的视频素材编辑方法。下面主要介绍编辑与调整视频素材的具体操作。

3.2.1 标记素材:快速切换至标记的位置

在达芬奇"剪辑"步骤面板中,标记主要用来记录视频中的某个画面,使用户能更加方便地对视频进行编辑。下面介绍添加标记并快速切换标记位置的操作方法。

素材文件	素材\第 3 章\蓝天白云 .drp
效果文件	效果\第 3 章\蓝天白云 .drp
视频文件	视频\第 3 章\3.2.1　标记素材:快速切换至标记的位置 .mp4

【操练+视频】——标记素材:快速切换至标记的位置

第 3 章 》剪辑：调整与编辑项目文件

STEP 01 打开一个项目文件，进入达芬奇"剪辑"步骤面板，如图 3-17 所示。

图 3-17　打开一个项目文件

STEP 02 将时间指示器移动至 01:00:01:09 位置，如图 3-18 所示。

图 3-18　移动时间指示器至相应位置

STEP 03 在"时间线"面板的工具栏中，单击"标记"下拉按钮，在弹出的下拉列表中选择"蓝色"选项，如图 3-19 所示。

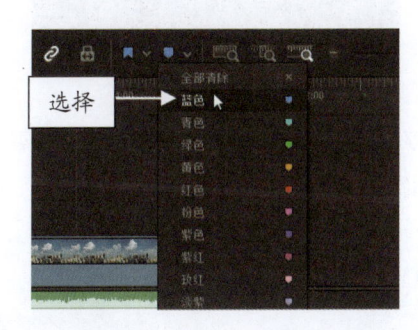

图 3-19　选择"蓝色"选项

STEP 04 执行操作后，即可在 01:00:01:09 位置处添加一个蓝色标记，如图 3-20 所示。

图 3-20　添加一个蓝色标记

STEP 05 将时间指示器移动至 01:00:04:00 位置，如图 3-21 所示。

图 3-21　移动时间指示器至相应位置

STEP 06 用同样的方法，在 01:00:04:00 位置再次添加一个蓝色标记，如图 3-22 所示。

图 3-22　再次添加一个蓝色标记

STEP 07 将时间指示器移动至开始位置，在时间标尺的任意位置处单击鼠标右键，在弹出的快捷菜单中选择"跳到下一个标记"命令，如图 3-23 所示。

STEP 08 执行操作后，即可切换至第一个素材标记处，如图 3-24 所示。

35

3.2.2 覆盖素材：覆盖轨道中的素材片段

当原视频素材中有部分视频片段不需要时，使用达芬奇软件的"覆盖片段"功能，可以用一段新的视频素材覆盖原素材中不需要的部分，不需要剪辑删除，也不需要替换，就能轻松完成处理。下面介绍覆盖素材文件的操作方法。

素材文件	素材\第3章\古城饭店.drp
效果文件	效果\第3章\古城饭店.drp
视频文件	视频\第3章\3.2.2 覆盖素材：覆盖轨道中的素材片段.mp4

【操练+视频】
——覆盖素材：覆盖轨道中的素材片段

STEP 01 打开一个项目文件，进入达芬奇"剪辑"步骤面板，如图3-27所示。

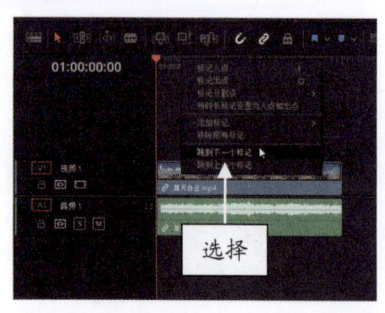

图3-23 选择"跳到下一个标记"命令

图3-24 切换至第一个素材标记处

STEP 09 在预览窗口中，即可查看第一个标记处的素材画面，如图3-25所示。

图3-25 查看第一个标记处的素材画面

STEP 10 用同样的方法切换至第二个标记，并在预览窗口中查看第二个标记处的素材画面，如图3-26所示，这样可以快速找到自己想要的位置。

图3-26 查看第二个标记处的素材画面

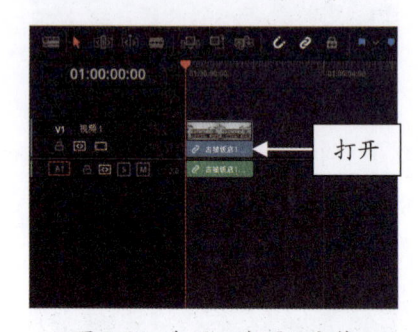

图3-27 打开一个项目文件

STEP 02 在预览窗口中，可以预览打开的项目效果，如图3-28所示。

图3-28 预览打开的项目效果

第 3 章 » 剪辑：调整与编辑项目文件

STEP 03 将时间指示器移动至 01:00:01:03 位置，如图 3-29 所示。

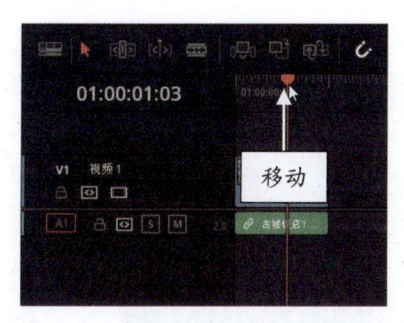

图 3-29 移动时间指示器至合适位置

STEP 04 在"媒体池"面板中，选择一个视频素材文件（此处也可以用图片素材），如图 3-30 所示。

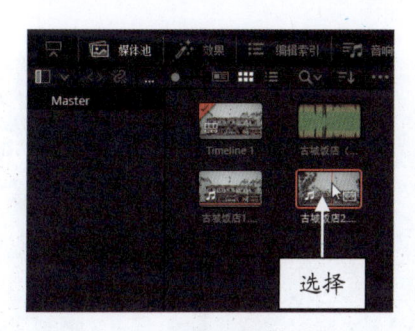

图 3-30 选择视频素材文件

STEP 05 执行操作后，在"时间线"面板的工具栏中单击"覆盖片段"按钮，如图 3-31 所示。

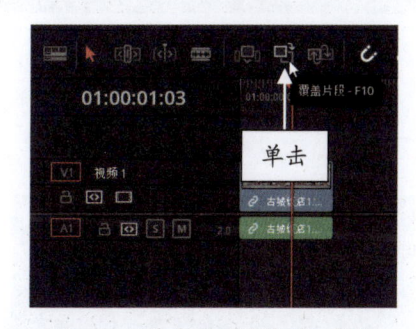

图 3-31 单击"覆盖片段"按钮

STEP 06 即可在视频轨中插入所选的视频素材，如图 3-32 所示。

STEP 07 执行操作后，添加背景音乐并调整音乐时长，即可完成对视频轨中原素材部分视频片段的覆盖。在预览窗口中，可以查看覆盖片段的画面效果，如图 3-33 所示。

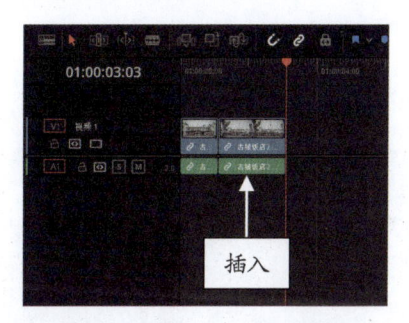

图 3-32 插入所选的图像素材

图 3-33 查看覆盖片段的画面效果

3.2.3 适配填充：在轨道空白处填补素材

在"时间线"面板中，当几段视频中的某一段视频素材被删除后，在将一段新的视频素材置入留出的空白位置时，可能会出现素材时长不匹配的问题。此时，用户可以使用适配填充功能将视频自动变速（拉长或压缩视频时长），填充至空白位置处即可。下面介绍适配填充素材文件的操作方法。

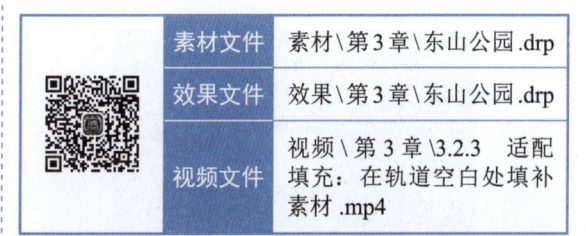

素材文件	素材\第 3 章\东山公园.drp
效果文件	效果\第 3 章\东山公园.drp
视频文件	视频\第 3 章\3.2.3 适配填充：在轨道空白处填补素材.mp4

【操练+视频】
——适配填充：在轨道空白处填补素材

37

STEP 01 打开一个项目文件，进入达芬奇"剪辑"步骤面板，如图 3-34 所示。

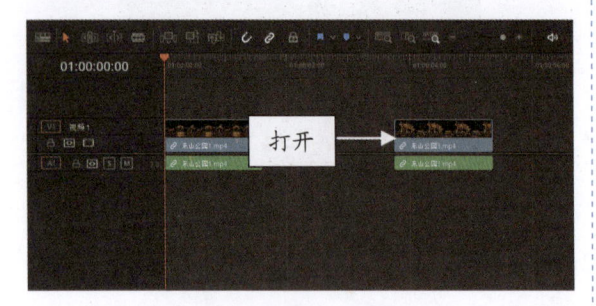

图 3-34 打开一个项目文件

STEP 02 在预览窗口中，可以预览打开的项目效果，如图 3-35 所示。

图 3-35 预览打开的项目效果

STEP 03 将时间指示器移至第 1 段视频的结束位置处，如图 3-36 所示。

图 3-36 移动时间指示器

STEP 04 在"媒体池"面板中，选择需要适配填充的视频素材，如图 3-37 所示。

图 3-37 选择视频素材文件

STEP 05 在菜单栏中，选择"编辑"|"适配填充"命令，如图 3-38 所示。

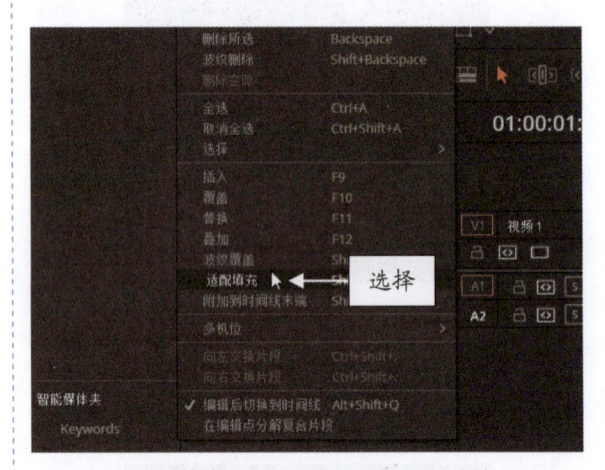

图 3-38 选择"适配填充"命令

STEP 06 执行操作后，即可在视频轨中的空白位置处适配填充所选视频，如图 3-39 所示。

图 3-39 适配填充视频素材

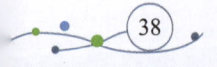

第 3 章 » 剪辑：调整与编辑项目文件

STEP 07 添加背景音乐并调整音乐时长，在预览窗口中，可以查看填充后的视频画面效果，如图 3-40 所示。

图 3-40 查看视频画面效果

3.3 调整视频修剪模式

为了帮助读者尽快掌握达芬奇软件中的修剪模式，下面主要介绍达芬奇"剪辑"步骤面板中的选择模式、修剪编辑模式、动态滑移剪辑以及动态滑动剪辑等修剪视频素材的方法，希望读者可以举一反三，灵活运用。

▶ 3.3.1 选择模式：剪辑视频素材

在"时间线"面板的工具栏中，使用"选择模式"工具可以修剪素材文件的时长区间，下面介绍应用"选择模式"工具修剪视频素材的操作方法。

素材文件	素材\第3章\零陵古城.drp
效果文件	效果\第3章\零陵古城.drp
视频文件	视频\第3章\3.3.1 选择模式：剪辑视频素材.mp4

【操练+视频】——选择模式：剪辑视频素材

STEP 01 打开一个项目文件，进入达芬奇"剪辑"步骤面板，如图 3-41 所示。

图 3-41 打开一个项目文件

STEP 02 在预览窗口中，可以预览打开的项目效果，如图 3-42 所示。

图 3-42 预览打开的项目效果

STEP 03 在"时间线"面板中，单击"选择模式"按钮，移动光标至素材的结束位置处，如图 3-43 所示。

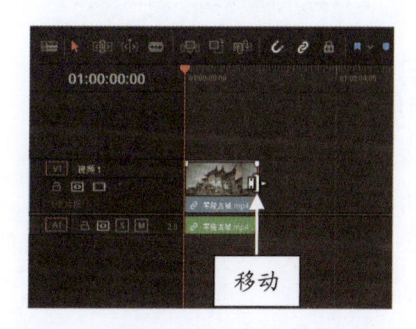

图 3-43 移动光标至素材结束位置处

39

STEP 04 当光标呈修剪形状时，按住鼠标左键并向左拖曳，如图3-44所示，至合适位置处释放鼠标左键，即可完成修剪视频时长区间的操作。

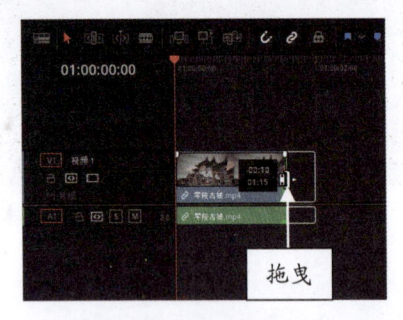

图3-44 向左拖曳光标

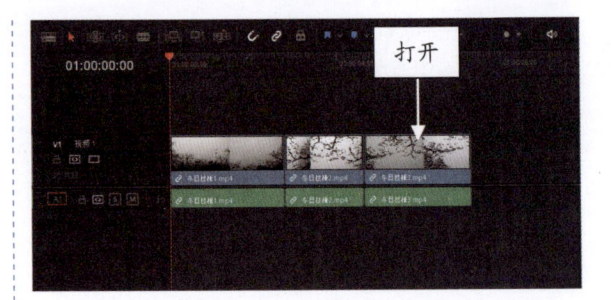

图3-45 打开一个项目文件

3.3.2 修剪编辑模式：剪辑视频素材

在达芬奇软件中，修剪编辑模式在剪辑视频时非常实用，用户可以在固定的时长中，通过拖曳视频素材更改视频素材的起点和结束点，以选取其中的一段视频片段。例如，固定时长为3秒，完整视频时长为10秒，用户可以截取其中任意3秒视频片段作为保留素材。下面介绍应用修剪编辑模式剪辑视频素材的操作方法。

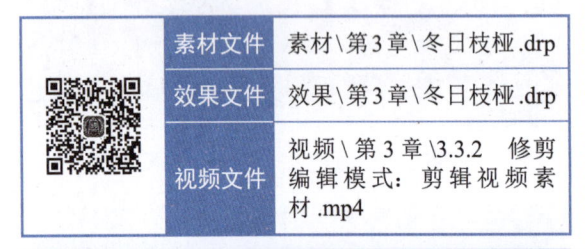

素材文件	素材\第3章\冬日枝桠.drp
效果文件	效果\第3章\冬日枝桠.drp
视频文件	视频\第3章\3.3.2 修剪编辑模式：剪辑视频素材.mp4

【操练+视频】
——修剪编辑模式：剪辑视频素材

STEP 01 打开一个项目文件，进入达芬奇"剪辑"步骤面板，如图3-45所示。

STEP 02 在预览窗口中，可以预览打开的项目效果，如图3-46所示。

STEP 03 选择第2段视频素材，在"时间线"面板的工具栏中，单击"修剪编辑模式"按钮，如图3-47所示。

图3-46 预览打开的项目效果

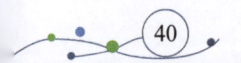

40

第 3 章 » 剪辑：调整与编辑项目文件

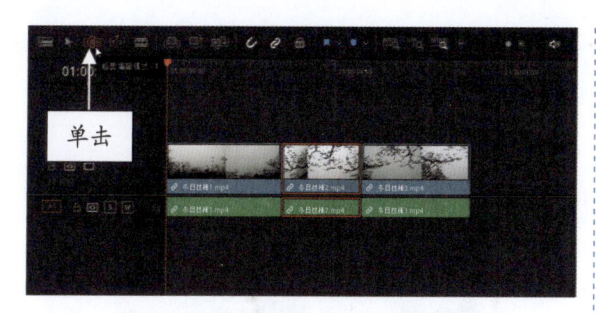

图 3-47 单击"修剪编辑模式"按钮

STEP 04 将光标移至第 2 段视频素材的图像显示区，此时光标呈修剪状态，效果如图 3-48 所示。

图 3-48 光标呈修剪状态

STEP 05 单击鼠标左键，如图 3-49 所示，在轨道上会出现一个白色方框，表示视频素材的原时长。

图 3-49 单击鼠标左键

STEP 06 根据需要向左或向右拖曳视频素材（这里向右拖曳），在红色方框内会显示视频内容图像，如图 3-50 所示。

图 3-50 拖曳视频素材

STEP 07 同时，预览窗口中也会根据修剪片段显示视频的起点和终点图像，效果如图 3-51 所示。待释放鼠标左键后，即可截取满意的视频素材。

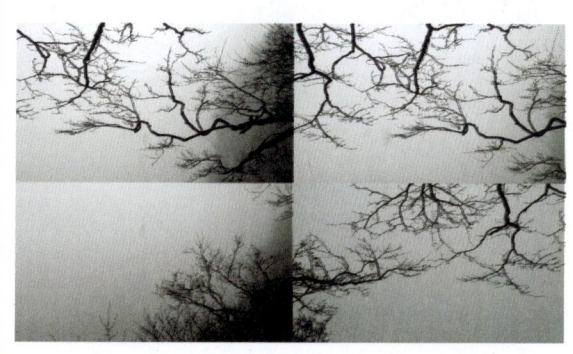

图 3-51 显示视频的起点和终点图像

3.3.3 动态修剪模式 1：通过滑移剪辑视频

在 DaVinci Resolve 18 中，动态修剪模式有两种操作方法，分别是滑移和滑动，用户可以通过按 S 键进行切换。滑移功能与上一例相同，这里不再详述，下面主要介绍操作方法。

在学习如何使用达芬奇中的动态修剪模式前，首先需要了解预览窗口中倒放、停止、正放的快捷键，它们分别是 J、K、L 键。用户在操作时，如果快捷键失效，建议打开英文大写功能再进行操作。下面介绍通过滑移功能剪辑视频素材的方法。

素材文件	素材\第3章\海岸风光.drp
效果文件	效果\第3章\海岸风光.drp
视频文件	视频\第3章\3.3.3 动态修剪模式1：通过滑移剪辑视频.mp4

【操练 + 视频】
——动态修剪模式 1：通过滑移剪辑视频

STEP 01 打开一个项目文件，进入达芬奇"剪辑"步骤面板，如图 3-52 所示。

图 3-52 打开一个项目文件

STEP 02 在预览窗口中，可以预览打开的项目效果，如图 3-53 所示。

图 3-53 预览打开的项目效果

STEP 03 在"时间线"面板的工具栏中，单击"动态修剪模式（滑动）"按钮，此时时间指示器显示为黄色，如图 3-54 所示。

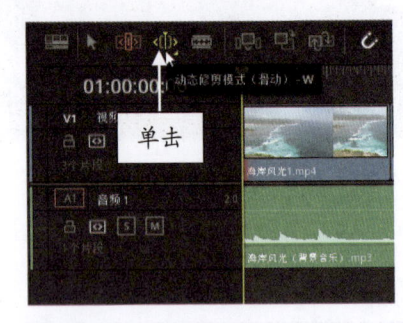

图 3-54 单击"动态修剪模式（滑动）"按钮

STEP 04 在按钮上单击鼠标右键，在弹出的快捷菜单中选择"滑移"命令，如图 3-55 所示。

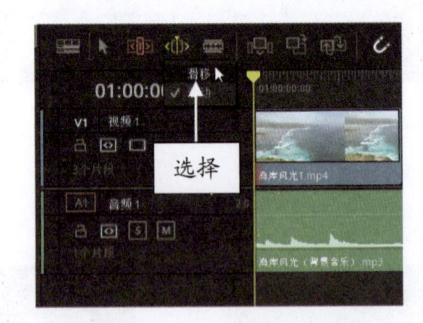

图 3-55 选择"滑移"命令

STEP 05 在视频轨中选中第 2 段视频素材，如图 3-56 所示。

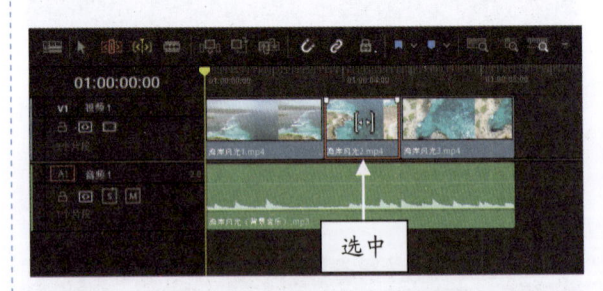

图 3-56 选中第 2 段视频素材

STEP 06 按倒放快捷键 J 或正放快捷键 L，在红色固定区间内左右移动视频片段；按停止快捷键 K 暂停，通过滑移选取视频片段，如图 3-57 所示。

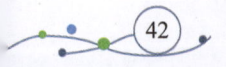

第 3 章 » 剪辑：调整与编辑项目文件

图 3-57 选取视频片段

3.3.4 动态修剪模式 2：通过滑动剪辑视频

下面要介绍的是第 2 种动态修剪视频方法，它是通过滑动功能修剪与指定的视频素材相邻的素材时长。下面介绍通过滑动功能剪辑视频素材的操作方法。

素材文件	素材\第3章\沙滩美景.drp
效果文件	效果\第3章\沙滩美景.drp
视频文件	视频\第3章\3.3.4 动态修剪模式 2：通过滑动剪辑视频.mp4

【操练 + 视频】
——动态修剪模式 2：通过滑动剪辑视频

STEP 01 打开一个项目文件，在"时间线"面板的工具栏中，单击"选择模式"按钮 ，如图 3-58 所示。

图 3-58 单击"选择模式"按钮

STEP 02 在预览窗口中，可以预览打开的项目效果，如图 3-59 所示。

图 3-59 预览打开的项目效果

STEP 03 在菜单栏中选择"修剪"|"动态修剪模式"命令，如图 3-60 所示。

STEP 04 时间指示器显示为黄色后，按 S 键切换"动态剪辑模式"为"滑动"，如图 3-61 所示。

43

3.3.5 刀片编辑模式：分割视频素材片段

在"时间线"面板中，用工具栏中的刀片工具，即可将素材分割成多个素材片段，下面介绍具体的操作方法。

素材文件	素材\第3章\大小两猴.drp
效果文件	效果\第3章\大小两猴.drp
视频文件	视频\第3章\3.3.5 刀片编辑模式：分割视频素材片段.mp4

【操练+视频】
——刀片编辑模式：分割视频素材片段

STEP 01 打开一个项目文件，进入达芬奇"剪辑"步骤面板，如图3-64所示。

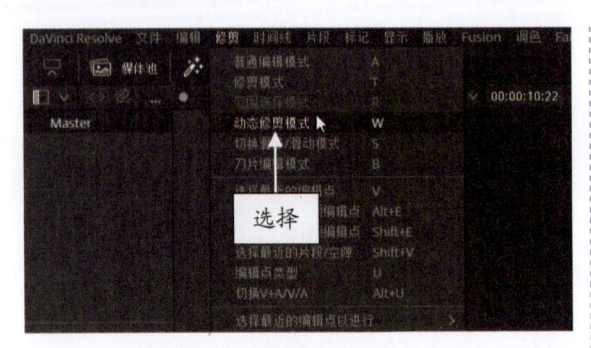

图3-60 选择"动态修剪模式"命令

图3-61 切换为"滑动"剪辑模式

STEP 05 在视频轨中选中第2段视频素材，如图3-62所示。

图3-62 选中第2段视频素材

STEP 06 按倒放快捷键J或正放快捷键L左右移动视频片段，按停止快捷键K暂停，即可剪辑相邻两段视频的时长，如图3-63所示。

图3-63 剪辑相邻两段视频的时长

图3-64 打开一个项目文件

STEP 02 在"时间线"面板中，单击"刀片编辑模式"按钮，如图3-65所示，此时鼠标指针变成了刀片工具图标。

图3-65 单击"刀片编辑模式"按钮

44

第 3 章 » 剪辑：调整与编辑项目文件

STEP 03 在视频轨中，应用刀片工具，在视频素材上的合适位置处单击，即可将视频素材分割成两段，如图 3-66 所示。

图 3-66 分割两段视频素材

STEP 04 再次在其他位置处单击，即可将视频素材分割成多个视频片段，如图 3-67 所示。

图 3-67 分割多个视频素材

STEP 05 删除第 2 段和第 4 段片段，将时间指示器移动至视频轨的开始位置处，在预览窗口中单击"播放"按钮，查看视频效果，如图 3-68 所示。

图 3-68 查看视频效果

3.4 编辑素材时长与速度

在 DaVinci Resolve 18 中，将素材添加到"时间线"面板后，用户可以对素材的区间时长和播放速度进行相应的调整。下面介绍编辑素材区间时长与播放速度的方法。

3.4.1 更改时长：修改素材的时间长短

在 DaVinci Resolve 18 中编辑视频素材时，用户可以调整视频素材的区间时长，使调整后的视频素材可以更好地适用于所编辑的项目。下面将介绍具体的操作方法。

素材文件	素材 \ 第 3 章 \ 玫瑰花香 .drp
效果文件	效果 \ 第 3 章 \ 玫瑰花香 .drp
视频文件	视频 \ 第 3 章 \3.4.1 更改时长：修改素材的时间长短 .mp4

【操练+视频】——更改时长：修改素材的时间长短

45

STEP 01 打开一个项目文件,进入达芬奇"剪辑"步骤面板,如图3-69所示。

图3-69 打开一个项目文件

STEP 02 在"时间线"面板中,选中素材文件,单击鼠标右键,弹出快捷菜单,选择"更改片段时长"命令,如图3-70所示。

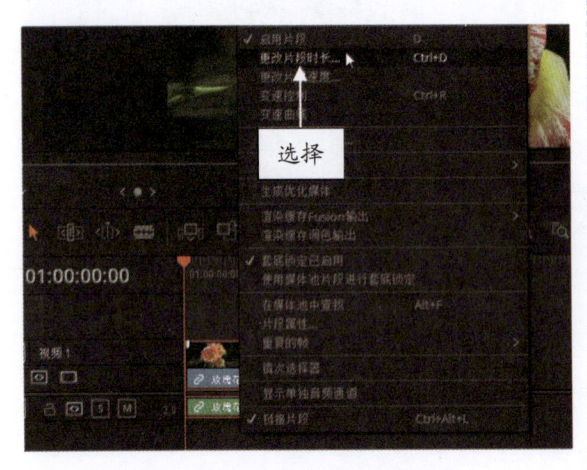

图3-70 选择"更改片段时长"命令

STEP 03 弹出"更改片段时长"对话框,如图3-71所示,在"时长"文本框中显示了素材原来的时长。

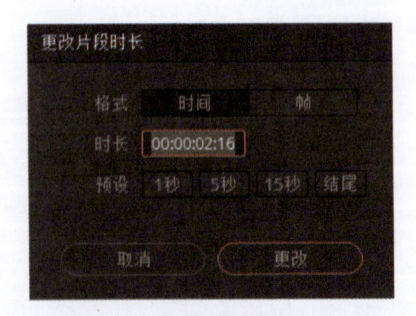

图3-71 弹出相应对话框

STEP 04 在"时长"文本框中修改时长为00:00:03:00,如图3-72所示。

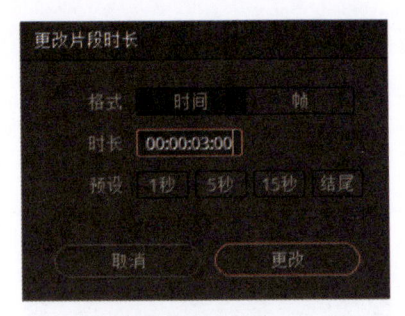

图3-72 修改时长

STEP 05 单击"更改"按钮,即可在"时间线"面板中查看修改时长后的素材效果,如图3-73所示。

图3-73 查看修改时长后的素材效果

3.4.2 更改速度:修改素材的播放速度

使用DaVinci Resolve 18中的"更改片段速度"功能,可以使用慢动作强化视频中的剧情,或加快速度实现独特的缩时效果。下面介绍修改素材播放速度的操作方法。

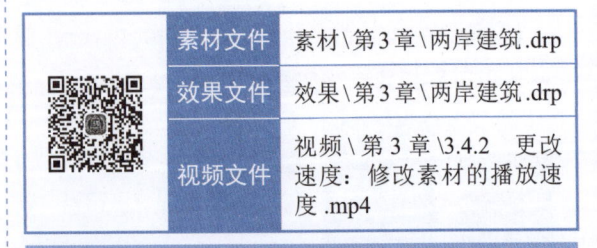

素材文件	素材\第3章\两岸建筑.drp
效果文件	效果\第3章\两岸建筑.drp
视频文件	视频\第3章\3.4.2 更改速度:修改素材的播放速度.mp4

【操练+视频】
——更改速度:修改素材的播放速度

第 3 章 》剪辑：调整与编辑项目文件

STEP 01 打开一个项目文件，进入达芬奇"剪辑"步骤面板，如图 3-74 所示。

图 3-74 打开一个项目文件

STEP 02 在"时间线"面板中，选中素材文件，单击鼠标右键，弹出快捷菜单，选择"更改片段速度"命令，如图 3-75 所示。

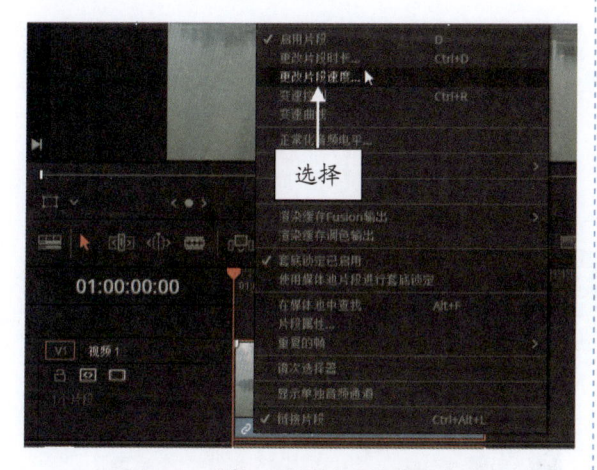

图 3-75 选择"更改片段速度"命令

STEP 03 弹出"更改片段速度"对话框，在"速度"文本框中修改参数为 150.00%，如图 3-76 所示。

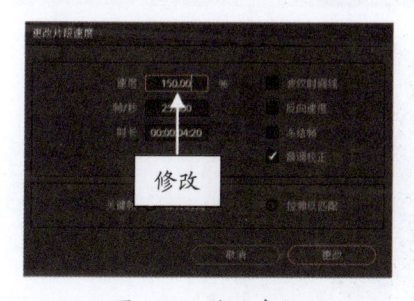

图 3-76 修改参数

STEP 04 单击"更改"按钮，即可将素材的播放速度调快，此时"时间线"面板中的素材时长也相应缩短，如图 3-77 所示。

图 3-77 "时间线"面板中的显示状态

STEP 05 在预览窗口中，可以查看更改速度后的画面效果，如图 3-78 所示。

图 3-78 查看更改速度后的画面效果

47

第4章

粗调：对画面进行一级调色

章前知识导读

一级调色就是调整画面的整体色调、对比度、饱和度以及色温，以达到改善图像质量和色彩平衡的目的。本章将详细介绍应用达芬奇软件对视频画面进行一级调色的操作方法。

新手重点索引

- 认识示波器与灰阶调节
- 使用色轮的调色技巧
- 使用运动特效进行降噪
- 对画面进行色彩校正
- 使用 RGB 混合器进行调色

效果图片欣赏

4.1 认识示波器与灰阶调节

示波器是一种可以将视频信号转换为可见图像的电子测量仪器，它能帮助人们研究各种电现象的变化过程，观察各种不同信号幅度随时间变化的波形曲线。灰阶是指显示器黑与白、明与暗之间亮度的层次对比。下面将介绍达芬奇中的几种示波器查看模式。

4.1.1 认识波形图示波器

波形图示波器主要用于检测视频信号的幅度和单位时间内的所有脉冲扫描图形，让用户看到当前画面亮度信号的分布情况，用来分析画面的明暗和曝光情况。

波形图示波器的横坐标表示当前帧的水平位置。在 NTSC 制式下，纵坐标表示图像每一列的色彩密度，单位是 IRE；在 PAL 制式下，纵坐标则表示视频信号的电压值。在 NTSC 制式下，将消隐电平 0.3V 定义为 0 IRE，将 0.3～1V 进行 10 等分，每一等分定义为 10 IRE。

下面介绍在 DaVinci Resolve 18 中查看波形图示波器的操作方法。

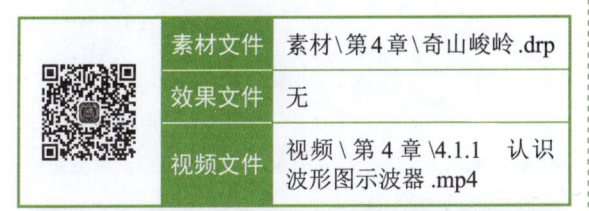

素材文件	素材\第4章\奇山峻岭.drp
效果文件	无
视频文件	视频\第4章\4.1.1 认识波形图示波器.mp4

【操练+视频】——认识波形图示波器

STEP 01 打开一个项目文件，进入"剪辑"步骤面板，在预览窗口中，可以查看打开的项目效果，如图 4-1 所示。

图 4-1 查看打开的项目效果

图 4-1 查看打开的项目效果（续）

STEP 02 在步骤面板中，单击"调色"按钮，如图 4-2 所示，即可切换至"调色"步骤面板。

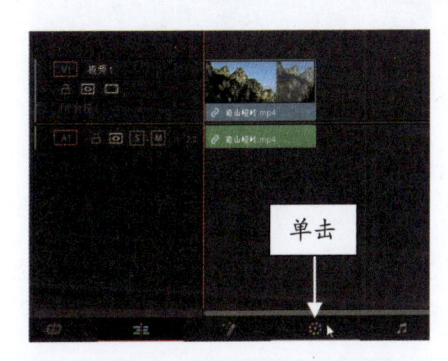

图 4-2 单击"调色"按钮

STEP 03 在工具栏中单击"示波器"按钮，如图 4-3 所示。

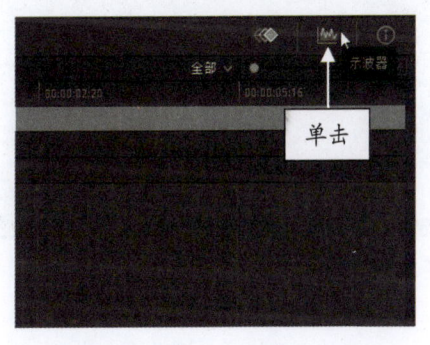

图 4-3 单击"示波器"按钮

STEP 04 执行操作后，即可切换至"示波器"面板，如图4-4所示。

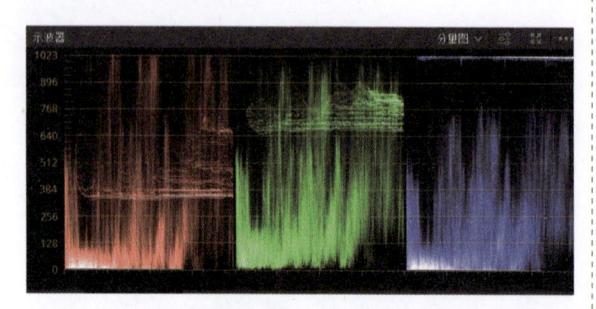

图4-4 切换至"示波器"面板

STEP 05 在示波器窗口标题栏的右上角单击下拉按钮，在弹出的下拉列表中选择"波形图"选项，如图4-5所示。

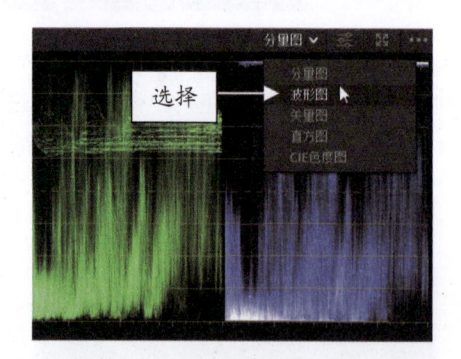

图4-5 选择"波形图"选项

STEP 06 执行操作后，即可在下方面板中查看和检测视频画面的颜色分布情况，如图4-6所示。

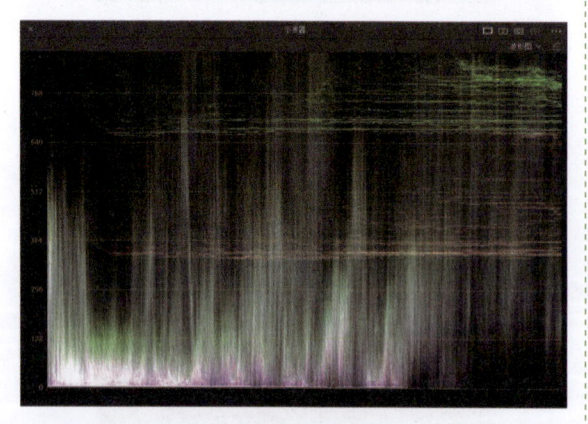

图4-6 查看和检测视频画面的颜色分布情况

> **温馨提示**
>
> 用户可以用同样的方法，切换不同类别的示波器，以便查看和分析画面色彩的分布状况。

4.1.2 认识分量图示波器

分量图示波器其实就是将波形图示波器分为红（R）、绿（G）、蓝（B）三色通道，将画面中的色彩信息直观地展示出来。通过分量图示波器，用户可以分析图像画面的色彩是否平衡。

如图4-7所示，下方蓝色阴影位置的波形明显要比红色、绿色阴影位置高，而蓝色上方的高光位置明显要比红色、绿色的波形偏低，且整体波形不一致，即表示图像高光位置出现色彩偏移，整体色调偏红色、绿色。

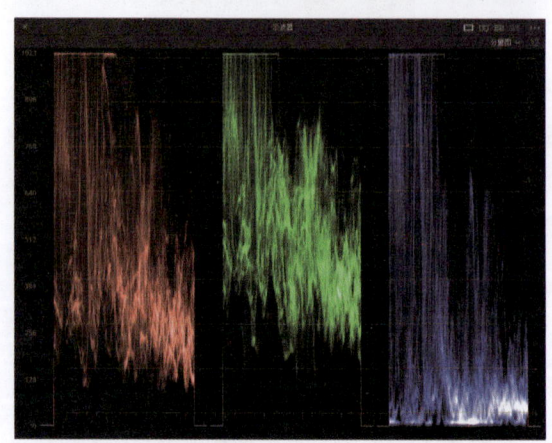

图4-7 分量图示波器颜色分布情况

4.1.3 认识矢量图示波器

矢量图是一种检测色相和饱和度的工具，它以坐标的方式显示视频的色度信息。矢量图中矢量的大小，也就是某一点到坐标原点的距离，代表颜色饱和度。

圆心位置代表色彩饱和度为0，因此黑白图像的色彩矢量都在圆心处；离圆心越远，饱和度越高，如图4-8所示。

图 4-8 矢量图示波器色彩矢量分布情况

▶ 温馨提示

矢量图上有一些虚方格，广播标准彩条颜色都落在相应虚方格的中心。如果饱和度向外超出相应虚方格的中心，就表示饱和度超标（广播电视安全播出标准），必须进行调整。对于一段视频来讲，只要色彩饱和度不超过由这些虚方格围成的区域，就可认为色彩符合播出标准。

4.1.4 认识直方图示波器

在直方图示波器中可以查看图像的亮度与结构，用户可以利用直方图分析图像画面中的亮度是否超标。

在达芬奇软件中，直方图呈横、纵轴进行分布。横坐标轴表示图像画面的亮度值，左边为亮度最小值，波形的像素越高，则图像画面的颜色越接近黑色；右边为亮度最大值，画面色彩更趋近白色。纵坐标轴表示图像画面亮度值位置的像素占比。

当图像画面中的黑色像素过多或亮度较低时，波形会集中分布在示波器的左边，如图4-9所示。

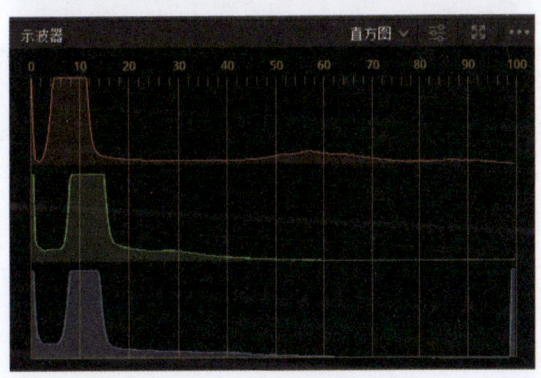

图 4-9 画面亮度过低

当图像画面中的白色像素过多或亮度较高时，波形会集中分布在示波器的右边，如图4-10所示。

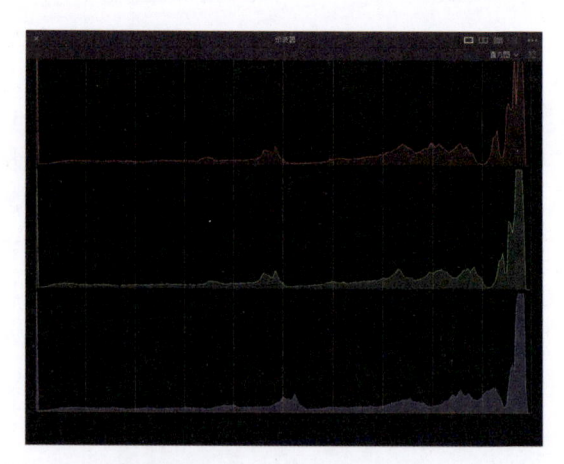

图 4-10　画面亮度超标

4.2　对画面进行色彩校正

在视频制作过程中，由于电视系统能显示的亮度范围要小于计算机显示器的显示范围，电脑屏幕上的一些鲜亮画面也许在电视机上将出现细节缺失等影响画质的问题，因此专业的制作人员必须知道如何根据播出要求来控制画面的色彩。本节主要介绍运用达芬奇软件对画面进行色彩校正的操作方法。

▶ 4.2.1　调整曝光：制作云端之上视频效果

当素材亮度过暗或者太亮时，用户可以在 DaVinci Resolve 18 中通过调节"亮度"参数来调整素材的曝光。下面介绍图像曝光的调整方法。

素材文件	素材\第4章\云端之上.drp
效果文件	效果\第4章\云端之上.drp
视频文件	视频\第4章\4.2.1　调整曝光：制作云端之上视频效果.mp4

【操练 + 视频】
——调整曝光：制作云端之上视频效果

STEP 01　打开一个项目文件，进入达芬奇"剪辑"步骤面板，如图 4-11 所示。

STEP 02　在预览窗口中，可以查看打开的项目效果，如图 4-12 所示。可以看到视频画面缺少曝光度，整体画面亮度偏暗。

图 4-11　打开一个项目文件

图 4-12　查看打开的项目效果

第 4 章 » 粗调：对画面进行一级调色

STEP 03 切换至"调色"步骤面板，单击 LUT 按钮，如图 4-13 所示，展开 LUT 面板，该面板中的滤镜可以帮助用户校正画面色彩。

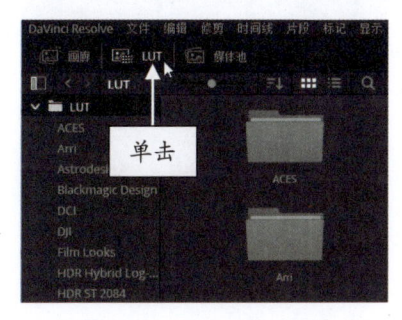

图 4-13　单击 LUT 按钮

STEP 04 在下方的选项面板中，选择 Blackmagic Design 选项，展开相应选项卡，在其中选择第 8 个滤镜样式，如图 4-14 所示。

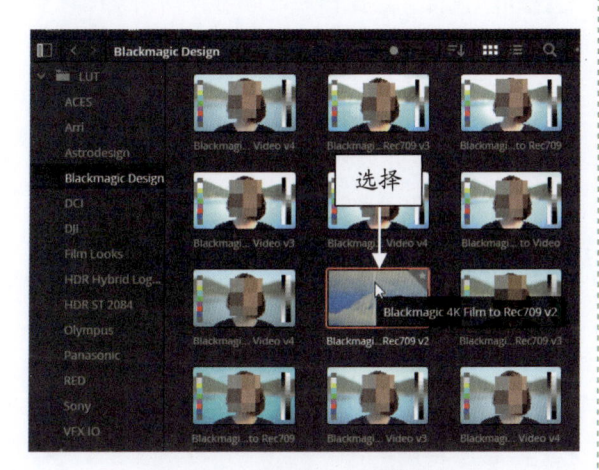

图 4-14　选择第 8 个滤镜样式

STEP 05 按住鼠标左键将滤镜拖曳至预览窗口的图像画面上，如图 4-15 所示。释放鼠标左键，即可将选择的 LUT 滤镜样式添加至视频素材上。

STEP 06 在预览窗口中查看色彩校正后的效果，如图 4-16 所示，可以看到画面亮度校正效果不够明显。

STEP 07 在"时间线"面板的工具栏中单击"色轮"按钮，如图 4-17 所示，展开"一级 - 校色轮"面板。

STEP 08 向右拖曳"亮部"下方的轮盘，直至参数值均显示为 1.20，如图 4-18 所示。

图 4-15　拖曳 LUT 滤镜

图 4-16　查看色彩校正后的效果

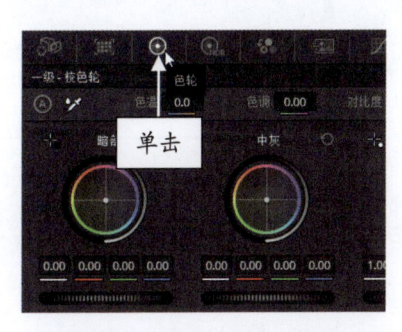

图 4-17　单击"色轮"按钮

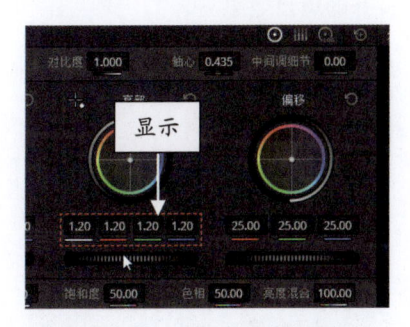

图 4-18　调整亮度参数值

53

STEP 09 执行上述操作后，即可提高亮度值，调整画面曝光。在预览窗口中查看最终效果，如图4-19所示。

图4-19 查看最终效果

4.2.2 色彩平衡：制作红色蜻蜓视频效果

当图像出现色彩不平衡的情况时，有可能是因为摄影机的白平衡参数设置错误，也有可能是因为天气、灯光等因素造成的色偏。在达芬奇软件中，用户可以根据需要应用自动平衡功能，调整图像色彩平衡。下面介绍自动平衡图像色彩的操作方法。

素材文件	素材\第4章\红色蜻蜓.drp
效果文件	效果\第4章\红色蜻蜓.drp
视频文件	视频\第4章\4.2.2 色彩平衡：制作红色蜻蜓视频效果.mp4

【操练+视频】
——色彩平衡：制作红色蜻蜓视频效果

STEP 01 打开一个项目文件，进入达芬奇"剪辑"步骤面板，如图4-20所示。在预览窗口中，可以查看打开的项目效果。

图4-20 打开一个项目文件

STEP 02 切换至"调色"步骤面板，展开"色轮"面板，单击"自动平衡"按钮 A ，如图4-21所示。

图4-21 单击"自动平衡"按钮

> 温馨提示
>
> 这里也可以单击"白平衡"按钮，选取某一种颜色保持不变。

STEP 03 执行上述操作后，即可自动调整图像色彩平衡，在预览窗口中可以查看调整后的图像效果，如图4-22所示。

图4-22 查看调整白平衡后的效果

4.2.3 镜头匹配：制作荷花绽放视频效果

达芬奇拥有镜头自动匹配功能，能对两个片段进行色调分析，并自动匹配效果较好的视频片段。镜头匹配是每一个调色师的必学基础课，也是一个调色师经常会遇到的难题。对一个单独的视频镜头，调色可能还算容易；但要对整个视频色调进行统一调色就相对较难了，这需要用到镜头匹配功能进行辅助调色。下面介绍具体的操作方法。

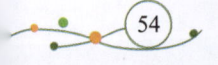

第 4 章 » 粗调：对画面进行一级调色

素材文件	素材\第4章\荷花绽放.drp
效果文件	效果\第4章\荷花绽放.drp
视频文件	视频\第4章\4.2.3 镜头匹配：制作荷花绽放视频效果.mp4

【操练 + 视频】
——镜头匹配：制作荷花绽放视频效果

STEP 01 打开一个项目文件，进入达芬奇"剪辑"步骤面板，如图4-23所示。

图4-23 打开一个项目文件

STEP 02 在预览窗口中，可以查看打开的项目效果。其中第1个视频素材画面色彩已经调整完成，可以将其作为要匹配的目标片段，如图4-24所示。

图4-24 查看打开的项目效果

STEP 03 切换至"调色"步骤面板，在"片段"面板中选择需要进行镜头匹配的第2个视频片段，如图4-25所示。

图4-25 选择第2个视频片段

STEP 04 在第1个视频片段上单击鼠标右键，弹出快捷菜单，选择"与此片段进行镜头匹配"命令，如图4-26所示，即可调整其与第1段素材色彩相同，节约调色时间。

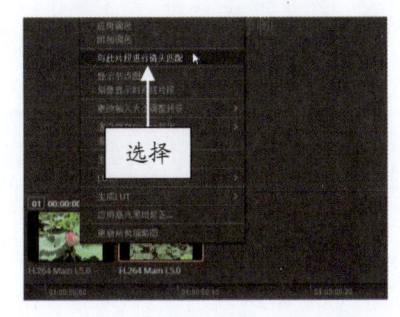

图4-26 选择"与此片段进行镜头匹配"命令

STEP 05 在预览窗口中预览第2段视频镜头匹配后的画面效果，如图4-27所示；如果觉得画面有点儿曝光过度，可以适当降低亮度。

图4-27 预览镜头匹配后的画面效果

55

4.3 使用色轮的调色技巧

在达芬奇"调色"步骤面板的"色轮"面板中,有3个模式可供用户调色,分别是一级校色轮、一级校色条以及Log色轮,下面介绍这3种调色技巧。

▶ 4.3.1 一级校色轮:制作风景秀丽视频效果

在达芬奇"色轮"面板的"校色轮"选项面板中,一共有4个色轮,从左往右分别是暗部、中灰、亮部以及偏移,分别用来调整图像画面的阴影部分、中间灰色部分、高光部分以及色彩偏移部分。下面通过实例介绍具体的操作方法。

素材文件	素材\第4章\风景秀丽.drp
效果文件	效果\第4章\风景秀丽.drp
视频文件	视频\第4章\4.3.1 一级校色轮:制作风景秀丽视频效果.mp4

【操练+视频】
——一级校色轮:制作风景秀丽视频效果

STEP 01 打开一个项目文件,进入达芬奇"剪辑"步骤面板,如图4-28所示。

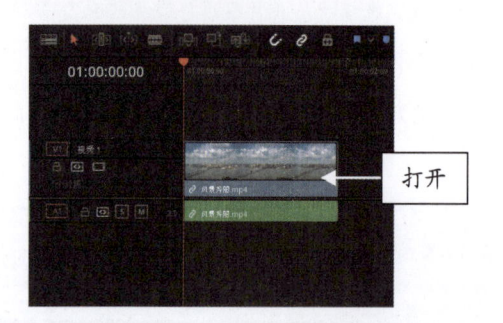

图 4-28 打开一个项目文件

STEP 02 在预览窗口中,可以查看打开的项目效果,如图4-29所示。此时需要将画面中的暗部调亮,并调整整体色调为偏蓝。

STEP 03 切换至"调色"步骤面板,展开"色轮"|"一级-校色轮"面板。将光标移至"暗部"色轮下方的轮盘上,按住鼠标左键并向右拖曳,直至色轮下方的参数均显示为0.05,如图4-30所示,即可使暗部画面提升。

图 4-29 查看打开的项目效果

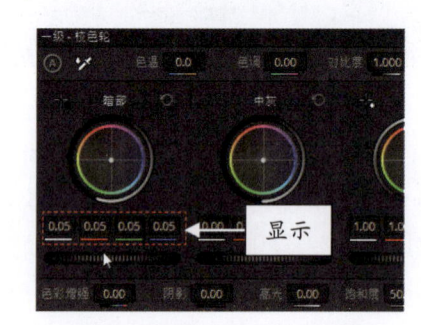

图 4-30 调整"暗部"色轮参数

STEP 04 设置"饱和度"参数为69.20。单击"偏移"色轮中间的圆圈,按住鼠标左键并向右边的蓝色区块拖曳,至合适位置后释放鼠标左键,调整偏移参数,如图4-31所示,即可提升整体画面偏蓝。

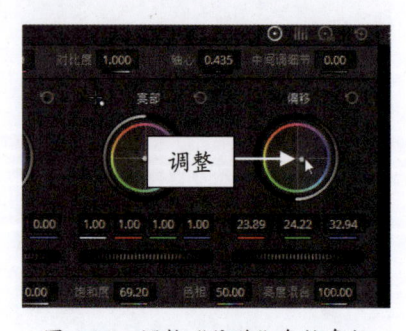

图 4-31 调整"偏移"色轮参数

第 4 章 » 粗调：对画面进行一级调色

STEP 05 执行操作后，即可在预览窗口中查看最终效果，如图 4-32 所示。

图 4-32 查看最终效果

图 4-33 打开一个项目文件

4.3.2 一级校色条：制作夜景风光视频效果

在达芬奇"色轮"面板的"校色条"选项面板中，一共有 4 组色条，其作用与"校色轮"选项面板中的色轮作用是一样的，并且与色轮是联动关系；当用户调整色轮中的参数时，色条参数也会随之改变；反过来，当用户调整色条参数时，色轮下方的参数也会随之改变。下面通过实例介绍具体的操作方法。

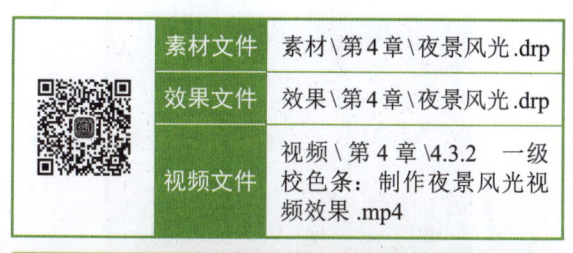

素材文件	素材\第4章\夜景风光.drp
效果文件	效果\第4章\夜景风光.drp
视频文件	视频\第 4 章 \4.3.2 一级校色条：制作夜景风光视频效果 .mp4

【操练 + 视频】
——一级校色条：制作夜景风光视频效果

STEP 01 打开一个项目文件，进入达芬奇"剪辑"步骤面板，如图 4-33 所示。

STEP 02 在预览窗口中，可以查看打开的项目效果，如图 4-34 所示。此时需要将画面中的暗部调亮，并调整画面为偏暖色调。

STEP 03 切换至"调色"步骤面板，在"色轮"面板中单击"校色条"按钮，如图 4-35 所示。

图 4-34 查看打开的项目效果

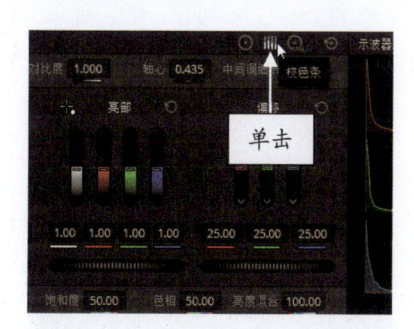

图 4-35 单击"校色条"按钮

STEP 04 将光标移至"暗部"色条的通道上，按住鼠标左键并拖曳，直至参数均显示为 -0.02，如图 4-36 所示，即可调整暗部画面。

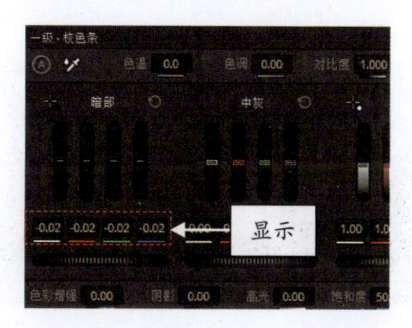

图 4-36 调整"暗部"色条参数

57

> **温馨提示**
>
> 用户在调整参数时，如需恢复原始数据，可以单击每组色条（或色轮）右上角的恢复重置按钮 ⟲。

STEP 05 将光标移至"亮部"色条的通道上，按住鼠标左键并拖曳，直至参数显示为 1.12、1.15、1.00、1.00，如图 4-37 所示，即可调整亮部中的白色与红色画面。

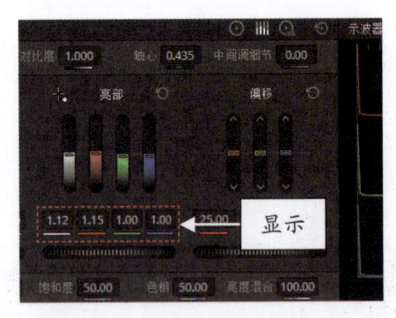

图 4-37　调整"亮度"色条参数

STEP 06 用同样的方法，调整"偏移"色条中的红色通道参数为 32.26，如图 4-38 所示，即可偏移色调，使整体的画面呈暖色调。

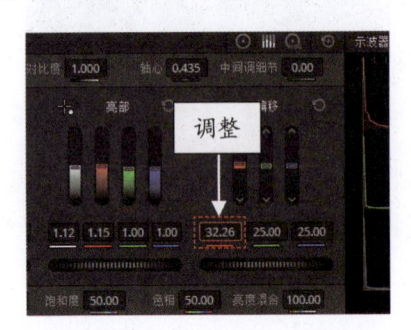

图 4-38　调整"偏移"色条参数

STEP 07 在预览窗口中查看最终效果，如图 4-39 所示。

图 4-39　查看最终效果

4.3.3　Log 色轮：制作银河星空视频效果

Log 色轮可以保留图像画面中暗部和亮部的细节，为用户后期调色提供了很大的空间。在达芬奇"色轮"面板的"Log 色轮"选项面板中，一共有 4 个色轮，分别是阴影、中间调、高光以及偏移，用户在应用 Log 色轮调色时，展开示波器面板可以查看图像波形状况，配合示波器可以对图像素材进行调色处理。下面通过实例介绍应用 Log 色轮调色的操作方法。

素材文件	素材\第 4 章\银河星空.drp
效果文件	效果\第 4 章\银河星空.drp
视频文件	视频\第 4 章\4.3.3　Log 色轮：制作银河星空视频效果.mp4

【操练 + 视频】
——Log 色轮：制作银河星空视频效果

STEP 01 打开一个项目文件，进入达芬奇"剪辑"步骤面板，如图 4-40 所示。

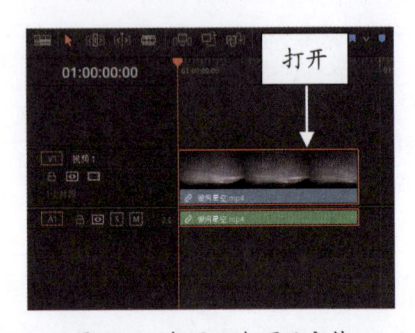

图 4-40　打开一个项目文件

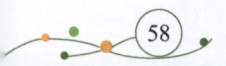

STEP 02 在预览窗口中，可以查看打开的项目效果，如图 4-41 所示。

STEP 03 切换至"调色"步骤面板，展开分量图示波器，在其中可以查看图像的波形状况。如图 4-42 所示，可以看到蓝色波形比较偏低。

STEP 04 在"色轮"面板中，单击"Log 色轮"按钮 🔘，如图 4-43 所示。

第 4 章 » 粗调：对画面进行一级调色

图 4-41 查看打开的项目效果

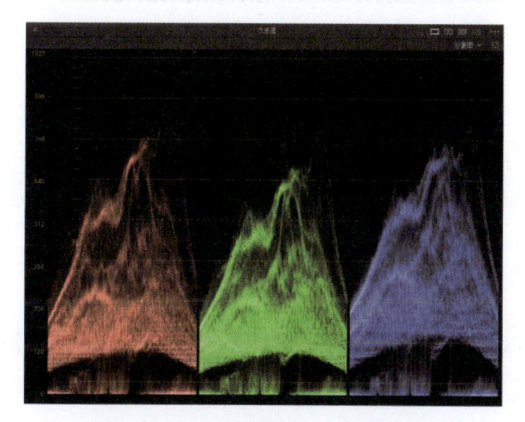

图 4-42 查看图像 RGB 波形状况

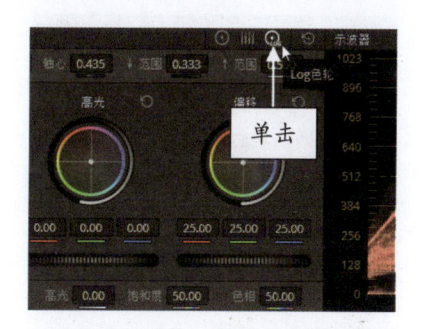

图 4-43 单击"Log 色轮"按钮

STEP 05 切换至"一级 -Log 色轮"选项面板，调整素材的阴影部分。将光标移至"阴影"色轮下方的轮盘上，按住鼠标左键并向左拖曳，直至色轮下方的参数均显示为 -0.20，如图 4-44 所示，即可调整阴影部分，使画面更清晰。

STEP 06 调整高光部分的光线。将光标移至"高光"色轮下方的轮盘上，按住鼠标左键并向左拖曳，直至色轮下方的参数均显示为 0.22，如图 4-45 所示，即可提高整体亮度，使画面中的光线呈紫色调。

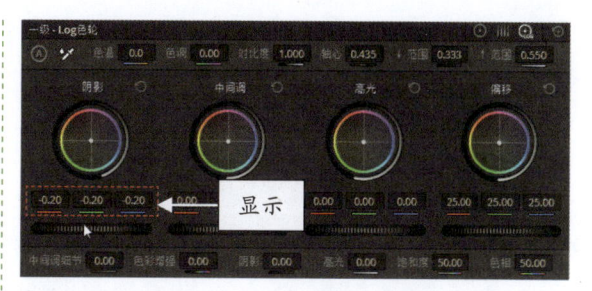

图 4-44 调整"阴影"参数

图 4-45 调整"高光"色轮参数

STEP 07 拖曳"偏移"色轮中间的圆圈，直至参数显示为 25.58、23.54、28.82，如图 4-46 所示，即可使画面偏移为蓝色调。

图 4-46 调整"偏移"色轮参数

STEP 08 执行上述操作后，示波器中的蓝色波形变得明显了，如图 4-47 所示。

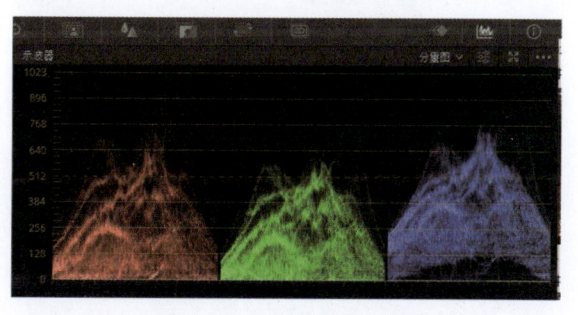

图 4-47 查看调整后的波形

STEP 09 在预览窗口中,可以查看调整后的视频画面效果,如图 4-48 所示。

图 4-48 查看调整后的视频画面效果

4.4 使用 RGB 混合器进行调色

"调色"步骤面板中的 RGB 混合器非常实用。在"RGB 混合器"面板中,有红色输出、绿色输出以及蓝色输出 3 组颜色通道,每组颜色通道都有 3 个控制条,可以帮助用户针对图像画面中的某一个颜色进行准确调节但不会影响画面中的其他颜色。RGB 混合器还具有为黑白的单色图像调整 RGB 比例参数的功能,并且在默认状态下会自动开启"保留亮度"功能,保持调节颜色通道时的亮度值不变,为用户后期调色提供了很大的创作空间。

4.4.1 红色输出:制作川流不息视频效果

在"RGB 混合器"面板中,红色输出颜色通道的 3 个控制条的默认比例为 1∶0∶0。当增加红色控制条时,绿色和蓝色控制条的参数并不会发生变化,但用户可以在示波器中看到绿色和蓝色的波形会等比例混合下降。下面通过实例介绍调整红色输出颜色通道的具体操作方法。

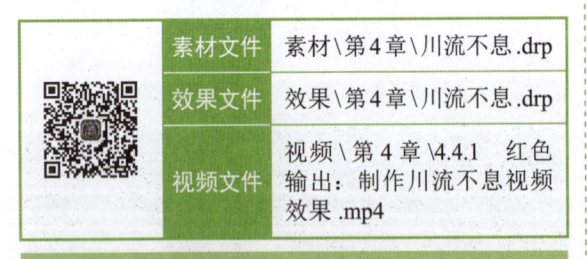

素材文件	素材\第 4 章\川流不息.drp
效果文件	效果\第 4 章\川流不息.drp
视频文件	视频\第 4 章\4.4.1 红色输出:制作川流不息视频效果.mp4

【操练 + 视频】
——红色输出:制作川流不息视频效果

STEP 01 打开一个项目文件,进入达芬奇"剪辑"步骤面板,如图 4-49 所示。

图 4-49 打开一个项目文件

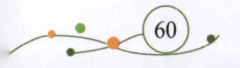

STEP 02 在预览窗口中,可以查看打开的项目效果,如图 4-50 所示。此时需要加重图像画面中的红色色调。

STEP 03 切换至"调色"步骤面板,在示波器中查看图像波形状况,如图 4-51 所示。此时可以看到红色、绿色以及蓝色波形基本持平。

STEP 04 在"时间线"面板中,单击"RGB 混合器"按钮,如图 4-52 所示,切换至"RGB 混合器"面板。

第 4 章 » 粗调：对画面进行一级调色

图 4-50 查看打开的项目效果

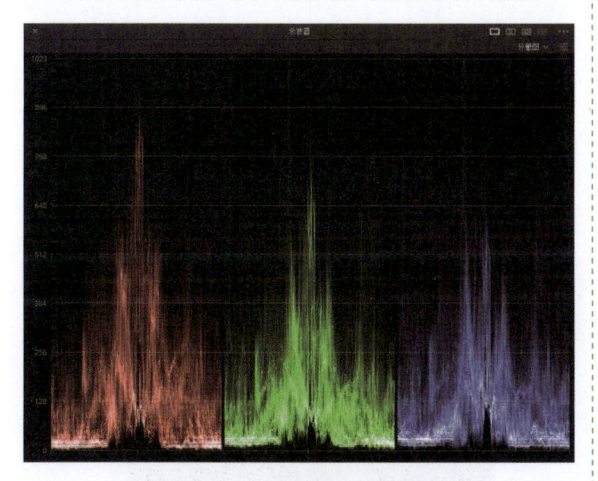

图 4-51 查看图像 RGB 波形

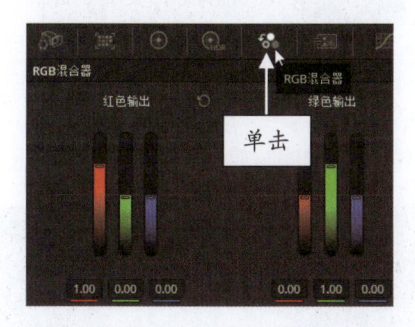

图 4-52 单击"RGB 混合器"按钮

STEP 05 将光标移至"红色输出"颜色通道红色控制条的滑块上，按住鼠标左键并向上拖曳直至参数显示为 1.49，如图 4-53 所示，即可提升整体画面中的红色。

STEP 06 在示波器中可以看到红色波形波峰上升后，绿色和蓝色波形波峰基本持平，如图 4-54 所示。

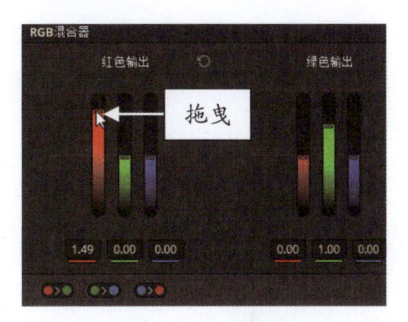

图 4-53 拖曳滑块

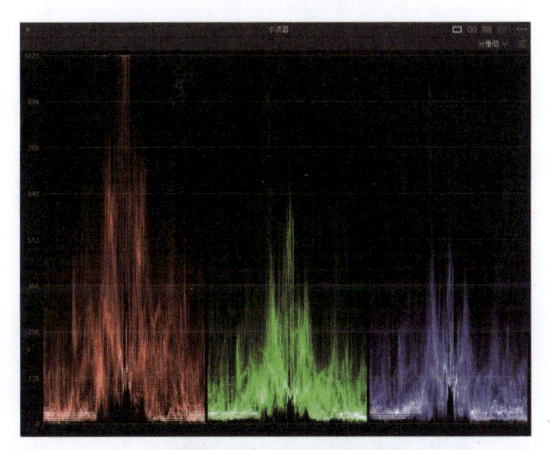

图 4-54 示波器波形

STEP 07 在预览窗口中查看制作的视频效果，如图 4-55 所示。

图 4-55 查看制作的视频效果

4.4.2 绿色输出：制作出水芙蓉视频效果

在 RGB 混合器中，绿色输出颜色通道的 3 个控制条的默认比例为 0 ：1 ：0。当图像画面中的绿色成分过多或需要在画面中增加绿色色彩

61

时，便可以通过RGB混合器中的绿色输出通道调节图像画面色彩。下面通过实例介绍调整绿色输出颜色通道的操作方法。

素材文件	素材\第4章\出水芙蓉.drp
效果文件	效果\第4章\出水芙蓉.drp
视频文件	视频\第4章\4.4.2 绿色输出：制作出水芙蓉视频效果.mp4

【操练+视频】
——绿色输出：制作出水芙蓉视频效果

STEP 01 打开一个项目文件，进入达芬奇"剪辑"步骤面板，如图4-56所示。

图4-56 打开一个项目文件

STEP 02 在预览窗口中，可以查看打开的项目效果，如图4-57所示。此时图像画面中绿色的成分过少，需要增加绿色输出。

图4-57 查看打开的项目效果

STEP 03 切换至"调色"步骤面板，在"示波器"面板中查看图像波形状况，如图4-58所示。此时可以看到绿色波形比较集中，且红色与绿色波形波峰基本持平，蓝色波峰最低。

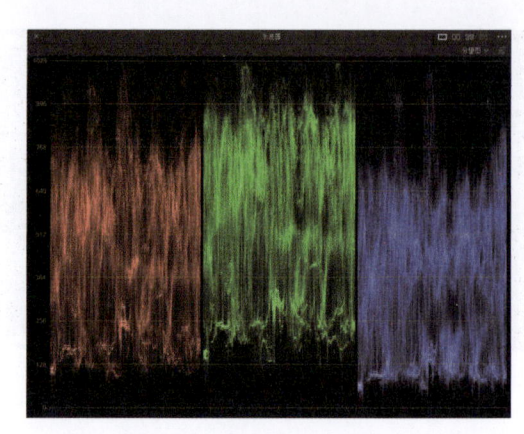

图4-58 查看图像RGB波形

STEP 04 切换至"RGB混合器"面板，将光标移至"绿色输出"颜色通道绿色控制条的滑块上，按住鼠标左键并向上拖曳，如图4-59所示，直至参数显示为1.18，即可提高画面中的绿色部分。

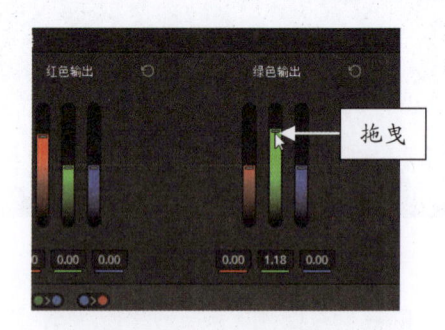

图4-59 拖曳滑块

STEP 05 在示波器中可以看到，在增加绿色值后，红色和蓝色波形明显降低，如图4-60所示。

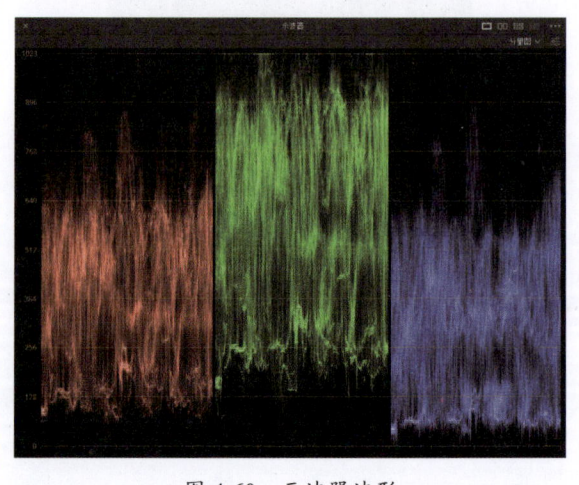

图4-60 示波器波形

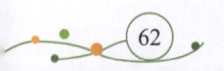

STEP 06 在预览窗口中查看制作的视频效果，如图 4-61 所示。

图 4-61 查看制作的视频效果

4.4.3 蓝色输出：制作桥上风景视频效果

在 RGB 混合器中，蓝色输出颜色通道的 3 个控制条的默认比例为 0 : 0 : 1。红、绿、蓝三色的不同搭配，可以调配出多种自然色彩。例如，红绿搭配会变成黄色，若想降低黄色浓度，可以适当提高蓝色，混合整体色调。下面介绍调整蓝色输出颜色通道的操作方法。

素材文件	素材\第4章\桥上风景.drp
效果文件	效果\第4章\桥上风景.drp
视频文件	视频\第 4 章\4.4.3　蓝色输出：制作桥上风景视频效果.mp4

【操练+视频】
——蓝色输出：制作桥上风景视频效果

STEP 01 打开一个项目文件，进入达芬奇"剪辑"步骤面板，如图 4-62 所示。

STEP 02 在预览窗口中，可以查看打开的项目效果，如图 4-63 所示。此时图像画面有点偏黄，需要提高蓝色输出，平衡图像画面色彩。

STEP 03 切换至"调色"步骤面板，在示波器中查看图像 RGB 波形状况，如图 4-64 所示。此时可以看到红色波形与绿色波形基本持平，而蓝色波形的阴影部分与前面两道波形基本一致，但是蓝色高光部分明显比红、绿两道波形低。

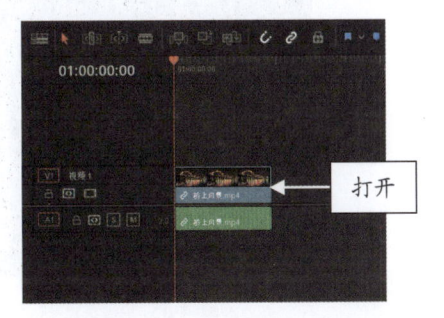

图 4-62 打开一个项目文件

图 4-63 查看打开的项目效果

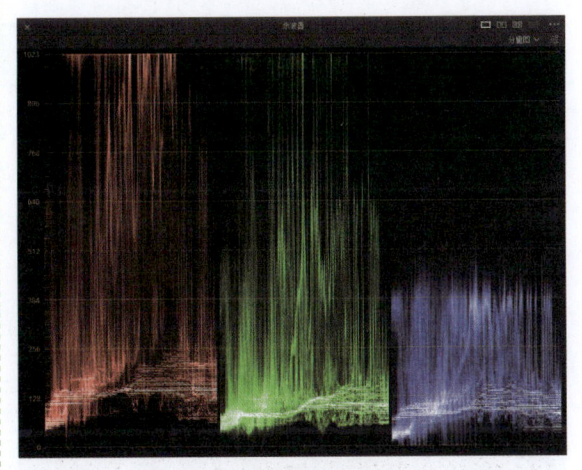

图 4-64 查看图像 RGB 波形

STEP 04 切换至"RGB 混合器"面板，将光标移至"蓝色输出"颜色通道控制条的滑块上，按住鼠标左键并向上拖曳，直至参数显示为 0.26、0.26、2.00，如图 4-65 所示。

STEP 05 执行上述操作的同时，在示波器中可以查看蓝色波形的涨幅，如图 4-66 所示。

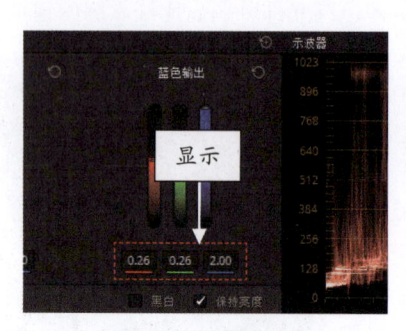

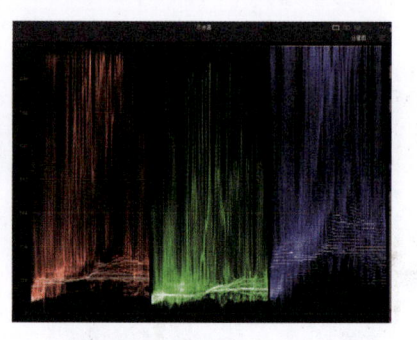

图 4-65　拖曳滑块　　　　　　　图 4-66　示波器波形

STEP 06 在预览窗口中查看制作的视频效果，如图 4-67 所示。

图 4-67　查看制作的视频效果

4.5　使用运动特效进行降噪

噪点是图像中的凸起粒子，是比较粗糙的像素，图像画面在感光度过高、曝光时间太长等情况下会产生噪点。要想获得干净的图像画面，用户可以使用后期软件中的降噪工具进行处理。

在 DaVinci Resolve 18 中，用户可以通过"运动特效"功能来进行降噪。该功能主要基于 GPU（单芯片处理器）进行分析运算。如图 4-68 所示，在"运动特效"面板中，降噪功能主要分为"时域降噪"和"空域降噪"两部分。本节将向大家介绍"运动特效"功能面板及其使用方法。

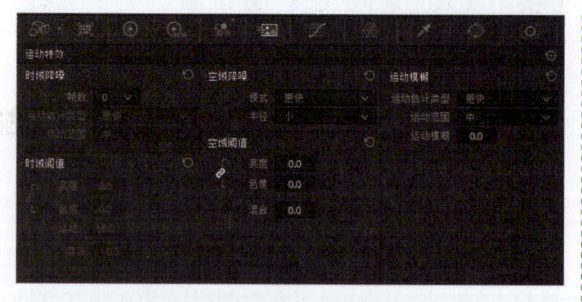

图 4-68　"运动特效"面板

▶ 4.5.1　时域降噪：风景视频的降噪处理

时域降噪主要根据时间帧进行降噪分析，可调整"时域阈值"选项区下方的相应参数。在分析当前帧的噪点时，还会分析前后帧的噪点，并对噪点进行统一处理，消除帧与帧之间的噪点。下面介绍应用"时域降噪"功能消除风景视频噪点的操作方法。

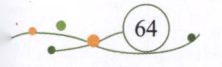

第 4 章 » 粗调：对画面进行一级调色

素材文件	素材\第4章\江边景色.drp
效果文件	效果\第4章\江边景色.drp
视频文件	视频\第 4 章\4.5.1　时域降噪：风景视频的降噪处理.mp4

【操练 + 视频】
——时域降噪：风景视频的降噪处理

STEP 01 打开一个项目文件，进入达芬奇"剪辑"步骤面板，如图 4-69 所示。

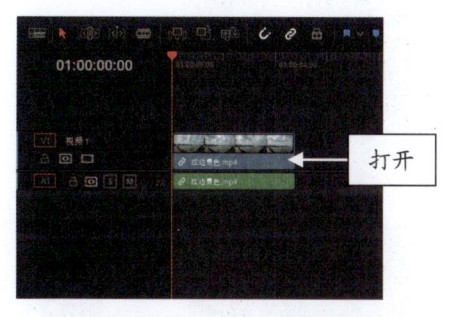

图 4-69　打开一个项目文件

STEP 02 在预览窗口中，可以查看打开的项目效果，如图 4-70 所示。

图 4-70　查看打开的项目效果

STEP 03 切换至"调色"步骤面板，单击"运动特效"按钮，如图 4-71 所示，展开"运动特效"面板。

STEP 04 在"时域降噪"选项区中，单击"帧数"下拉按钮，弹出下拉列表，在其中选择 5，如图 4-72 所示。

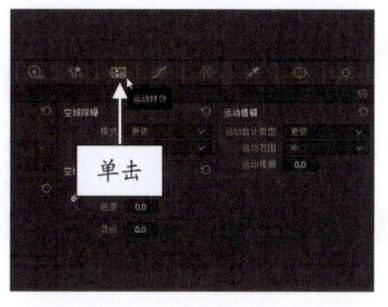

图 4-71　单击"运动特效"按钮

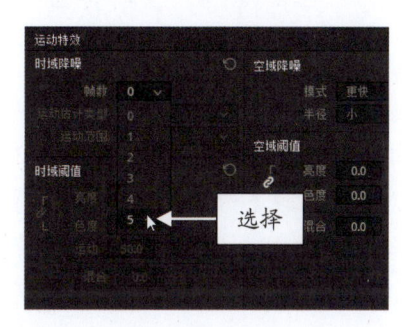

图 4-72　选择 5

STEP 05 在"时域阈值"选项区中，设置"亮度""色度"以及"运动"参数均为 100.0，如图 4-73 所示。

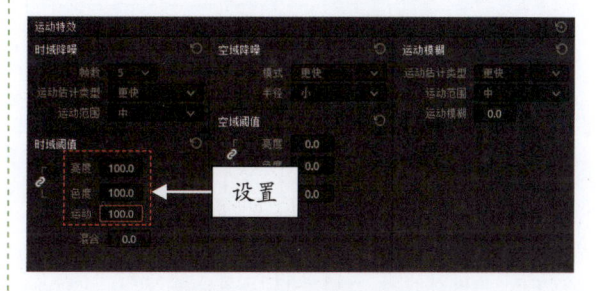

图 4-73　设置相应参数

▶ 温馨提示

这里需要注意的是，"亮度"和"色度"为联动链接状态，当用户修改其中一个参数值时，另一个参数也会修改为相同的参数值。只有单击 🔗 按钮断开链接，才能单独设置"亮度"和"色度"的参数值。

STEP 06 执行操作后，即可在预览窗口中查看时域降噪处理效果，如图 4-74 所示。

65

图 4-74 查看时域降噪处理效果

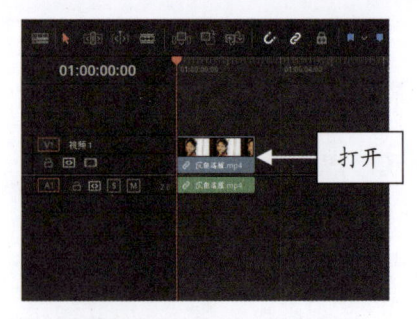

图 4-75 打开一个项目文件

4.5.2 空域降噪：人像视频的降噪处理

空域降噪主要是对画面空间进行降噪分析。不同于时域降噪会根据时间对一整段素材画面进行统一处理，空域降噪只对当前画面进行降噪；当下一帧画面播放时，再对下一帧进行降噪。下面介绍应用"空域降噪"功能消除人像视频噪点的操作方法。

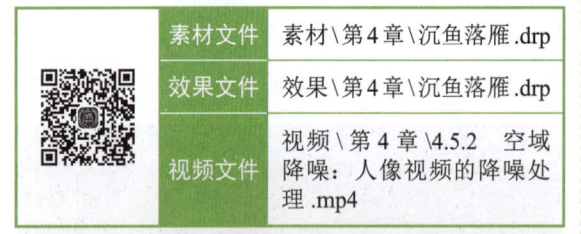

素材文件	素材\第4章\沉鱼落雁.drp
效果文件	效果\第4章\沉鱼落雁.drp
视频文件	视频\第4章\4.5.2 空域降噪：人像视频的降噪处理.mp4

图 4-76 预览画面效果

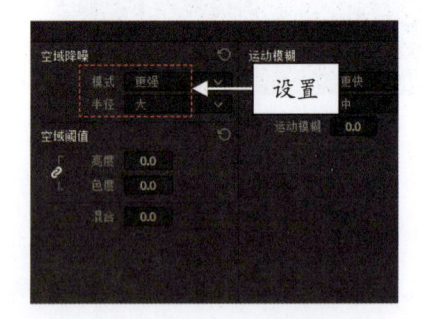

图 4-77 设置"半径"

【操练 + 视频】
——空域降噪：人像视频的降噪处理

STEP 01 打开一个项目文件，进入达芬奇"剪辑"步骤面板，如图 4-75 所示。

STEP 02 在预览窗口中可以预览插入的素材画面效果，如图 4-76 所示。此时可以看到画面中出现了很多噪点。

STEP 03 切换至"调色"步骤面板，展开"运动特效"面板。在"空域降噪"选项区中，设置"模式"为"更强"，设置"半径"为"大"，如图 4-77 所示，即可增强降噪画面大小区域。

STEP 04 在"空域阈值"选项区的"亮度"和"色度"数值框中输入参数 100.0，如图 4-78 所示。

STEP 05 在预览窗口中，即可预览空域降噪为"更强"模式的画面效果，如图 4-79 所示。

图 4-78 设置"亮度"和"色度"

图 4-79 预览最终画面效果

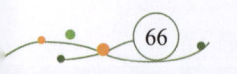

第 5 章

细调：对局部进行二级调色

章前知识导读

二级调色是对画面限定的区域进行细节的调色，也就是局部的调色。本章主要介绍对素材图像的局部画面进行二级调色。相对一级调色来说，二级调色更注重画面中的细节处理。

新手重点索引

- 什么是二级调色
- 创建选区进行抠像调色
- 使用跟踪与稳定功能进行调色
- 使用"模糊"功能虚化视频画面
- 使用曲线功能进行调色
- 创建窗口蒙版进行局部调色
- 使用 Alpha 通道控制调色的区域

效果图片欣赏

5.1 什么是二级调色

什么是二级调色？在回答这个问题之前，首先需要大家理解一下一级调色。在对素材图像进行调色操作前，需要对素材图像进行一个简单的检测，比如检查图像是否过度曝光、灯光是否太暗、是否偏色、饱和度浓度如何、是否存在色差、色调是否统一等，用户针对上述问题对素材图像进行曝光、对比度、色温等校色调整，便是一级调色。

二级调色则是在一级调色的基础上，对素材图像的局部画面进行细节处理，比如突出物品颜色、调节肤色深浅、调整服装搭配、去除杂物、进行抠像等细节，并对素材图像的整体风格进行色彩处理，以保证整体色调统一。若一级调色在校色调整时没有处理好，会影响二级调色。因此，用户在进行调色时，如果一级调色可以处理的问题，就不要留到二级调色时再进行处理。

5.2 使用曲线功能进行调色

DaVinci Resolve 18 的"曲线"面板中共有 7 种曲线调色模式，如图 5-1 所示。其中，"曲线 - 自定义"模式可以在图像色调的基础上进行调节，而另外 6 种曲线调色模式则主要通过"曲线 - 色相 对 色相""曲线 - 色相 对 饱和度"和"曲线 - 色相 对 亮度"3 种元素来进行调节。下面介绍应用曲线调色的操作方法。

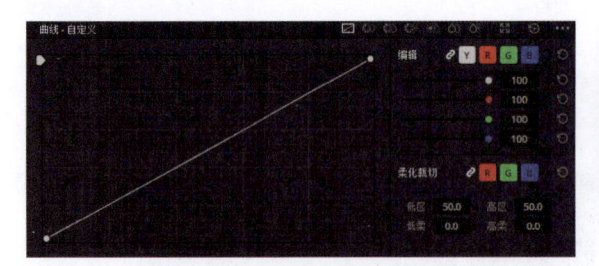

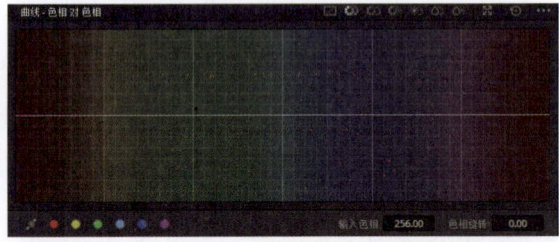

"曲线 - 自定义"模式面板　　　　"曲线 - 色相对色相"模式面板

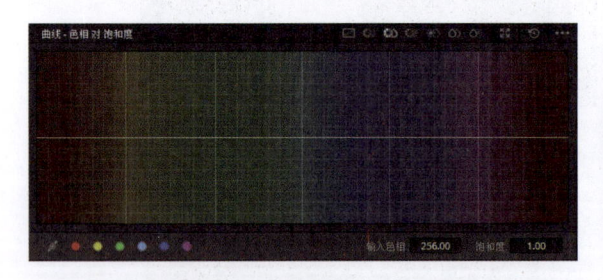

"曲线 - 色相对饱和度"模式面板　　　　"曲线 - 色相对亮度"模式面板

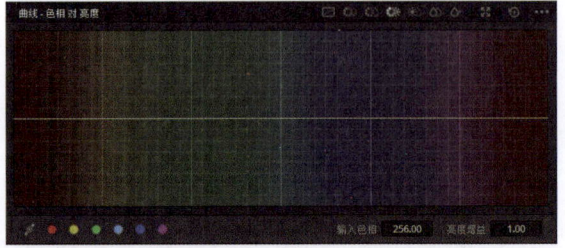

图 5-1　7 个模式面板

第 5 章 » 细调：对局部进行二级调色

"曲线 - 亮度 对 饱和度"模式面板

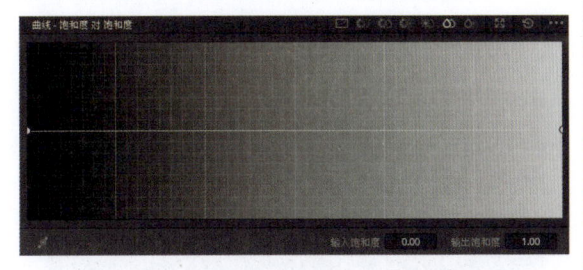

"曲线 - 饱和度 对 饱和度"模式面板

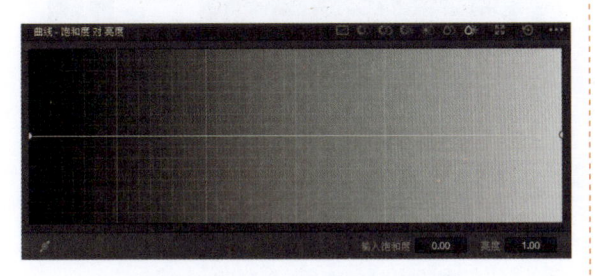

"曲线 - 饱和度 对 亮度"模式面板

图 5-1　7 个模式面板（续）

5.2.1　曲线调色 1：制作风和日丽视频效果

"曲线 - 自定义"模式面板主要由两个板块组成。

（1）左边是曲线编辑器。横坐标轴表示图像的明暗程度，最左边为暗（黑色），最右边为明（白色）；纵坐标轴表示色调。编辑器中有一根对角白线，在白线上单击鼠标左键可以添加控制点。以此线为界限，往左上范围拖曳添加的控制点，可以提高图像画面的亮度；往右下范围拖曳控制点，可以降低图像画面的亮度；用户可以理解为"左上为明，右下为暗"。当用户需要删

除控制点时，在控制点上单击鼠标右键即可。

（2）右边是曲线参数控制器。在曲线参数控制器中，有 Y、R、G 和 B 这 4 个颜色按钮，分别对应按钮下方的 4 个曲线调节通道，用户可以通过左右拖曳 Y、R、G、B 通道上的圆点滑块调整色彩参数。在面板中有一个联动按钮，默认状态下是开启状态。当用户拖曳任意一个通道上的滑块时，会同时改变其他 4 个通道的参数；只有将联动按钮关闭，才可以单独选择某一个通道进行调整。在下方的"柔化裁切"区，用户可以输入参数值，或通过单击参数文本框后向左拖曳降低数值或向右提高数值调节 RGB 柔化高低。

在"曲线"面板中拖曳控制点，只会影响与控制点相邻的两个控制点之间的那段曲线。用户通过调节曲线位置，便可以调整图像画面中的色彩浓度和明暗对比度。下面通过实例介绍应用"自定义"曲线编辑器的操作方法。

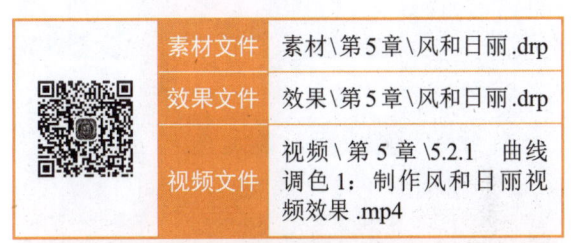

素材文件	素材\第 5 章\风和日丽.drp
效果文件	效果\第 5 章\风和日丽.drp
视频文件	视频\第 5 章\5.2.1　曲线调色 1：制作风和日丽视频效果.mp4

【操练 + 视频】
——曲线调色 1：制作风和日丽视频效果

STEP 01　打开一个项目文件，进入达芬奇"剪辑"步骤面板，如图 5-2 所示。

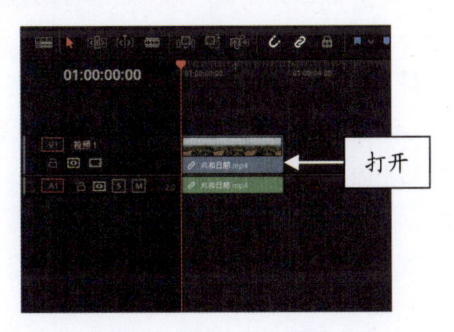

图 5-2　打开一个项目文件

STEP 02 在预览窗口中，查看打开的项目效果，如图 5-3 所示。此时需要将画面中的颜色调浓。

图 5-3　查看打开的项目效果

图 5-5　色彩校正效果

STEP 03 切换至"调色"步骤面板，在左上角单击 LUT 按钮，展开 LUT 面板，在下方的选项板中展开 Blackmagic Design 选项卡，选择第 8 个模型样式，如图 5-4 所示。

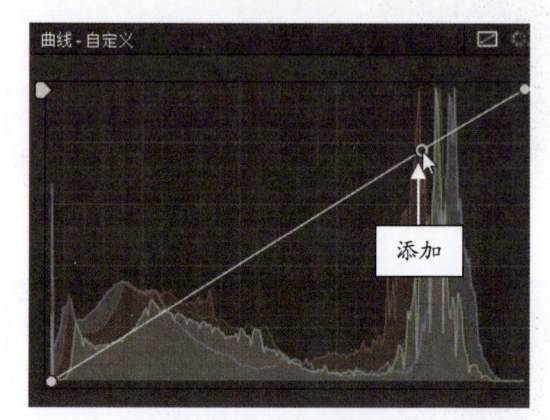

图 5-6　添加一个控制点

STEP 06 按住鼠标左键向下拖曳控制点（见图 5-7），同时观察预览窗口中画面色彩的变化，至合适位置后释放鼠标左键。

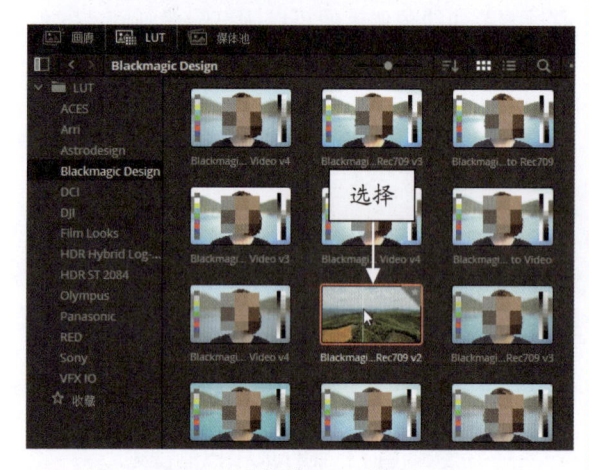

图 5-4　选择第 8 个模型样式

STEP 04 按住鼠标左键将其拖曳至预览窗口的图像画面上，释放鼠标左键，即可将选择的模型样式添加至视频素材上，效果如图 5-5 所示。校正后的图像画面色彩相对要浓郁些，但天空有些曝光，且云朵层次不够明显，需要将天空颜色调蓝，但不能对下方树林部分造成太大的影响。

STEP 05 展开"曲线"面板，在曲线编辑器中的合适位置处单击鼠标左键，添加一个控制点，如图 5-6 所示。

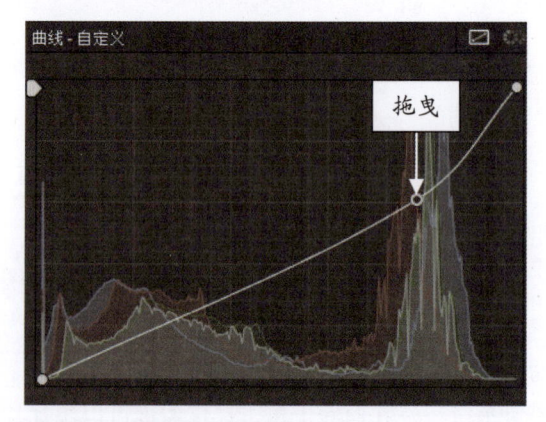

图 5-7　向下拖曳控制点

STEP 07 在预览窗口中查看最终效果，如图 5-8 所示。此时画面中上面的天空部分调蓝了，展现出云层之美。

第 5 章 » 细调：对局部进行二级调色

图 5-8 查看最终效果

然，下面通过调节色相，将表示春天的绿色，改为秋天的黄色。

▶ 5.2.2 曲线调色 2：制作植物盆栽视频效果

在"曲线 - 色相 对 色相"模式面板中，曲线为横向水平线，从左到右的色彩范围为红、绿、蓝、红，曲线左右两端相连为同一色相，用户可以通过调节控制点，将素材画面中的色相改变成另一种色相。下面介绍具体的操作方法。

素材文件	素材\第 5 章\植物盆栽.drp
效果文件	效果\第 5 章\植物盆栽.drp
视频文件	视频\第 5 章\5.2.2 曲线调色 2：制作植物盆栽视频效果.mp4

【操练+视频】
——曲线调色 2：制作植物盆栽视频效果

STEP 01 打开一个项目文件，进入达芬奇"剪辑"步骤面板，如图 5-9 所示。

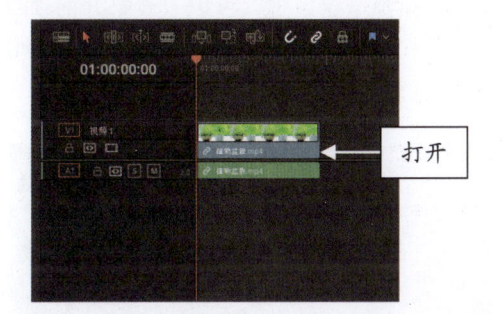

图 5-9 打开一个项目文件

STEP 02 在预览窗口中，可以查看打开的项目效果，如图 5-10 所示。此时画面中的盆栽绿意盎

图 5-10 查看打开的项目效果

STEP 03 切换至"调色"步骤面板，在"曲线"面板中，单击"色相 对 色相"按钮，如图 5-11 所示。

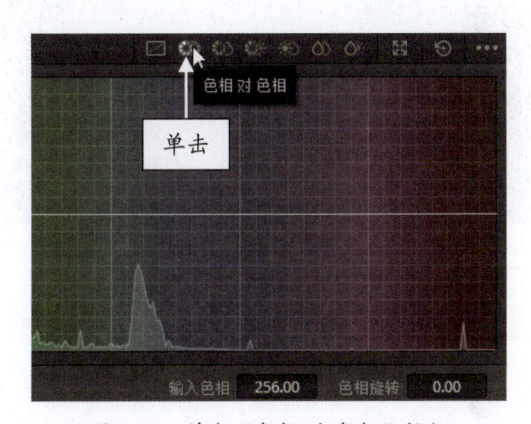

图 5-11 单击"色相 对 色相"按钮

STEP 04 展开"曲线 - 色相 对 色相"模式面板，在下方单击绿色色块，如图 5-12 所示。

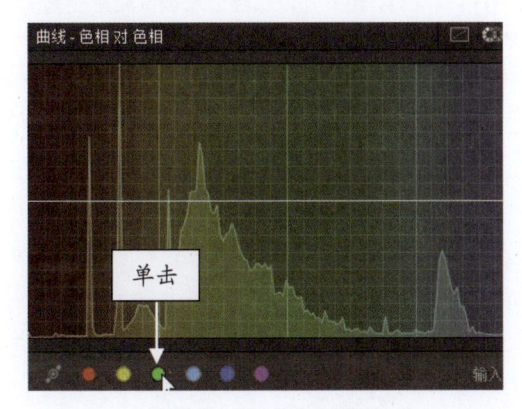

图 5-12 单击绿色色块

71

STEP 05 执行操作后，即可在编辑器中的曲线上添加3个控制点。选中第2个控制点，如图5-13所示。

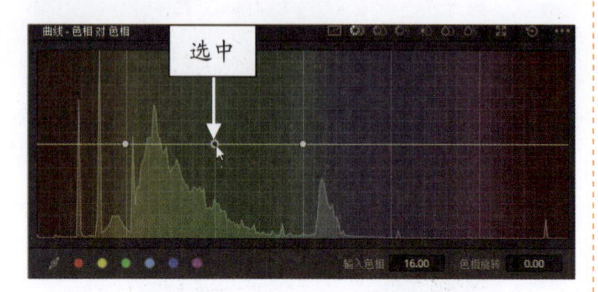

图5-13 选中第2个控制点

STEP 06 按住鼠标左键并向上拖曳选中的控制点，至合适位置后释放鼠标左键，如图5-14所示。

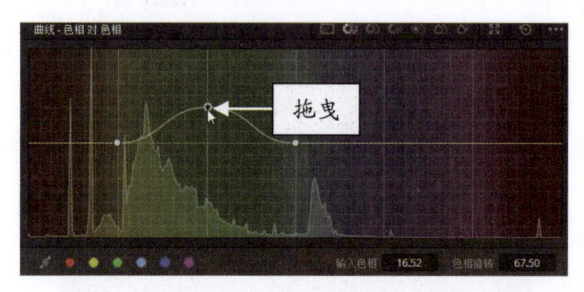

图5-14 向上拖曳控制点

▶ 温馨提示

在"曲线-色相对色相"模式面板下方有6个色块，单击其中一个色块，在曲线编辑器中的曲线上会自动在相应颜色色相范围内添加3个控制点，其中两端的两个控制点用来固定色相边界，中间的控制点用来调节色相。当然，两端的两个控制点也是可以调节的，用户可以根据需求调节相应控制点。

STEP 07 执行上述操作后，即可改变画面中的色相，在预览窗口中可以查看色相转变效果，如图5-15所示。

图5-15 查看色相转变效果

5.2.3 曲线调色3：制作花与蜜蜂视频效果

"色相 对 饱和度"曲线模式与"色相 对 色相"曲线模式相差不大，但制作的效果却是不一样的。"色相 对 饱和度"曲线模式可以校正画面中色相过度饱和或欠缺饱和的情况。下面介绍具体的操作方法。

素材文件	素材\第5章\花与蜜蜂.drp
效果文件	效果\第5章\花与蜜蜂.drp
视频文件	视频\第5章\5.2.3 曲线调色3：制作花与蜜蜂视频效果.mp4

【操练+视频】
——曲线调色3：制作花与蜜蜂视频效果

STEP 01 打开一个项目文件，进入达芬奇"剪辑"步骤面板，如图5-16所示。

图5-16 打开一个项目文件

STEP 02 在预览窗口中，可以查看打开的项目效果，如图5-17所示。此时需要提高花朵的饱和度，且不能影响画面中的其他色调。

图5-17 查看打开的项目效果

第 5 章 » 细调：对局部进行二级调色

STEP 03 切换至"调色"步骤面板，在"曲线"面板中单击"色相 对 饱和度"按钮，如图 5-18 所示。

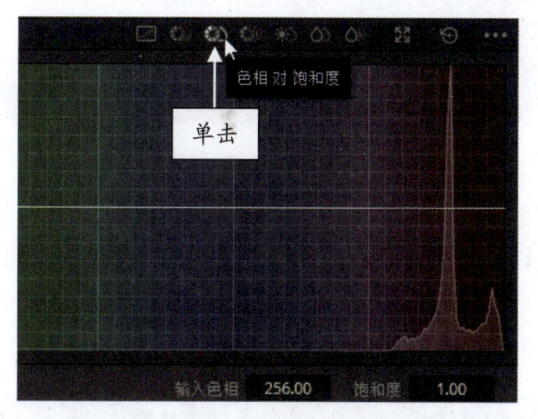

图 5-18 单击"色相 对 饱和度"按钮

STEP 04 展开"曲线 - 色相 对 饱和度"模式面板，在下方单击红色色块，如图 5-19 所示。

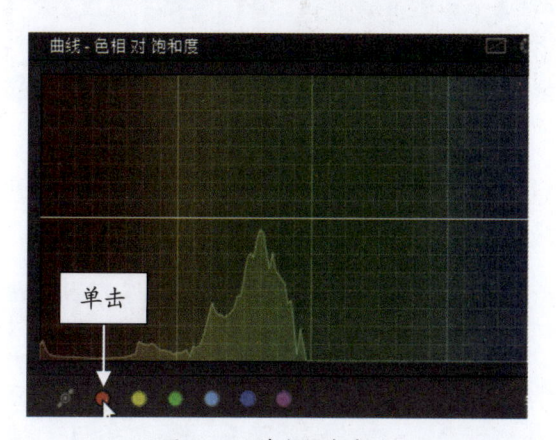

图 5-19 单击红色色块

STEP 05 执行操作后，即可在编辑器中的曲线上添加 3 个控制点。选中左边第 1 个的控制点，如图 5-20 所示。

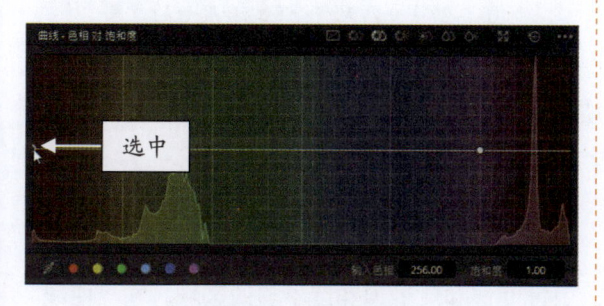

图 5-20 选中控制点

STEP 06 按住鼠标左键并向上拖曳选中的控制点，如图 5-21 所示。至合适位置后释放鼠标左键，即可提升红色饱和度，使画面更加鲜明。

图 5-21 向上拖曳控制点

STEP 07 执行上述操作后，即可在预览窗口中查看校正色相饱和度后的效果，如图 5-22 所示。

图 5-22 查看校正色相饱和度效果

5.2.4 曲线调色 4：制作山顶风景视频效果

"亮度 对 饱和度"曲线模式主要是在图像原本色调的基础上进行调整，而不是在色相范围的基础上进行调整。在"曲线 - 亮度 对 饱和度"模式面板中，横轴的左边为黑色，表示画面的阴影部分；横轴的右边为白色，表示画面的高光位置。以水平曲线为界，上下拖曳曲线上的控制点，可以降低或提高指定位置的饱和度。使用"亮度 对 饱和度"曲线模式调色，可以根据需求调整画面阴影处或明亮处的饱和度。下面通过实例操作进行介绍。

73

	素材文件	素材\第5章\山顶风景.drp
	效果文件	效果\第5章\山顶风景.drp
	视频文件	视频\第5章\5.2.4 曲线调色4：制作山顶风景视频效果.mp4

【操练+视频】
——曲线调色4：制作山顶风景视频效果

STEP 01 打开一个项目文件，进入达芬奇"剪辑"步骤面板，如图5-23所示。

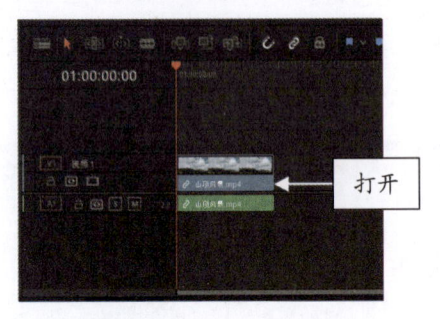

图5-23 打开一个项目文件

STEP 02 在预览窗口中，可以查看打开的项目效果，如图5-24所示。此时需要将画面中高光部分的饱和度提高。

图5-24 查看打开的项目效果

STEP 03 切换至"调色"步骤面板，展开"曲线-亮度 对 饱和度"模式面板，按住Shift键在水平曲线上单击，添加一个控制点，如图5-25所示。

温馨提示

在"曲线"面板中，添加控制点的同时按住Shift键，可以防止控制点移动位置。

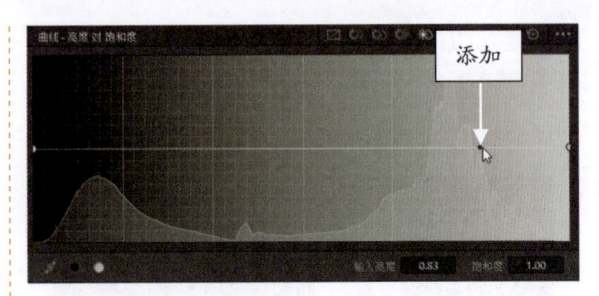

图5-25 添加一个控制点

STEP 04 选中添加的控制点并向上拖曳，直至下方面板中的"输入亮度"参数显示为0.83、"饱和度"参数显示为1.62，如图5-26所示，即可提高画面饱和度色彩。

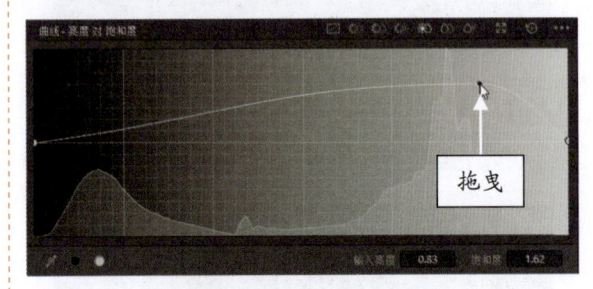

图5-26 向上拖曳控制点

STEP 05 在预览窗口中查看天空提高饱和度后的效果，如图5-27所示。

图5-27 查看天空提高饱和度后的效果

5.2.5 曲线调色5：制作荷花盛开视频效果

"饱和度 对 饱和度"曲线模式也是在图像原本的色调基础上进行调整，主要用于调节画面中过度饱和或者饱和度不够的区域。在"曲线-

第 5 章 » 细调：对局部进行二级调色

饱和度 对 饱和度"模式面板中，横轴的左边为画面中的低饱和区，横轴的右边为画面中的高饱和区。以水平曲线为界，上下拖曳曲线上的控制点，可以降低或提高指定区域的饱和度。下面通过实例操作进行介绍。

素材文件	素材\第5章\荷花盛开.drp
效果文件	效果\第5章\荷花盛开.drp
视频文件	视频\第5章\5.2.5 曲线调色5：制作荷花盛开视频效果.mp4

【操练 + 视频】
——曲线调色 5：制作荷花盛开视频效果

STEP 01 打开一个项目文件，进入达芬奇"剪辑"步骤面板，如图 5-28 所示。

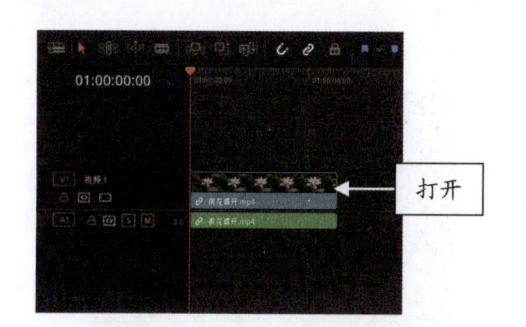

图 5-28 打开一个项目文件

STEP 02 在预览窗口中，可以查看打开的项目效果，如图 5-29 所示。此时画面中的荷花色彩不够鲜明，需要提高画面中荷花的饱和度。

图 5-29 查看打开的项目效果

STEP 03 切换至"调色"步骤面板，展开"曲线 - 饱和度 对 饱和度"模式面板，按住 Shift 键在水平曲线的中间位置单击，添加一个控制点。以此为分界点，左边为低饱和区，右边为高饱和区，如图 5-30 所示。

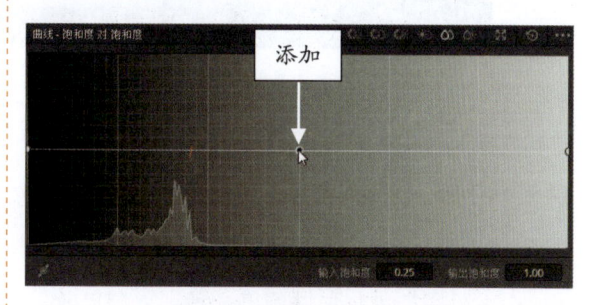

图 5-30 添加一个控制点

> ▶ 温馨提示
>
> 在"曲线 - 饱和度 对 饱和度"模式面板的水平曲线上添加一个控制点作为分界点后，用户在调节低饱和区时，不会影响高饱和区的曲线，反之亦然。

STEP 04 在低饱和区的曲线线段上单击鼠标左键，再次添加一个控制点，如图 5-31 所示。

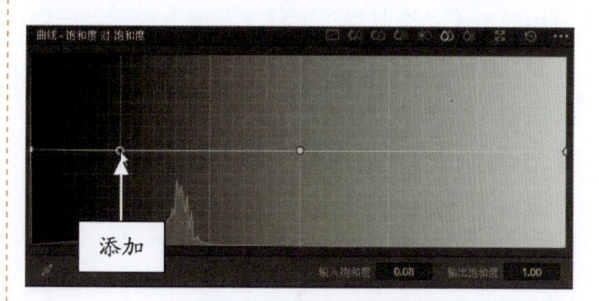

图 5-31 再次添加一个控制点

STEP 05 选中添加的控制点并向上拖曳，如图 5-32 所示，直至下方的"输入饱和度"参数显示为 0.08、"输出饱和度"参数显示为 1.70，即可提高画面的整体饱和度，使画面更加光彩夺目。

STEP 06 在预览窗口中查看画面提高饱和度后的效果，如图 5-33 所示。

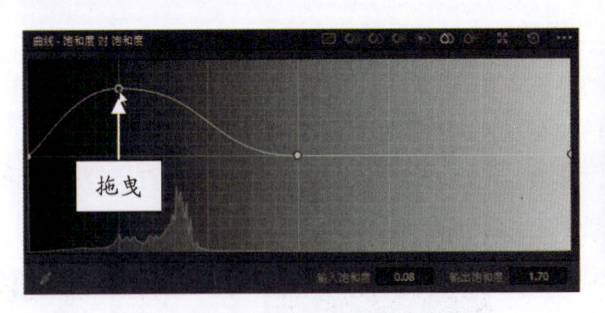

图 5-32 向上拖曳控制点

图 5-33 查看提高饱和度后的效果

5.3 创建选区进行抠像调色

对素材图形进行抠像调色，是二级调色必学的一个环节。DaVinci Resolve 18 提供了限定器功能面板，其中包含 4 种抠像操作模式，分别是 HSL、RGB、亮度以及 3D 限定器，可以帮助用户为素材图像创建选区，把不同亮度、不同色调的部分画面分离出来，然后根据亮度、风格、色调等需求，对分离出来的部分画面进行有针对性的色彩调节。

5.3.1 选区调色 1：制作多肉植物视频效果

HSL 限定器主要通过"拾取器"工具根据素材图像的色相、饱和度以及亮度来进行抠像。当用户使用"拾取器"工具在图像上进行色彩取样时，HSL 限定器会自动对选取部分的色相、饱和度以及亮度进行综合分析。下面通过实例介绍使用 HSL 限定器创建选区进行抠像调色的操作方法。

素材文件	素材\第 5 章\多肉植物.drp
效果文件	效果\第 5 章\多肉植物.drp
视频文件	视频\第 5 章\5.3.1 选区调色 1：制作多肉植物视频效果.mp4

【操练 + 视频】
——选区调色 1：制作多肉植物视频效果

STEP 01 打开一个项目文件，进入达芬奇"剪辑"步骤面板，如图 5-34 所示。

STEP 02 在预览窗口中，可以查看打开的项目效果，如图 5-35 所示。

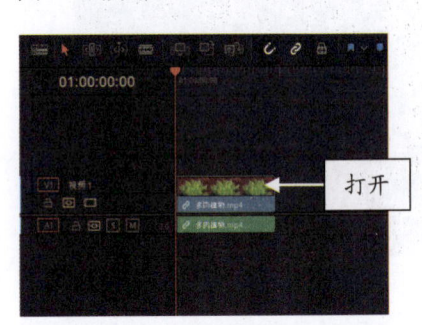

图 5-34 打开一个项目文件

图 5-35 查看打开的项目效果

STEP 03 此时需要在不改变画面中其他部分的情况下，将红色背景改成绿色背景。切换至"调色"步骤面板，单击"限定器"按钮，如图 5-36 所示，展开"限定器 -HSL"面板。

第 5 章 ≫ 细调：对局部进行二级调色

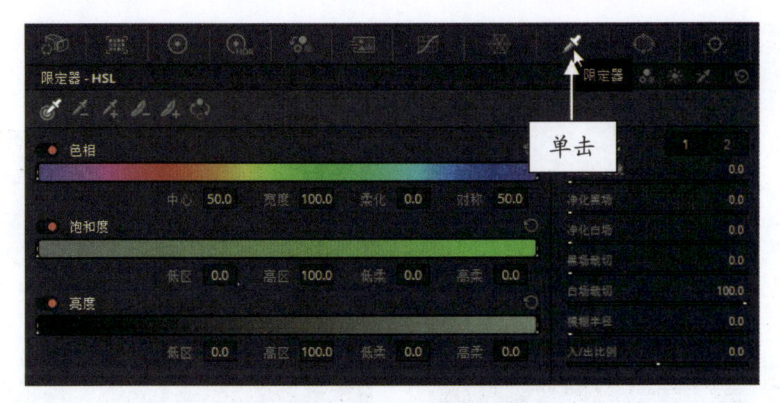

图 5-36　单击"限定器"按钮

STEP 04 在"限定器 -HSL"面板中，单击"拾取器"按钮，如图 5-37 所示。执行操作后，光标随即转换为滴管工具。

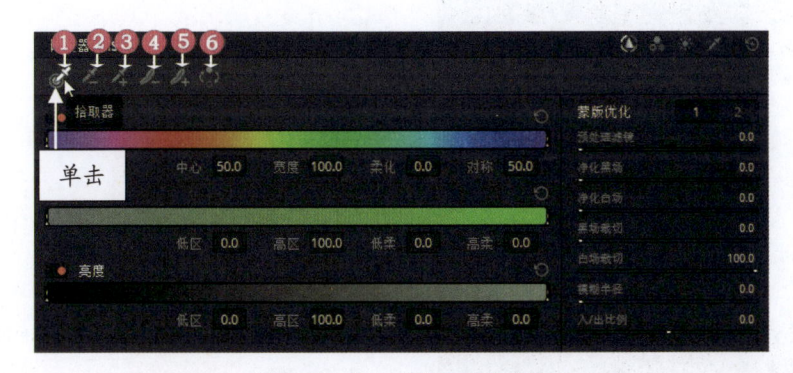

图 5-37　单击"拾取器"按钮

> **温馨提示**
>
> 在"选择范围"选项区中共有 6 个工具按钮，其作用如下。
>
> ❶ "拾取器"按钮：单击"拾取器"按钮，光标变为滴管工具，在预览窗口中的图像素材上单击鼠标左键或移动光标，可以对相同颜色进行取样抠像。
>
> ❷ "拾取器减"按钮：其操作方法与拾取器工具一样，在预览窗口中的抠像上，可以通过单击或移动光标减少抠像区域。
>
> ❸ "拾取器加"按钮：其操作方法与拾取器工具一样，在预览窗口中的抠像上，可以通过单击或移动光标增加抠像区域。
>
> ❹ "柔化减"按钮：单击该按钮，在预览窗口中的抠像上，可以通过单击或移动光标减弱抠像区域的边缘。
>
> ❺ "柔化加"按钮：单击该按钮，在预览窗口中的抠像上，可以通过单击或移动光标优化抠像区域的边缘。
>
> ❻ "反向"按钮：单击该按钮，可以在预览窗口中反选未被选中的抠像区域。

STEP 05 移动光标至"检视器"面板，单击"突出显示"按钮，如图 5-38 所示。此按钮可以使被选取的抠像区域突出显示在画面中，未被选取的区域将会呈灰色显示。

STEP 06 在预览窗口中，按住鼠标左键拖曳选取红色区域，如图 5-39 所示，未被选取的区域画面呈灰色显示。展开"限定器"|"蒙版优化 2"选项区，设置"降噪"参数为 30.3，即可降低画面中的噪点。

图 5-38　单击"突出显示"按钮

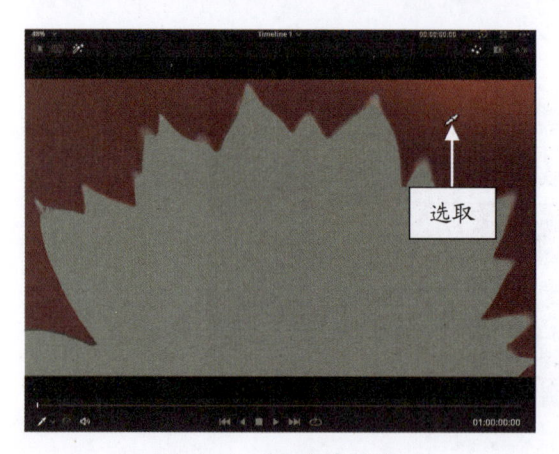

图 5-39　选取红色区域

STEP 07 完成抠像后，切换至"曲线 - 色相对色相"面板，单击红色色块，在曲线上添加 3 个控制点。选中左边第 1 个控制点，按住鼠标左键向下拖曳，如图 5-40 所示，直至"输入色相"参数显示为 258.76、"色相旋转"参数显示为 -176.80。

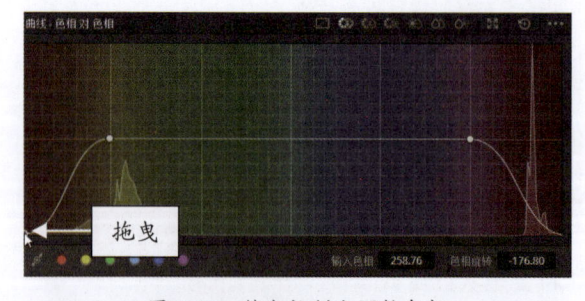

图 5-40　拖曳控制点调整色相

STEP 08 执行上述操作后，即可将红色背景改为绿色背景。再次单击"突出显示"按钮，恢复

未被选取的区域画面，查看最终效果，如图 5-41 所示。

图 5-41　查看最终效果

5.3.2　选区调色 2：制作城市风景视频效果

RGB 限定器主要根据红、绿、蓝 3 个颜色通道的范围和柔化来进行抠像。它可以更好地帮助用户解决图像上 RGB 色彩分离的情况，下面通过实例操作进行介绍。

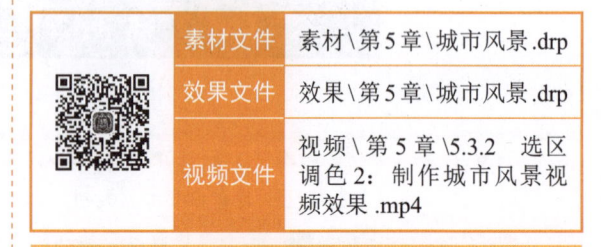

素材文件	素材\第 5 章\城市风景.drp
效果文件	效果\第 5 章\城市风景.drp
视频文件	视频\第 5 章\5.3.2　选区调色 2：制作城市风景视频效果.mp4

【操练 + 视频】
——选区调色 2：制作城市风景视频效果

STEP 01 打开一个项目文件，进入达芬奇"剪辑"步骤面板，如图 5-42 所示。

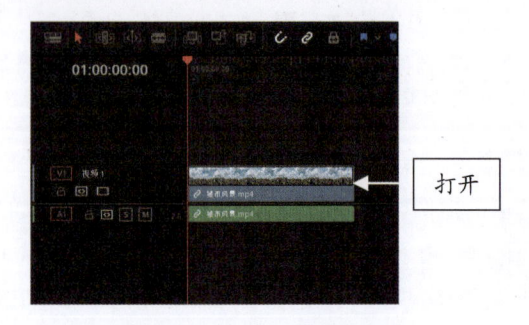

图 5-42　打开一个项目文件

第 5 章 》 细调：对局部进行二级调色

STEP 02 在预览窗口中，可以查看打开的项目效果，如图 5-43 所示。此时需要提高画面中天空的饱和度。

图 5-43 查看打开的项目效果

STEP 03 切换至"调色"步骤面板，展开"限定器"面板，单击 RGB 按钮，展开"限定器 -RGB"面板，如图 5-44 所示。

图 5-44 单击 RGB 按钮

STEP 04 在"限定器 -RGB"面板中，单击"拾取器"按钮，如图 5-45 所示。

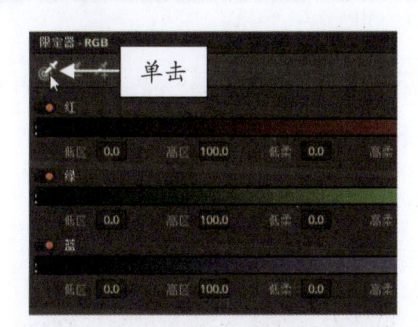

图 5-45 单击"拾取器"按钮

STEP 05 光标随即转换为滴管工具。移动光标至"检视器"面板，单击"突出显示"按钮，如图 5-46 所示。

图 5-46 单击"突出显示"按钮

STEP 06 在预览窗口中，按住鼠标左键拖曳光标，选取天空区域的画面，如图 5-47 所示，此时未被选取的区域呈灰色显示。

图 5-47 选取天空区域画面

STEP 07 完成抠像后，切换至"色轮"面板，在下方设置"饱和度"参数为 85.40，如图 5-48 所示，即可提高天空的饱和度，让画面更加美丽。

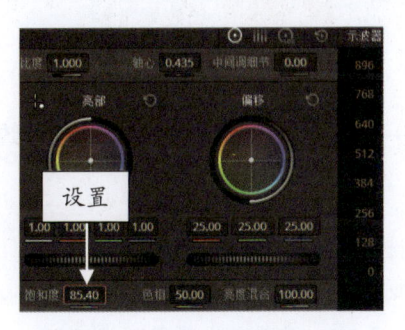

图 5-48 设置"饱和度"参数

79

STEP 08 执行上述操作后，再次单击"突出显示"按钮，恢复未被选取的区域画面，查看最终效果，如图 5-49 所示。

图 5-49 查看最终效果

▶ 温馨提示

在"限定器-RGB"面板中，单击"反向"按钮，即可选择反向效果。

5.3.3 选区调色 3：制作烟花绽放视频效果

"亮度"限定器面板跟 HSL 限定器面板中的布局有些类似，差别在于"亮度"限定器面板中的色相和饱和度两个通道是禁止使用的。也就是说，"亮度"限定器只能通过亮度通道来分析素材图像中被选取的画面，下面通过实例操作进行介绍。

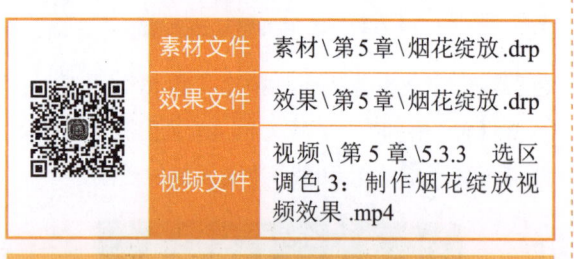

素材文件	素材\第5章\烟花绽放.drp
效果文件	效果\第5章\烟花绽放.drp
视频文件	视频\第5章\5.3.3 选区调色 3：制作烟花绽放视频效果.mp4

【操练＋视频】
——选区调色 3：制作烟花绽放视频效果

STEP 01 打开一个项目文件，进入达芬奇"剪辑"步骤面板，如图 5-50 所示。

STEP 02 在预览窗口中，可以查看打开的项目效果，如图 5-51 所示。此时需要提高画面中灯光的亮度，使画面中的明暗对比更加明显。

图 5-50 打开一个项目文件

图 5-51 查看打开的项目效果

STEP 03 切换至"调色"步骤面板，展开"限定器"面板，单击"亮度"按钮，展开"限定器-亮度"面板，如图 5-52 所示。

图 5-52 单击"亮度"按钮

STEP 04 在"限定器-亮度"面板中，单击"拾取器"按钮，如图 5-53 所示。

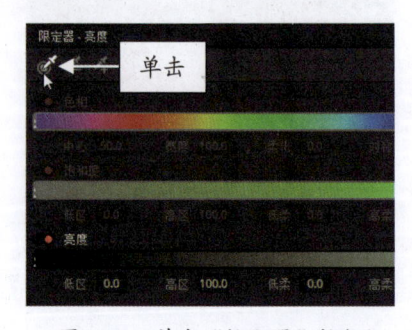

图 5-53 单击"拾取器"按钮

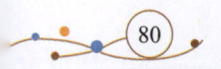

STEP 05 在"检视器"面板上方单击"突出显示"按钮,如图5-54所示。

图 5-54 单击"突出显示"按钮

STEP 06 在预览窗口中,选取画面中最亮的一处,同时相同亮度范围中的画面区域也会被选取,如图5-55所示。

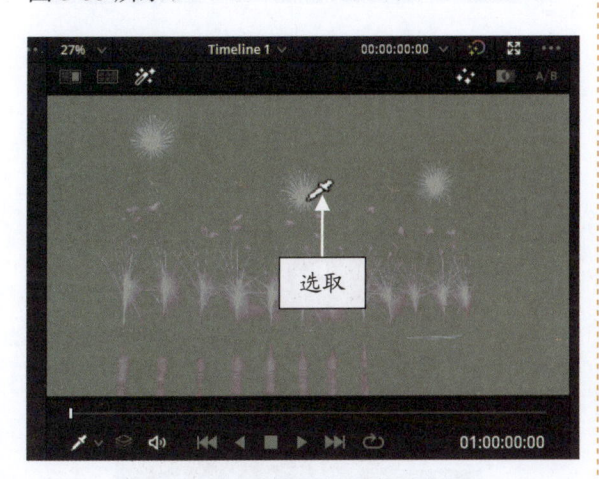

图 5-55 选取画面中最亮的一处

STEP 07 在"限定器-亮度"面板的"蒙版优化2"选项区中,设置"降噪"参数为45.0,如图5-56所示。

STEP 08 切换至"色轮"面板,向右拖曳"亮部"色轮下方的轮盘,如图5-57所示,直至参数均显示为1.50,即可提高亮部画面,使画面更加明亮。

STEP 09 再次单击"突出显示"按钮,恢复未

被选取的区域画面,查看最终效果,如图5-58所示。

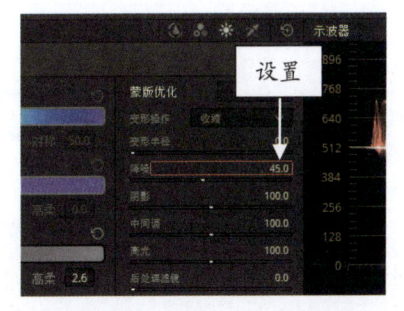

图 5-56 设置"降噪"参数

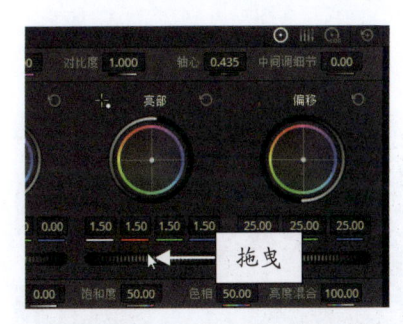

图 5-57 拖曳"亮部"轮盘

图 5-58 查看最终效果

5.3.4 选区调色4:制作黄色莲蓬视频效果

在 DaVinci Resolve 18 中,使用3D限定器对图像素材进行抠像调色,只需要在"检视器"面板的预览窗口中画一条线,选取需要进行抠像的图像画面,即可创建3D键控。用户对选取的画面色彩进行采样后,即可对采集到的颜色根据亮

度、色相、饱和度等需求进行调色，下面通过实例操作进行介绍。

	素材文件	素材\第5章\黄色莲蓬.drp
	效果文件	效果\第5章\黄色莲蓬.drp
	视频文件	视频\第5章\5.3.4 选区调色4：制作黄色莲蓬视频效果.mp4

【操练+视频】
——选区调色4：制作黄色莲蓬视频效果

STEP 01 打开一个项目文件，进入达芬奇"剪辑"步骤面板，如图5-59所示。

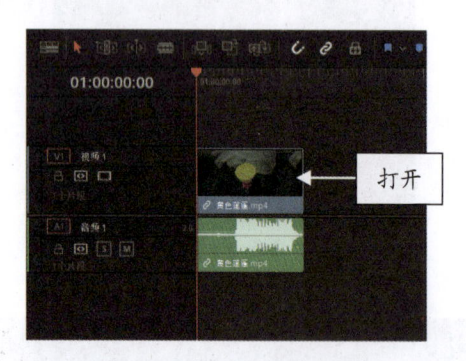

图5-59 打开一个项目文件

STEP 02 在预览窗口中，可以查看打开的项目效果，如图5-60所示。此时需要提亮图像中的黄色莲蓬。

图5-60 查看打开的项目效果

STEP 03 切换至"调色"步骤面板，展开"限定器"面板，单击3D按钮，如图5-61所示。

STEP 04 在"限定器-3D"面板中，单击"拾取器"按钮，在预览窗口中的图像上画一条线，如图5-62所示。

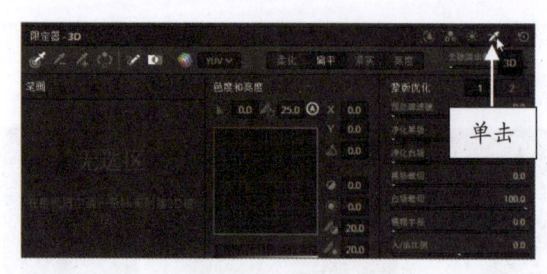

图5-61 单击3D按钮

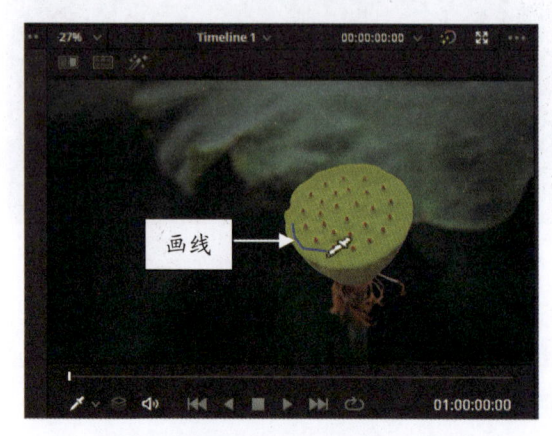

图5-62 画一条线

STEP 05 执行操作后，采集到的颜色即可显示在"限定器-3D"面板中，创建色块选区，如图5-63所示。

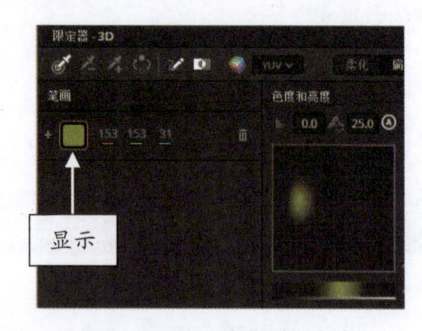

图5-63 显示采集到的颜色

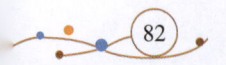

STEP 06 在"检视器"面板上方单击"突出显示"按钮，如图5-64所示，在预览窗口中查看被选取的区域画面。

STEP 07 切换至"色轮"面板，向右拖曳"亮部"色轮下方的轮盘，直至参数均显示为1.50，如图5-65所示，即可提高黄色莲蓬的亮部，使黄色莲蓬更加突出。

第 5 章 » 细调：对局部进行二级调色

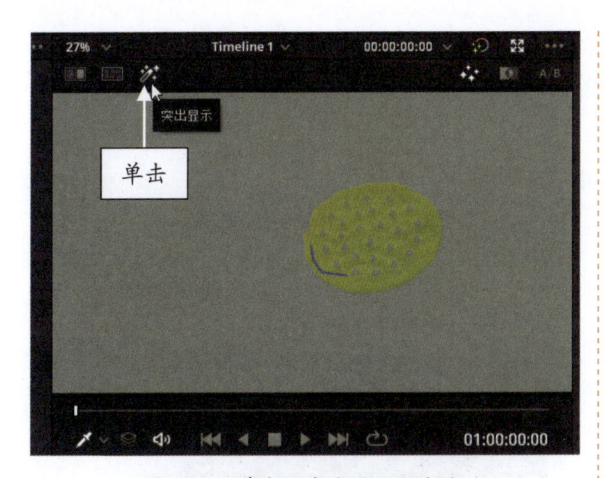

图 5-64 单击"突出显示"按钮

STEP 08 执行操作后，再次单击"突出显示"按钮，在"限定器"面板中单击"显示路径"按钮，如图 5-66 所示。

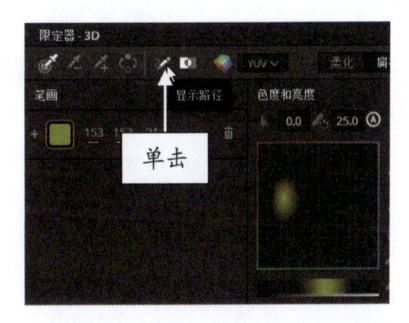

图 5-66 单击"显示路径"按钮

STEP 09 返回"剪辑"步骤面板，在预览窗口中查看最终效果，如图 5-67 所示。

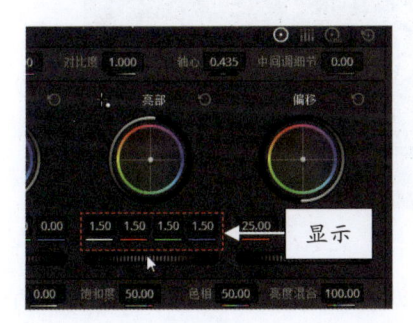

图 5-65 调整"亮部"参数

图 5-67 查看最终效果

5.4 创建窗口蒙版进行局部调色

前面介绍了如何使用限定器创建选区，并对素材画面进行抠像调色的操作方法。本节要介绍的是如何创建蒙版，并对素材图形进行局部调色的操作方法。相对来说，蒙版调色更加方便用户对素材进行细节处理。

▶ 5.4.1 认识"窗口"面板

在达芬奇"调色"步骤面板中，"限定器"面板的右边就是"窗口"面板，如图 5-68 所示，用户可以使用四边形工具、圆形工具、多边形工具、曲线工具以及渐变工具在素材图像中绘制蒙版遮罩，然后对蒙版遮罩区域进行局部调色。

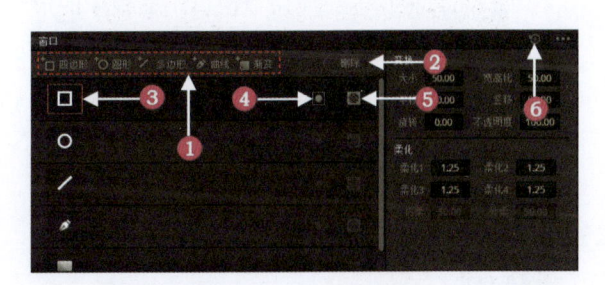

图 5-68 "窗口"面板

83

在面板的右侧有两个选项区，分别是"变换"选项区和"柔化"选项区。当用户绘制蒙版遮罩时，可以在这两个选项区中对遮罩大小、宽高比、边缘柔化等参数进行微调，使需要调色的遮罩画面更加精准。

在"窗口"面板中，用户需要了解以下几个按钮的作用。

❶ 形状工具按钮：在"窗口"面板上方，有四边形、圆形、多边形、曲线以及渐变 5 个形状工具按钮，单击任意一个形状工具按钮，即可在下方面板中增加一个相应的形状窗口。

❷ "删除"按钮：在"窗口"面板中选择新增的形状窗口，单击"删除"按钮，即可将形状窗口删除。

❸ "窗口激活"按钮：单击"窗口激活"按钮后，按钮四周会出现一个橘红色的边框。激活窗口后，即可在预览窗口中的图像画面上绘制蒙版遮罩。再次单击"窗口激活"按钮，即可关闭形状窗口。

❹ "反向"按钮：单击该按钮，可以反向选中素材图像上蒙版遮罩选区之外的画面区域。

❺ "遮罩"按钮：单击该按钮，可以将素材图像上的蒙版设置为遮罩，用于多个蒙版窗口进行布尔预算。

❻ "全部重置"按钮：单击该按钮，可以将图像上绘制的形状窗口全部清除重置。

5.4.2 调整形状：制作落日晚霞视频效果

用户可以根据需要应用"窗口"面板中的形状工具在图像画面上绘制选区，再调整默认的蒙版尺寸大小、位置和形状，下面通过实例操作进行介绍。

素材文件	素材\第 5 章\落日晚霞.drp
效果文件	效果\第 5 章\落日晚霞.drp
视频文件	视频\第 5 章\5.4.2 调整形状：制作落日晚霞视频效果.mp4

【操练+视频】
——调整形状：制作落日晚霞视频效果

STEP 01 打开一个项目文件，进入达芬奇"剪辑"步骤面板，如图 5-69 所示。

图 5-69 打开一个项目文件

STEP 02 在预览窗口中，可以查看打开的项目效果，如图 5-70 所示。此时可以将视频分为两个部分：一部分是海岸，属于阴影区域；一部分为天空，属于明亮区域。画面中天空的颜色比较淡，没有落日的光彩，所以需要对明亮区域的饱和度进行调整。

图 5-70 查看打开的项目效果

STEP 03 切换至"调色"步骤面板，单击"窗口"按钮，如图 5-71 所示，切换至"窗口"面板。

STEP 04 在"窗口"面板中，单击多边形"窗口激活"按钮，如图 5-72 所示。

第 5 章 » 细调：对局部进行二级调色

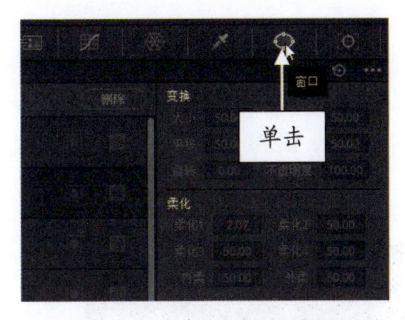

图 5-71 单击"窗口"按钮

图 5-74 调整蒙版的位置、形状和大小

STEP 07 展开"色轮"面板，设置"饱和度"参数为 100.00，提升画面的质感，增强画面色彩，使画面更加通透，如图 5-75 所示。

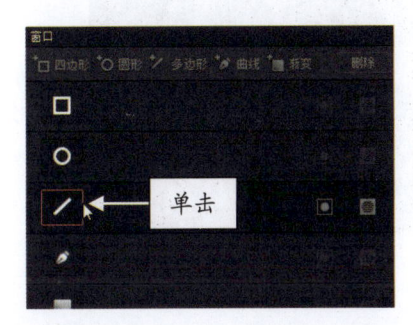

图 5-72 单击多边形"窗口激活"按钮

STEP 05 在预览窗口的图像上会出现一个矩形蒙版，如图 5-73 所示。

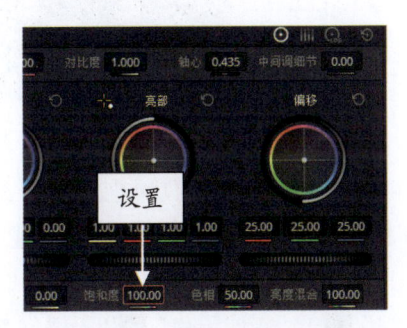

图 5-75 设置"饱和度"参数

STEP 08 返回"剪辑"步骤面板，在预览窗口中查看蒙版遮罩调色效果，如图 5-76 所示。

图 5-73 出现一个矩形方框

STEP 06 拖曳蒙版四周的控制柄，调整蒙版的位置、形状和大小，如图 5-74 所示。

图 5-76 查看蒙版遮罩调色效果

5.5 使用跟踪与稳定功能进行调色

在 DaVinci Resolve 18 的"调色"步骤面板中，有一个"跟踪器"功能，该功能可以帮助用户锁定图像画面中的指定对象。本节主要介绍使用达芬奇的跟踪和稳定功能辅助二级调色的方法。

85

5.5.1 跟踪对象：制作含苞待放视频效果

在"跟踪器"面板中，"跟踪"模式可以用来锁定跟踪对象的多种运动变化，它为用户提供了"平移""竖移""缩放""旋转"以及 3D 跟踪类型等多项分析功能，跟踪对象的运动路径会显示在面板中的曲线图上。"跟踪器"面板如图 5-77 所示。

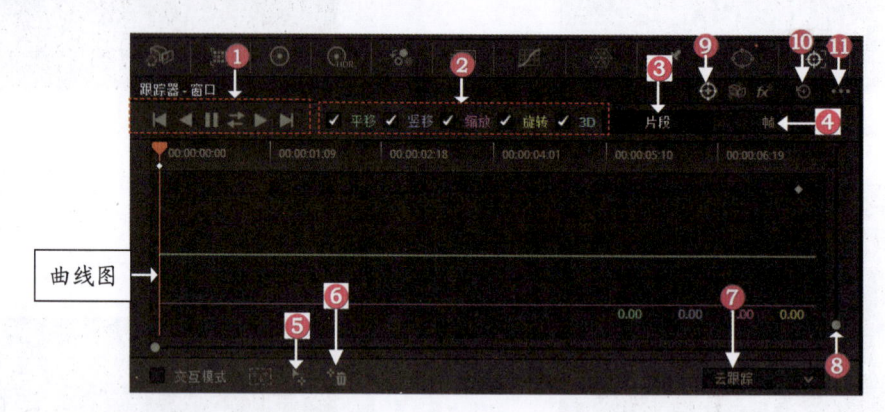

图 5-77 "跟踪器"面板

"跟踪器"面板的各项功能按钮如下。

❶ 跟踪操作按钮：这组按钮与导览面板上的播放按钮虽然相似，但作用却不一样的，其从左到右分别是"向后跟踪一帧"、"反向跟踪"、"停止跟踪"、"正向跟踪与反向跟踪"、"正向跟踪"以及"向前跟踪一帧"，主要用于跟踪指定对象的运动画面。

❷ 跟踪类型 ✓ 平移 ✓ 竖移 ✓ 缩放 ✓ 旋转 ✓ 3D：在"跟踪器"面板中，共有 5 种跟踪类型，分别是平移、竖移、缩放、旋转以及 3D，选中相应类型前面的复选框，便可以开始跟踪指定对象；待跟踪完成后，会显示相应类型的曲线，根据这些曲线可评估每个跟踪参数。

❸ "片段"按钮 片段：跟踪器默认状态为"片段"模式，方便对窗口蒙版进行整体移动。

❹ "帧"按钮 帧：单击该按钮，切换为"帧"模式，可对窗口的位置和控制点进行关键帧制作。

❺ "添加跟踪点"按钮：单击该按钮，可以在素材图像的指定位置或指定对象上添加一个或多个跟踪点。

❻ "删除跟踪点"按钮：单击该按钮，可以删除图像上添加的跟踪点。

❼ 跟踪模式下拉按钮 点跟踪：单击该按钮，弹出下拉列表，其中有两个选项，一个是"点跟踪"，一个是"云跟踪"。"点跟踪"模式可以在图像上创建一个或多个十字架跟踪点，并且可以手动定位图像上比较特别的跟踪点；"云跟踪"模式可以自动跟踪图像上的全部跟踪点。

❽ 缩放滑块：在曲线图边缘有两个缩放滑块，拖曳纵向的滑块可以缩放曲线之间的间隙，拖曳横向的滑块可以拉长或缩短曲线。

❾ "窗口"按钮：单击该按钮，进入"窗口"模式面板。

❿ "全部重置"按钮：单击该按钮，将重置"跟踪器"面板中的所有操作。

⓫ 设置按钮：单击该按钮，将弹出"跟踪器"面板的设置菜单。

第 5 章 » 细调：对局部进行二级调色

下面通过实例介绍"窗口"模式跟踪器的使用方法。

素材文件	素材\第5章\含苞待放.drp
效果文件	效果\第5章\含苞待放.drp
视频文件	视频\第 5 章\5.5.1 跟踪对象：制作含苞待放视频效果.mp4

【操练+视频】
——跟踪对象：制作含苞待放视频效果

STEP 01 打开一个项目文件，进入达芬奇"剪辑"步骤面板，如图5-78所示。

图 5-78 打开一个项目文件

STEP 02 在预览窗口中，可以查看打开的项目效果，如图5-79所示。此时需要对图像中的荷花进行调色。

图 5-79 查看打开的项目效果

STEP 03 切换至"调色"步骤面板，在"窗口"面板中单击曲线"激活"按钮，如图5-80所示。

STEP 04 在预览窗口中的荷花上，沿边缘绘制一个蒙版遮罩，如图5-81所示。

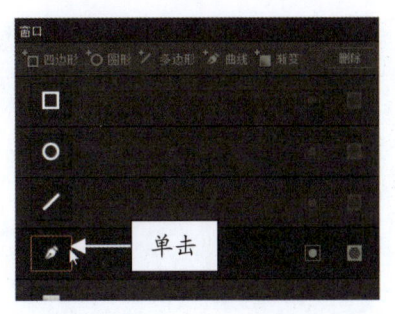

图 5-80 单击曲线"激活"按钮

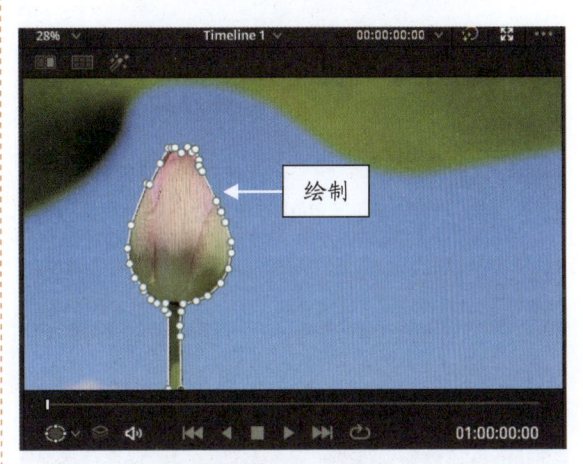

图 5-81 绘制一个蒙版遮罩

STEP 05 切换至"色轮"面板，设置"饱和度"参数为85.20，提升荷花的明亮度，如图5-82所示，让色彩更加鲜明。

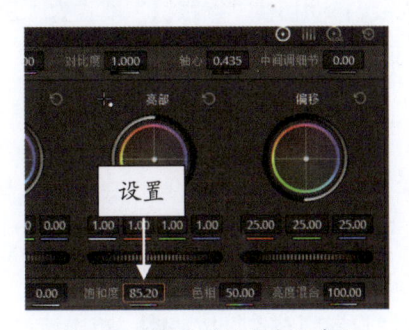

图 5-82 设置"饱和度"参数

STEP 06 在"检视器"面板中，单击"播放"按钮，如图5-83所示。在预览窗口中可以看到，当画面中荷花的位置发生变化时，绘制的蒙版依旧停在原处，位置没有发生任何变化，此时的荷花与蒙版分离。因为调整的饱和度只用于蒙版选区，所以分离后的荷花饱和度恢复了原样。

87

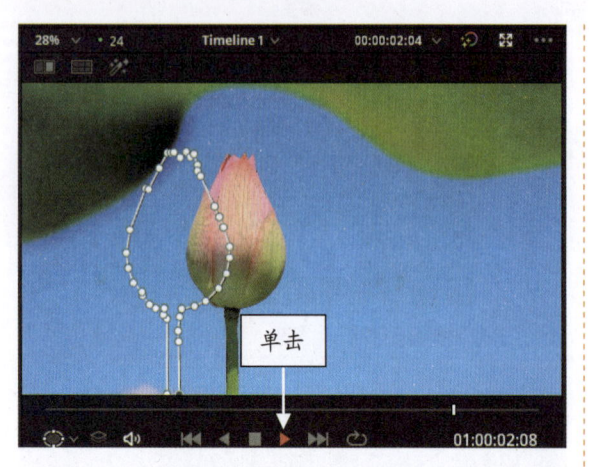

图 5-83 单击"播放"按钮

STEP 07 单击"跟踪器"按钮，如图 5-84 所示，展开"跟踪器 - 窗口"面板。

图 5-84 单击"跟踪器"按钮

在图像上创建蒙版选区后，切换至"跟踪器"面板，系统自动切换"点跟踪"模式为"云跟踪"模式，该模式下添加跟踪点的相关按钮如下。

❶ "交互模式"复选框 ☐ 交互模式：选中该复选框，即可开启自动跟踪交互模式。

❷ "插入"按钮 ：单击该按钮，可以在素材图像的指定位置或指定对象上，根据画面特征添加跟踪点。

❸ "设置跟踪点"按钮 ：单击该按钮，可以自动在图像选区画面添加跟踪点。

STEP 08 在下方选中"交互模式"复选框，单击"插入"按钮 ，如图 5-85 所示。

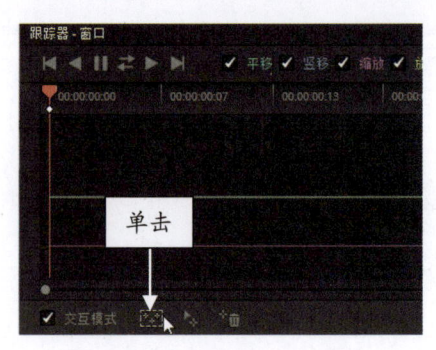

图 5-85 单击"插入"按钮

STEP 09 在上方单击"正向跟踪"按钮 ▶，如图 5-86 所示。

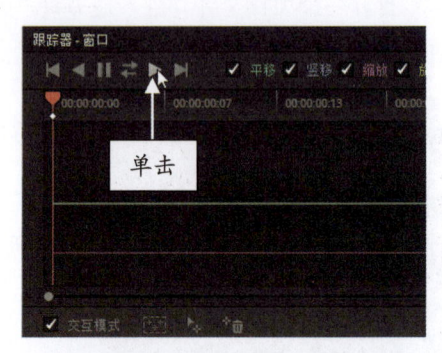

图 5-86 单击"正向跟踪"按钮

STEP 10 执行操作后，即可查看跟踪对象曲线图的数据变化，如图 5-87 所示，其中平移曲线的数据变化最明显。

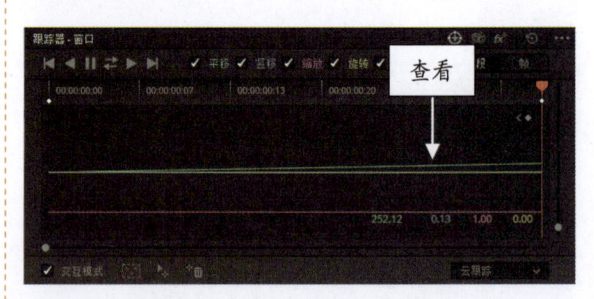

图 5-87 查看曲线图的数据变化

STEP 11 在"检视器"面板中，单击"播放"按钮 ▶，如图 5-88 所示，查看添加跟踪器后的蒙版效果。

第 5 章 ≫ 细调：对局部进行二级调色

素材文件	素材\第5章\人像视频.drp
效果文件	效果\第5章\人像视频.drp
视频文件	视频\第5章\5.5.2 稳定处理：制作人像视频效果.mp4

【操练 + 视频】
——稳定处理：制作人像视频效果

图 5-88 单击"播放"按钮

STEP 12 切换至"剪辑"步骤面板，查看最终的制作效果，如图 5-89 所示。

图 5-89 查看最终的制作效果

▶ 温馨提示

跟踪器主要用来辅助蒙版遮罩或抠像调色。用户在应用跟踪器前，需要先在图像上创建选区，否则无法正常使用跟踪器。

5.5.2 稳定处理：制作人像视频效果

当摄影师手抖或扛着摄影机走动时，拍出来的视频会出现画面抖动的情况，此时往往需要通过一些视频剪辑软件对视频进行稳定处理。DaVinci Resolve 18 虽然是一款调色软件，但也具有稳定器功能，可以稳定抖动的视频画面，帮助用户制作出效果更好的作品。下面通过实例操作进行介绍。

STEP 01 打开一个项目文件，进入达芬奇"剪辑"步骤面板，如图 5-90 所示。

图 5-90 打开一个项目文件

STEP 02 在预览窗口中，可以查看打开的项目效果，如图 5-91 所示。此时可以看到图像画面有轻微的晃动，所以需要对图像进行稳定处理。

图 5-91 查看打开的项目效果

STEP 03 切换至"调色"步骤面板，在"跟踪器"面板的右上角单击"稳定器"按钮，如图 5-92 所示，即可切换至"跟踪器 - 稳定器"模式。

STEP 04 在面板下方微调 Crop、平滑以及强度等设置参数后，单击"稳定"按钮，如图 5-93 所示。

89

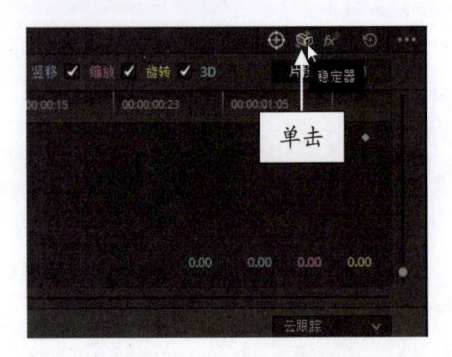

图 5-92 单击"稳定器"按钮

图 5-93 单击"稳定"按钮

STEP 05 执行操作后，即可通过稳定器稳定抖动画面，曲线图参数变化如图 5-94 所示。在预览窗口中，单击"播放"按钮▶，即可查看稳定效果。

图 5-94 曲线图参数变化

5.6 使用 Alpha 通道控制调色的区域

一般来说，图片或视频都带有表示颜色信息的 RGB 通道和表示透明信息的 Alpha 通道。Alpha 通道用黑白图表示图片或视频的图像画面，其中白色代表图像中完全不透明的画面区域，黑色代表图像中完全透明的画面区域，灰色代表图像中半透明的画面区域。本节介绍使用 Alpha 通道控制调色区域的方法和技巧。

▶ 5.6.1 认识"键"面板

在 DaVinci Resolve 18 中，"键"指的是 Alpha 通道，用户可以在节点上绘制遮罩窗口或抠像选区来制作"键"，通过调整节点控制素材图像调色的区域。图 5-95 所示为达芬奇中的"键"面板。

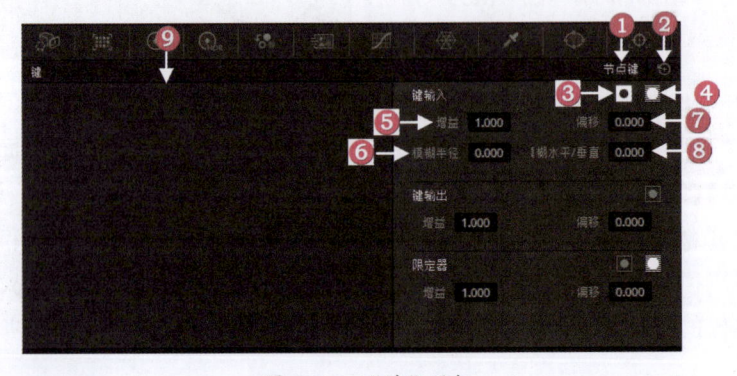

图 5-95 "键"面板

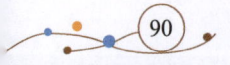

第 5 章 » 细调：对局部进行二级调色

"键"面板的各项功能按钮如下。

❶ 节点键：选择不同的节点类型，键类型会随之转变。

❷ "全部重置"按钮 ⟳：单击该按钮，将重置"键"面板中的所有操作。

❸ "蒙版/遮罩"按钮 ⊙：单击该按钮，可以从反向键输入并进行抠像。

❹ "键"按钮 ▣：单击该按钮，可以将键转换为遮罩。

❺ 增益：提高文本框中的参数，可以使键输入的白点更白，降低文本框内的参数则效果相反。增益值不影响键的纯黑色。

❻ 模糊半径：设置该参数，可以调整键输入的模糊度。

❼ 偏移：设置该参数，可以调整键输入的整体亮度。

❽ 模糊水平/垂直：设置该参数，可以在键输入上横向控制模糊的比例。

❾ 键图示：直观显示键的图像，方便用户查看。

▶ 5.6.2 蒙版遮罩：制作美丽风景视频效果

在 DaVinci Resolve 18 中，当用户在"节点"面板中选择一个节点后，可以通过设置"键"面板上的参数来控制节点输入或输出 Alpha 通道的数据。下面介绍使用 Alpha 通道制作暗角效果的操作方法。

素材文件	素材\第5章\美丽风景.drp
效果文件	效果\第5章\美丽风景.drp
视频文件	视频\第5章\5.6.2 蒙版遮罩：制作美丽风景视频效果.mp4

【操练+视频】
——蒙版遮罩：制作美丽风景视频效果

STEP 01 打开一个项目文件，在预览窗口中可以查看打开的项目效果，如图 5-96 所示。

图 5-96　查看打开的项目效果

STEP 02 切换至"调色"步骤面板，展开"窗口"面板，在"窗口"面板中，单击圆形"窗口激活"按钮 ⊙，如图 5-97 所示。

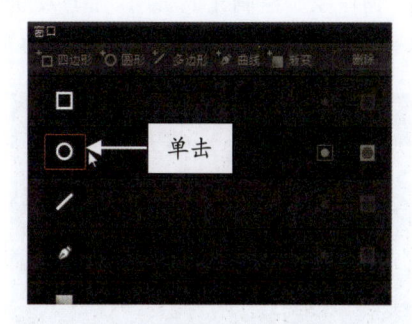

图 5-97　单击圆形"窗口激活"按钮

STEP 03 在预览窗口中，拖曳圆形蒙版蓝色方框上的控制柄，调整蒙版的大小和位置，如图 5-98 所示。

图 5-98　调整蒙版大小和位置

91

STEP 04 拖曳蒙版白色圆框上的控制柄，调整蒙版羽化区域，如图 5-99 所示。

图 5-99 调整蒙版羽化区域

STEP 05 窗口蒙版绘制完成后，在"节点"面板中，选择编号为 01 的校正器节点，如图 5-100 所示。

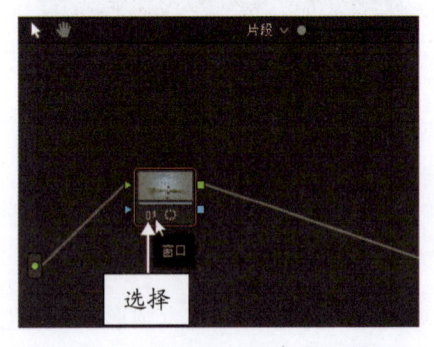

图 5-100 选择编号为 01 的校正器节点

STEP 06 将 01 节点上的"键输入" 与"源" 相连，如图 5-101 所示。

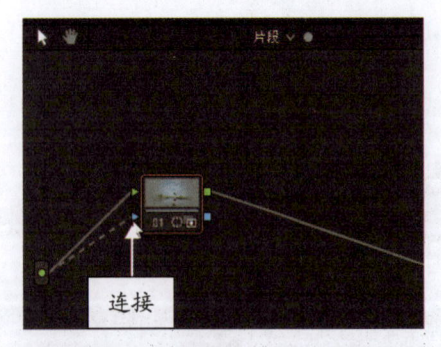

图 5-101 将"键输入"与"源"相连

STEP 07 在空白位置处单击鼠标右键，弹出快捷菜单，选择"添加 Alpha 输出"命令，如图 5-102 所示。

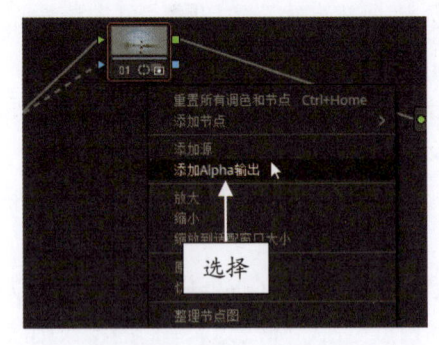

图 5-102 选择"添加 Alpha 输出"命令

STEP 08 即可在面板中添加一个"Alpha 最终输出"图标 ，如图 5-103 所示。

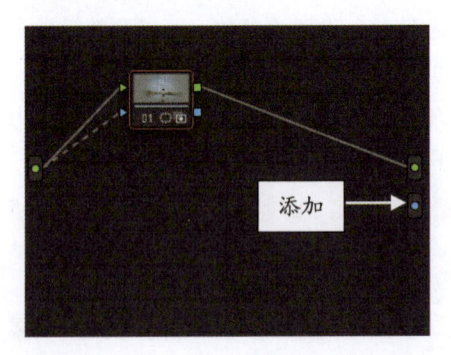

图 5-103 添加一个"Alpha 最终输出"图标

STEP 09 将 01 节点上的"键输出" 与"Alpha 最终输出" 相连，如图 5-104 所示。

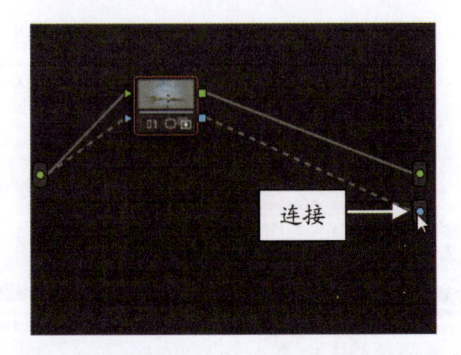

图 5-104 将"键输出"与"Alpha 最终输出"相连

STEP 10 执行操作后，在预览窗口中可以查看应用 Alpha 通道的初步效果，如图 5-105 所示。

第 5 章 » 细调：对局部进行二级调色

图 5-105 查看应用 Alpha 通道的初步效果

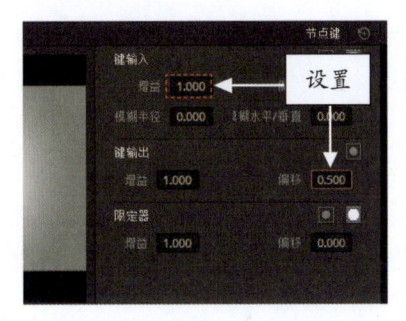

图 5-106 设置相应参数

STEP 11 切换至"键"面板，在"键输入"下方设置"增益"参数为 1.000，在"键输出"下方设置"偏移"参数为 0.500，如图 5-106 所示。

STEP 12 切换至"剪辑"步骤面板，在预览窗口中查看最终的画面效果，如图 5-107 所示。

图 5-107 查看最终的画面效果

5.7 使用"模糊"功能虚化视频画面

在 DaVinci Resolve 18 的"调色"步骤面板中，"模糊"有 3 种不同的操作模式，分别是"模糊""锐化"以及"雾化"，每种模式都有独立的操作面板，用户可以配合限定器、窗口、跟踪器等功能对图像画面进行模糊处理。

5.7.1 模糊调整：对视频局部进行模糊处理

在"模糊"面板中，"模糊"操作模式是该功能的默认面板，通过调整面板中的通道滑块，可以为图像制作出高斯模糊效果。

在"模糊"面板中一共显示了 3 组调节通道，如图 5-108 所示，分别是"半径""水平/垂直比率"以及"缩放比例"，其中，只有"半径"和"水平/垂直比率"两组通道能调控操作，"缩放比例"通道和下方的"核心柔化""级别""混合"等参数不可调控。

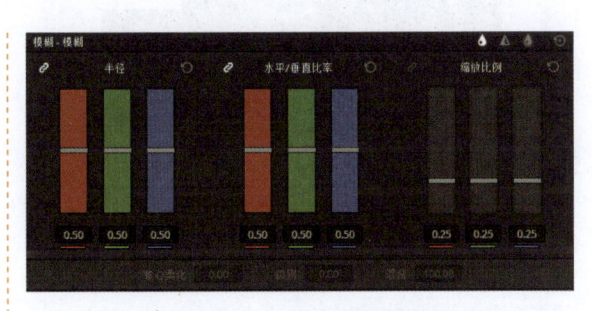

图 5-108 "模糊"操作模式

通道的左上角有一个链接按钮 ⃘，默认情况下为启动状态，单击该按钮关闭链接，即可单独调节控制条上的滑块，启动链接则可同时调节 3 个控制条上的滑块。

"半径"通道的滑块往上调整可以增加图像的模糊度,往下调整则可以降低模糊度,增加锐化度。将"水平/垂直比率"通道的滑块往上调整,被模糊或锐化后的图像会沿水平方向扩大影响范围;将"水平/垂直比率"通道的滑块往下调整,被模糊或锐化后的图像则会沿垂直方向扩大影响范围。

下面通过实例介绍对视频局部进行模糊处理的操作方法。

素材文件	素材\第5章\花儿绽放.drp
效果文件	效果\第5章\花儿绽放.drp
视频文件	视频\第5章\5.7.1 模糊调整:对视频局部进行模糊处理.mp4

【操练+视频】
——模糊调整:对视频局部进行模糊处理

STEP 01 打开一个项目文件,进入达芬奇软件的"剪辑"步骤面板,如图5-109所示。

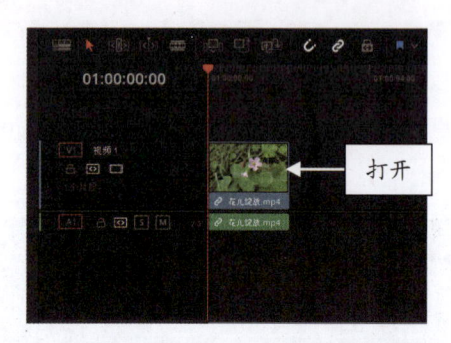

图5-109 打开一个项目文件

STEP 02 在预览窗口中,可以查看打开的项目效果,如图5-110所示。此时需要对花朵周围进行模糊处理,突出花朵。

STEP 03 切换至"调色"步骤面板,在"窗口"面板中单击圆形"窗口激活"按钮◉,如图5-111所示。

STEP 04 在预览窗口中,创建一个圆形蒙版遮罩,如图5-112所示,选取花朵。

图5-110 查看打开的项目效果

图5-111 单击圆形"窗口激活"按钮

图5-112 创建一个圆形蒙版遮罩

STEP 05 在"窗口"面板中,单击"反向"按钮◉,如图5-113所示,反向选取花中的叶子。

STEP 06 在"柔化"选项区中,设置"柔化1"参数为1.99,如图5-114所示,柔化选区图像边缘。

STEP 07 切换至"跟踪器"面板,先在下方选中"交互模式"复选框,再单击"插入"按钮▣,插入特征跟踪点;然后单击"正向跟踪"按钮▶,如图5-115所示,跟踪图像运动路径。

第 5 章 » 细调：对局部进行二级调色

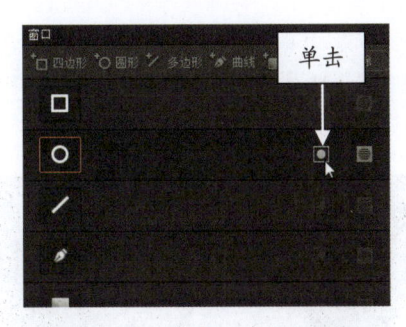

图 5-113 单击"反向"按钮

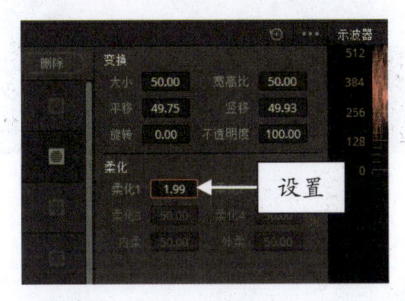

图 5-114 设置"柔化1"参数

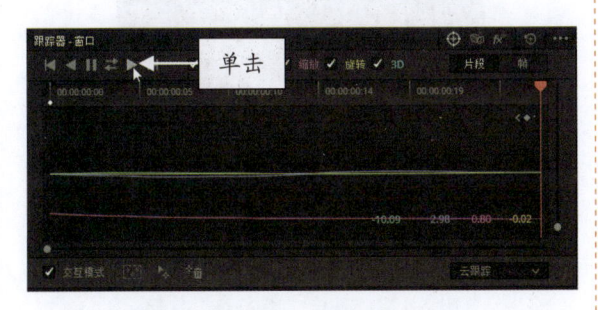

图 5-115 单击"正向跟踪"按钮

STEP 08 单击"模糊"按钮，如图 5-116 所示，切换至"模糊"面板。

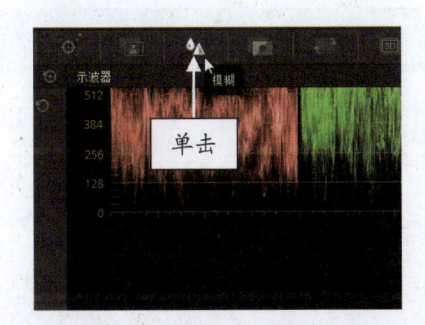

图 5-116 切换至"模糊"面板

STEP 09 向上拖曳"半径"通道控制条上的滑块，直至参数均显示为 1.15，如图 5-117 所示。

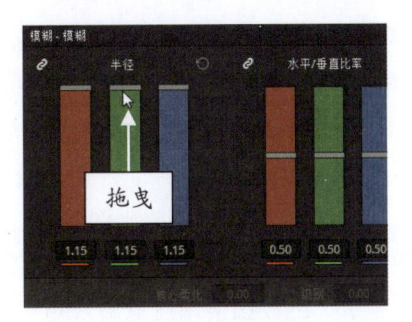

图 5-117 拖曳控制条上的滑块

STEP 10 执行操作后，即可完成对视频局部进行模糊处理的操作。切换至"剪辑"步骤面板，在预览窗口中查看制作效果，如图 5-118 所示。

图 5-118 查看制作效果

5.7.2 锐化调整：对视频局部进行锐化处理

虽然在"模糊"操作模式中降低"半径"通道的参数可以提高图像的锐化度，但"锐化"操作模式专门用来提供调整图像锐化操作的功能，如图 5-119 所示。

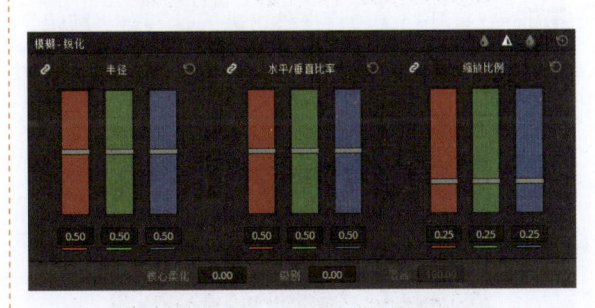

图 5-119 "锐化"操作模式

相较于"模糊"面板而言，"锐化"面板中除了"混合"参数无法调控外，"缩放比例""核

95

心柔化"以及"级别"均可进行调控。这3个控件作用如下。

- 缩放比例:"缩放比例"通道的作用取决于"半径"通道的参数设置,当"半径"通道参数值在 0.5 或以上时,"缩放比例"通道不会起作用;当"半径"通道参数值在 0.5 以下时,向上拖曳"缩放比例"通道滑块可以增加图像画面锐化的量,向下拖曳"缩放比例"通道滑块则可以减少图像画面锐化的量。

- 核心柔化/级别:"核心柔化"和"级别"是配合使用的,两者是相互影响的关系。其中"核心柔化"主要用于调节图像中没有锐化的细节区域,当"级别"参数值为 0 时,"核心柔化"能锐化的细节区域不会发生太大的变化;"级别"参数值越高(最大值为 100.0),"核心柔化"能锐化的细节区域越大。

下面通过实例介绍对视频局部进行锐化处理的操作方法。

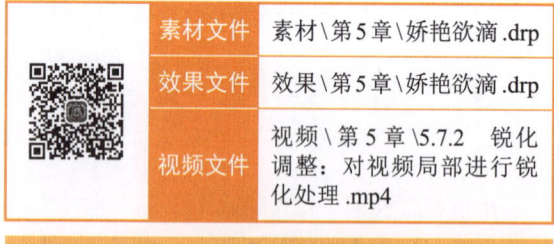

素材文件	素材\第5章\娇艳欲滴.drp
效果文件	效果\第5章\娇艳欲滴.drp
视频文件	视频\第5章\5.7.2 锐化调整:对视频局部进行锐化处理.mp4

【操练+视频】
——锐化调整:对视频局部进行锐化处理

STEP 01 打开一个项目文件,进入达芬奇"剪辑"步骤面板,如图 5-120 所示。

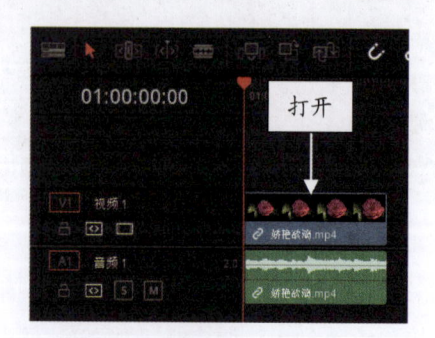

图 5-120 打开一个项目文件

STEP 02 在预览窗口中,可以查看打开的项目效果,如图 5-121 所示。此时需要对画面中的叶子进行锐化处理。

图 5-121 查看打开的项目效果

STEP 03 切换至"调色"步骤面板,单击"限定器"按钮,如图 5-122 所示,切换至"限定器"面板。

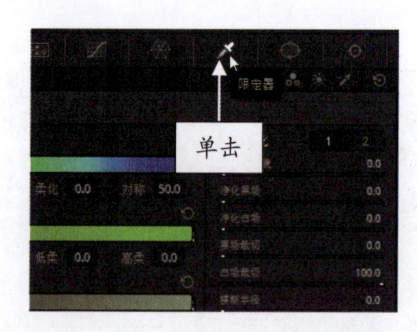

图 5-122 单击"限定器"按钮

STEP 04 单击"拾取器"按钮,在预览窗口中选取叶子并突出显示,如图 5-123 所示。

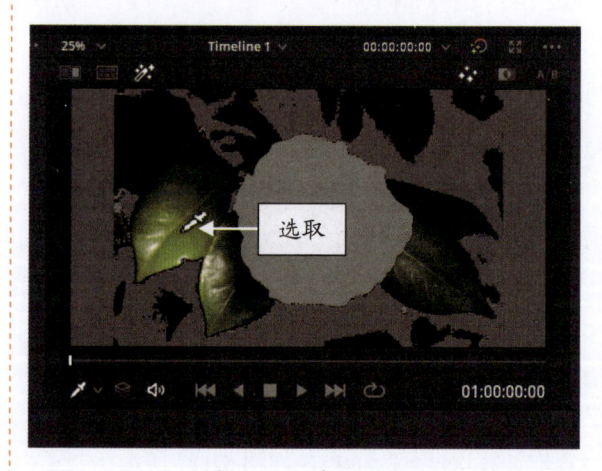

图 5-123 选取叶子

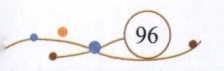

第 5 章 » 细调：对局部进行二级调色

STEP 05 切换至"模糊"面板，单击"锐化"按钮▲，如图 5-124 所示。

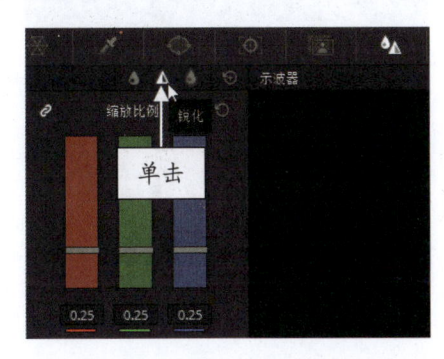

图 5-124 单击"锐化"按钮

STEP 06 切换至"模糊-锐化"面板，向上拖曳"半径"通道控制条上的滑块，直至参数均显示为 10.00，如图 5-125 所示，即可完成对视频局部进行锐化的操作。

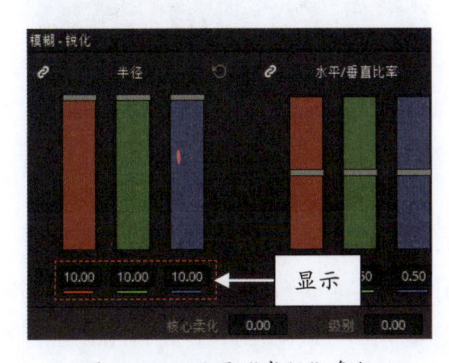

图 5-125 设置"半径"参数

STEP 07 切换至"剪辑"步骤面板，在预览窗口中查看效果，如图 5-126 所示。

图 5-126 查看制作效果

5.7.3 雾化调整：对视频局部进行雾化处理

前两个案例是通过调节"半径"通道的控制条滑块，直接制作视频画面的模糊或锐化效果，而"雾化"操作模式与前两种操作模式不同，它需要结合"混合"功能。"雾化"操作模式的面板如图 5-127 所示。

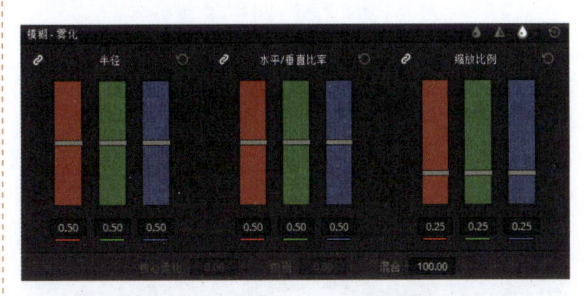

图 5-127 "雾化"操作模式

因为"半径"通道默认参数值为 0.50，往上拖曳滑块可以制作模糊效果，往下拖曳滑块可以制作锐化效果。在"雾化"操作模式的面板中，向下拖曳"半径"通道滑块使参数值变小时，降低"混合"参数值，即可制作出画面雾化的效果。

下面通过实例介绍对视频局部进行雾化处理的操作方法。

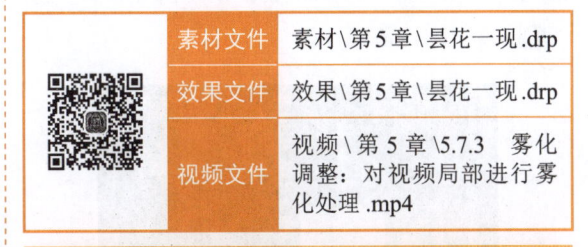

素材文件	素材\第5章\昙花一现.drp
效果文件	效果\第5章\昙花一现.drp
视频文件	视频\第5章\5.7.3 雾化调整：对视频局部进行雾化处理.mp4

【操练 + 视频】
——雾化调整：对视频局部进行雾化处理

STEP 01 打开一个项目文件，进入达芬奇"剪辑"步骤面板，如图 5-128 所示。

图 5-128 打开一个项目文件

STEP 02 在预览窗口中,可以查看打开的项目效果,如图 5-129 所示。此时需要对图像画面制作出雾化朦胧的效果。

图 5-129 查看打开的项目效果

STEP 03 切换至"模糊"面板,单击"雾化"按钮,如图 5-130 所示。

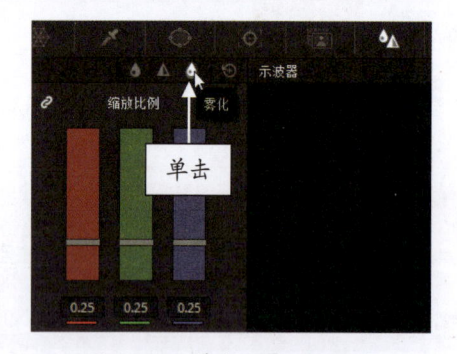

图 5-130 单击"雾化"按钮

STEP 04 切换至"模糊-雾化"面板,在"混合"文本框中输入参数 0.00,如图 5-131 所示,即可降低画面中的清晰度,使画面出现朦胧的效果。

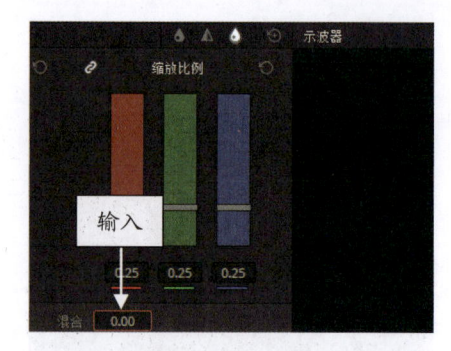

图 5-131 输入参数

STEP 05 单击"半径"通道左上角的"链接"按钮,如图 5-132 所示,断开控制条的链接。

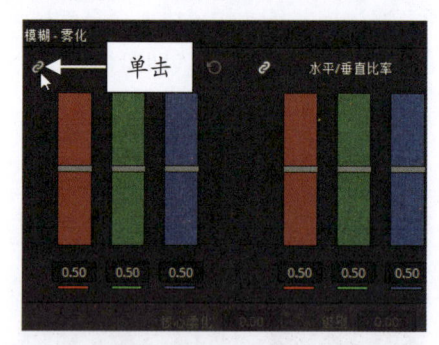

图 5-132 单击"链接"按钮

STEP 06 向下拖曳"半径"通道控制条上的滑块,直至参数分别显示为 0.00、0.50、0.00,如图 5-133 所示,即可降低画面中的红色和蓝色,使画面更加有质感。

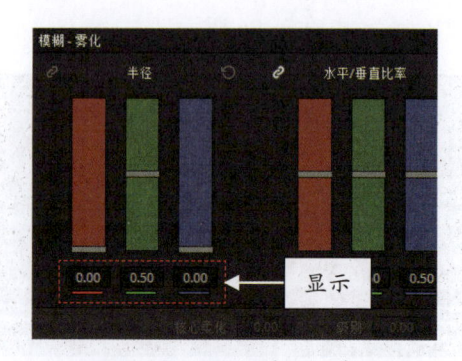

图 5-133 设置"半径"参数

98

STEP 07 执行操作后，即可完成对视频局部进行雾化处理的操作。切换至"剪辑"步骤面板，在预览窗口中查看制作效果，如图 5-134 所示。

图 5-134　查看制作效果

第6章

进阶：通过节点对视频调色

章前知识导读

节点是达芬奇调色软件非常重要的功能之一，它可以帮助用户更好地对图像画面进行调色。灵活使用达芬奇的调色节点，可以实现各种精彩的视频效果，提高用户的操作效率。本章主要介绍节点的基础知识，并通过节点制作抖音热门调色视频。

新手重点索引

- 节点的基础知识
- 制作抖音热门调色视频
- 添加视频调色节点

效果图片欣赏

第 6 章 » 进阶：通过节点对视频调色

6.1 节点的基础知识

在 DaVinci Resolve 18 中，用户可以将节点理解成图像画面的"层"（例如 Photoshop 软件中的图层），一层一层画面叠加组合，即可形成特殊的图像效果。每一个节点都可以独立进行调色校正，用户可以通过更改节点连接，调整节点调色顺序或组合方式。下面介绍达芬奇调色节点的基础知识。

6.1.1 打开"节点"面板

在 DaVinci Resolve 18 中，"节点"面板位于"调色"步骤面板的右上角，下面介绍在达芬奇软件中打开"节点"面板的具体操作方法。

素材文件	素材 \ 第 6 章 \ 人像视频 .drp
效果文件	无
视频文件	视频 \ 第 6 章 \6.1.1　打开"节点"面板 .mp4

【操练 + 视频】——打开"节点"面板

STEP 01 打开一个项目文件，进入"剪辑"步骤面板，在预览窗口中，可以查看打开的项目效果，如图 6-1 所示。

STEP 02 切换至"调色"步骤面板，在右上角单击"节点"按钮 ，如图 6-2 所示。

图 6-1　查看打开的项目效果

图 6-2　单击"节点"按钮

STEP 03 打开"节点"面板，如图 6-3 所示。再次单击"节点"按钮 ，即可隐藏面板。

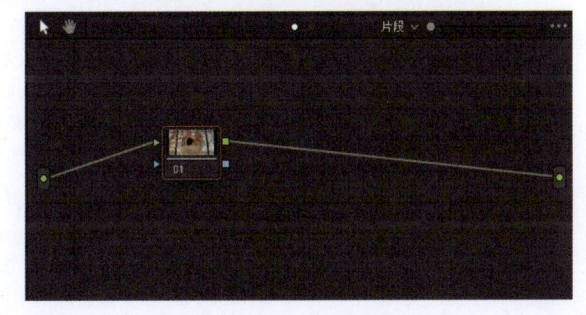

图 6-3　打开"节点"面板

6.1.2 认识"节点"面板各功能

在 DaVinci Resolve 18 的"节点"面板中，通过编辑节点可以实现图像合成。对合成经验少的用户而言，DaVinci Resolve 18 的节点功能可能很复杂。下面通过一个节点网介绍"节点"面板中的各个功能，如图 6-4 所示。

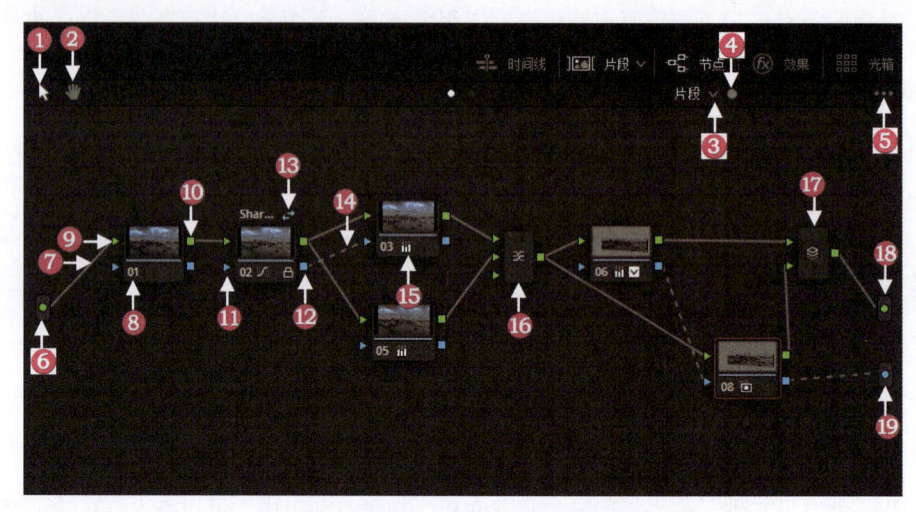

图 6-4 "节点"面板中的节点网示例

在"节点"面板中，用户需要了解以下这些按钮的作用。

❶ "选择"工具：在"节点"面板中，默认状态下光标呈箭头形状，表示为"选择"工具。应用"选择"工具可以选择面板中的节点，并可通过拖曳的方式在面板中移动所选节点的位置。

❷ "平移"工具：单击"平移"工具，即可使面板中的光标呈手掌形状，按住鼠标左键后，光标呈抓手形状，此时上、下、左、右拖曳面板，即可对面板中所有的节点执行上、下、左、右平移操作。

❸ 节点模式下拉按钮：单击该按钮，弹出下拉列表，其中有两种节点模式，分别是"片段"和"时间线"，默认状态下为"片段"节点模式。在"片段"模式中调节的是当前素材片段的调色节点，而在"时间线"模式中调节的则是"时间线"面板中所有素材片段的调色节点。

❹ 缩放滑块：通过左右拖曳滑块，可调节面板中节点显示的大小。

❺ 快捷设置按钮：单击该按钮，可以在弹出的下拉列表中选择相应选项。

❻ "源"图标：在"节点"面板中，"源"图标是一个绿色的标记，表示素材片段的源头，即从"源"向节点传递素材片段的 RGB 信息。

❼ RGB 信息连接线：RGB 信息连接线用实线显示，是两个节点间接收信息的纽带，可以将上一个节点的 RGB 信息传递给下一个节点。

❽ 节点编号：在"节点"面板中，每一个节点都有一个编号。软件根据节点添加的先后顺序来编号，但节点编号不一定是固定的。例如，当用户删除 02 节点后，03 节点的编号可能会更改为 02。

❾ "RGB 输入"图标：在"节点"面板中，每个节点的左侧都有一个绿色的三角形图标，该图标即是"RGB 输入"图标，表示素材 RGB 信息的输入。

⑩ "RGB 输出"图标■：在"节点"面板中，每个节点的右侧都有一个绿色的方块图标，该图标即是"RGB 输出"图标，表示素材 RGB 信息的输出。

⑪ "键输入"图标▶：在"节点"面板中，每个节点的左侧都有一个蓝色的三角形图标，该图标即是"键输入"图标，表示素材 Alpha 信息的输入。

⑫ "键输出"图标■：在"节点"面板中，每个节点的右侧都有一个蓝色的方块图标，该图标即是"键输出"图标，表示素材 Alpha 信息的输出。

⑬ 共享节点：在节点上单击鼠标右键，弹出快捷菜单，选择"另存为共享节点"命令，即可将选择的节点设置为共享节点。在共享节点上方会有一个共享节点标签 Shar... ，并且节点图标上会出现一个锁定图标 。该节点的调色信息可共享给其他片段，当用户调整共享节点的调色信息时，其他被共享的片段也会随之改变。

⑭ Alpha 信息连接线：Alpha 信息连接线以虚线显示，连接"键输入"图标与"键输出"图标，用于在两个节点中传递 Alpha 通道信息。

⑮ 调色提示图标▥：当用户在选择的节点上进行调色处理后，在节点编号的右边会出现相应的调色提示图标。

⑯ "图层混合器"节点▨：在"节点"面板中，不支持多个节点同时连接一个 RGB 输入图标，因此当用户需要进行多个节点叠加调色时，需要添加并行混合器或图层混合器节点进行重组输出。在叠加调色时，"图层混合器"节点会按上下顺序优先选择连接最低输入图标的那个节点进行信息分配。

⑰ "并行混合器"节点：当用户在现有的校正器节点上添加并行节点时，添加的并行节点会出现在现有节点的下方，"并行混合器"节点会显示在校正器节点和并行节点的输出位置。"并行混合器"节点和"图层混合器"节点一样，支持多个输入连接图标和一个输出连接图标，但其作用与"图层混合器"节点不同，"并行混合器"节点主要是将并列的多个节点的调色信息汇总后输出。

⑱ "RGB 最终输出"图标●：在"节点"面板中，"RGB 最终输出"图标是一个绿色的标记，当用户完成调色后，需要通过连接该图标将片段的 RGB 信息进行最终输出。

⑲ "Alpha 最终输出"图标●：在"节点"面板中，"Alpha 最终输出"图标是一个蓝色的标记。图像完成调色后，需要连接该图标将片段的 Alpha 通道信息进行最终输出。

6.2 添加视频调色节点

"节点"面板中有多种节点类型，如"校正器"节点、"并行混合器"节点、"图层混合器"节点、"键混合器"节点、"分离器"节点以及"结合器"节点等。默认状态下，展开"节点"面板，面板上显示的节点为"校正器"节点。下面介绍在 DaVinci Resolve 18 中添加调色节点的操作方法。

6.2.1 添加串行节点：对视频进行调色处理

在 DaVinci Resolve 18 中，串行节点是最简单的节点组合，上一个节点的 RGB 调色信息会通过 RGB 信息连接线传递输出，作用于下一个节点，可以满足用户的大部分调色需求。下面介绍添加串行节点去除视频背景杂色的操作方法。

	素材文件	素材\第6章\落日夕阳.drp
	效果文件	效果\第6章\落日夕阳.drp
	视频文件	视频\第6章\6.2.1 添加串行节点：对视频进行调色处理.mp4

【操练 + 视频】
——添加串行节点：对视频进行调色处理

STEP 01 打开一个项目文件，进入达芬奇"剪辑"步骤面板，在预览窗口中，可以查看打开的项目效果，如图 6-5 所示。可以看到画面有点偏暗，需要增加画面饱和度。

图 6-5 查看打开的项目效果

STEP 02 切换至"调色"步骤面板，在"节点"面板中，选择编号为 01 的节点，如图 6-6 所示。可以看到 01 节点上没有任何的调色图标，表示当前素材并未进行过调色处理。

STEP 03 展开"窗口"面板，单击渐变"窗口激活"按钮，如图 6-7 所示。

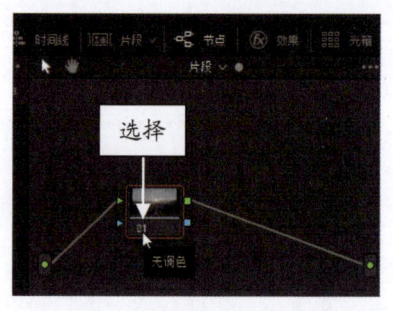

图 6-6 选择编号为 01 的节点

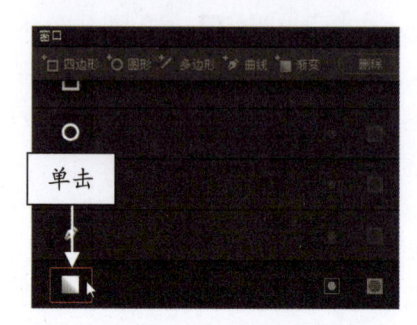

图 6-7 单击渐变"窗口激活"按钮

STEP 04 在预览窗口的图像上会出现一个蒙版，调整蒙版的位置和大小，如图 6-8 所示。

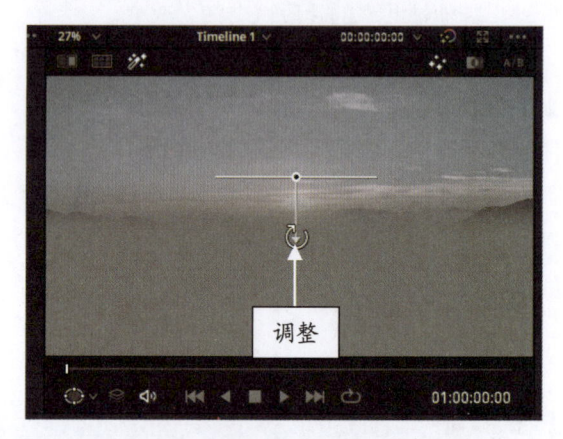

图 6-8 调整蒙版的位置和大小

STEP 05 展开"色轮"面板，单击"偏移"色轮中间的圆圈，按住鼠标左键并向右边的蓝色区块拖曳，至合适位置后释放鼠标左键，调整偏移参数，如图 6-9 所示，即可将天空画面调蓝。

STEP 06 在"节点"面板编号为 01 的节点上单击鼠标右键，弹出快捷菜单，选择"添加节点"|

第 6 章 » 进阶：通过节点对视频调色

"添加串行节点"命令，如图 6-10 所示。

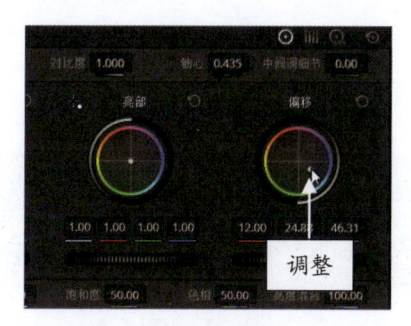

图 6-9 调整"偏移"参数

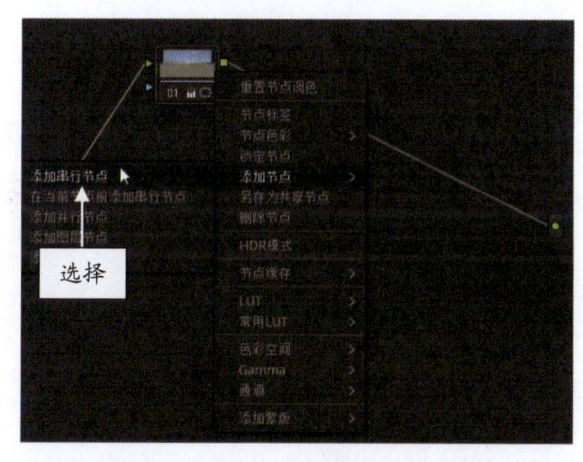

图 6-10 选择"添加串行节点"命令

STEP 07 执行操作后，即可添加一个编号为 02 的串行节点，如图 6-11 所示。由于串行节点是上下层关系，上层节点的调色效果会传递给下层节点，因此，新增的 02 节点会保持 01 节点的调色效果。在 01 节点的基础上，可继续在 02 节点上进行调色。

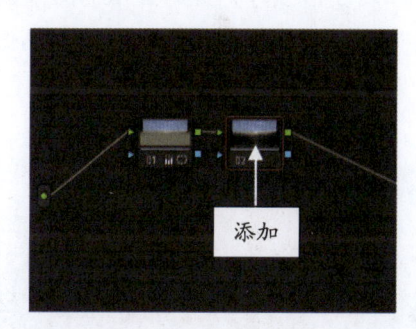

图 6-11 添加 02 节点

STEP 08 展开"窗口"面板，单击圆形"窗口激活"

按钮 ◯，如图 6-12 所示。

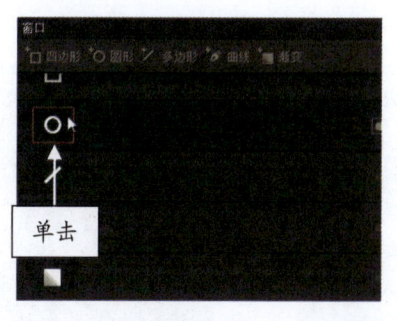

图 6-12 单击圆形"窗口激活"按钮

STEP 09 预览窗口的图像上会出现一个蒙版，拖曳蒙版四周的控制柄，调整蒙版的位置、形状和大小，如图 6-13 所示。

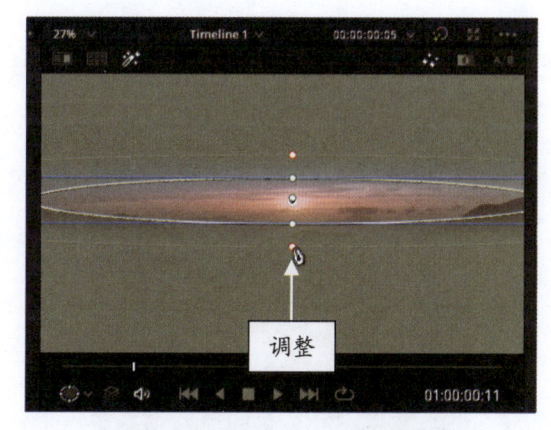

图 6-13 调整位置、形状和大小

STEP 10 展开"色轮"面板，单击"偏移"色轮中间的圆圈，按住鼠标左键并向上方的红色区块拖曳，至合适位置后释放鼠标左键，调整偏移参数，如图 6-14 所示，即可将落日画面调红。

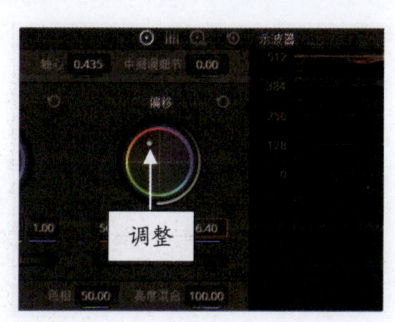

图 6-14 调整"偏移"参数

STEP 11 在"节点"面板编号为 02 的节点上单

105

击鼠标右键，弹出快捷菜单，选择"添加节点"|"添加串行节点"命令，如图6-15所示。

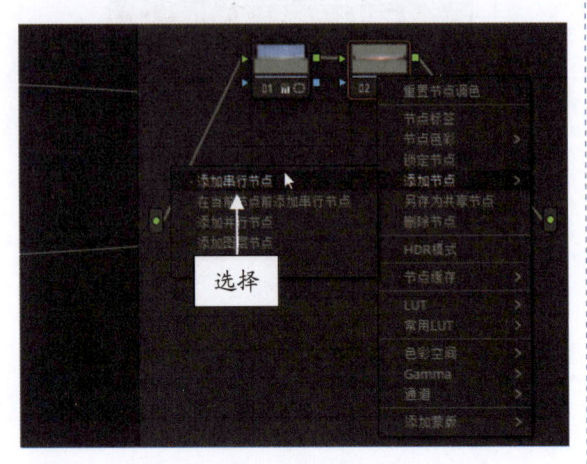

中查看画面效果，如图6-18所示。

图6-15 选择"添加串行节点"命令

图6-18 查看画面效果

STEP 12 执行操作后，即可添加一个编号为03的串行节点，如图6-16所示。

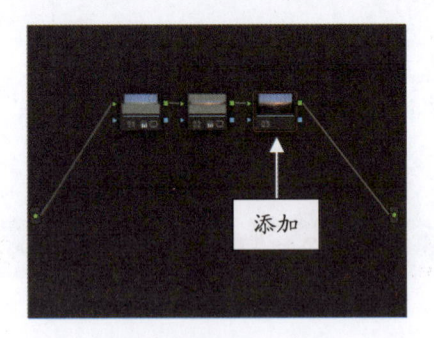

▶ 6.2.2 添加并行节点：对视频叠加混合调色

在达芬奇中，并行节点的作用是把并行结构的节点之间的调色结果进行叠加混合。下面的实例是通过并行节点对视频进行叠加混合调色的操作方法。

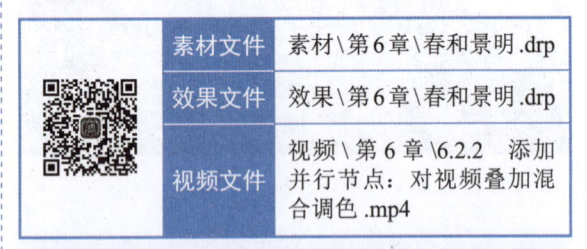

图6-16 添加03节点

素材文件	素材\第6章\春和景明.drp
效果文件	效果\第6章\春和景明.drp
视频文件	视频\第6章\6.2.2　添加并行节点：对视频叠加混合调色.mp4

STEP 13 展开"色轮"面板，设置"饱和度"参数为70.00，如图6-17所示，即可调整整体画面的色彩，使画面更加精美。

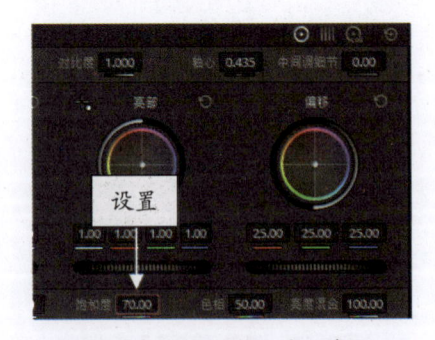

【操练+视频】
——添加并行节点：对视频叠加混合调色

STEP 01 打开一个项目文件，进入达芬奇"剪辑"步骤面板，在预览窗口中，可以查看打开的项目效果，如图6-19所示。此时显示的图像画面饱和度有些欠缺，需要提高画面饱和度。图像画面可以分为竹林和天空两个区域分别进行调色。

图6-17 设置"饱和度"参数

STEP 14 切换至"剪辑"步骤面板，在预览窗口

图6-19 查看打开的项目效果

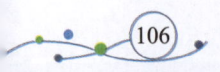

第 6 章 》进阶：通过节点对视频调色

STEP 02 切换至"调色"步骤面板，在"节点"面板中，选择编号为 01 的节点，如图 6-20 所示。在"检视器"面板中，单击"突出显示"按钮。

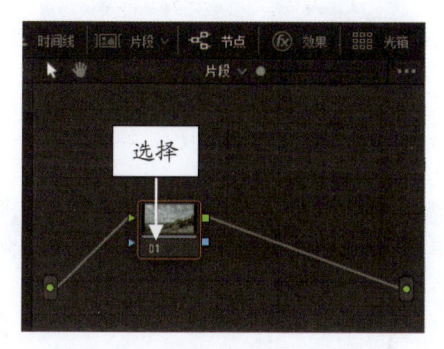

图 6-20　选择编号为 01 的节点

STEP 03 切换至"限定器"面板，应用"拾取器"工具在预览窗口的图像上选取天空区域，未被选取的竹林区域则呈灰色画面显示，如图 6-21 所示。

图 6-21　选取天空区域画面

STEP 04 在"节点"面板中，可以查看选取区域画面后 01 节点缩略图，如图 6-22 所示。

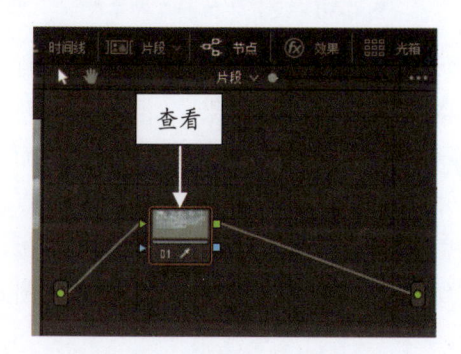

图 6-22　查看 01 节点缩略图

STEP 05 切换至"色轮"面板，设置"饱和度"参数为 90.00，即可提升画面中的天空饱和度，如图 6-23 所示。

图 6-23　设置"饱和度"参数

STEP 06 在"检视器"面板中取消选中"突出显示"按钮，在预览窗口中查看画面效果，如图 6-24 所示。

图 6-24　查看画面效果

STEP 07 再次单击"突出显示"按钮。在"节点"面板中选中 01 节点，单击鼠标右键，弹出快捷菜单，选择"添加节点"|"添加并行节点"命令，如图 6-25 所示。

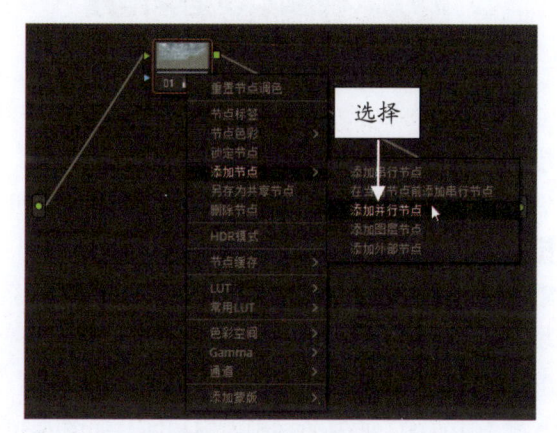

图 6-25　选择"添加并行节点"命令

107

STEP 08 执行操作后，即可在 01 节点的下方和右侧添加一个编号为 02 的并行节点和一个"并行混合器"节点，如图 6-26 所示。与串行节点不同，并行节点的 RGB 输入连接的是"源"图标。01 节点调色后的效果并未输出到 02 节点上，而是输出到了"并行混合器"节点上。因此，02 节点显示的图像 RGB 信息还是原素材图像信息。

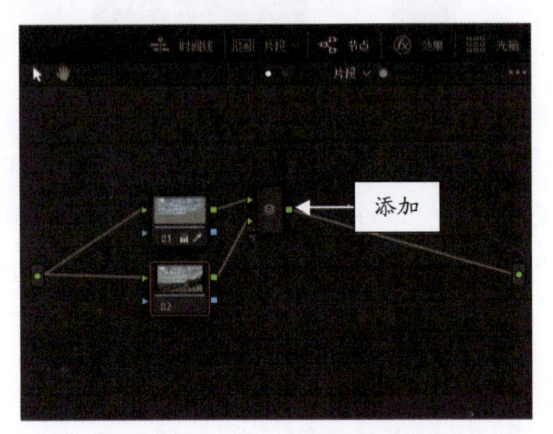

图 6-26　添加 02 节点和"并行混合器"节点

STEP 09 切换至"限定器"面板，单击"拾取器"按钮，如图 6-27 所示。

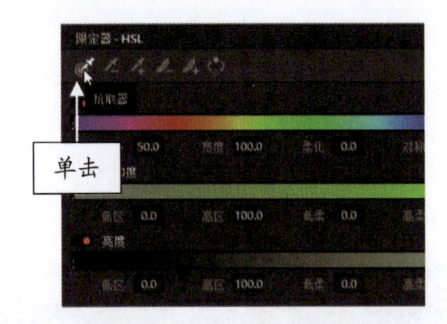

图 6-27　单击"拾取器"按钮

STEP 10 在预览窗口中再次选取天空区域画面，然后返回"限定器"面板，单击"反向"按钮，如图 6-28 所示。

STEP 11 在预览窗口中，可以查看选取的竹林区域，如图 6-29 所示。

STEP 12 切换至"色轮"面板，设置"饱和度"参数为 100.00，提高竹林画面饱和度，如图 6-30 所示。

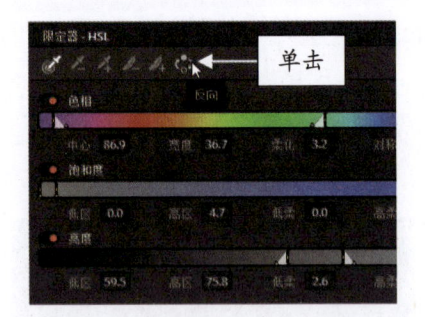

图 6-28　单击"反向"按钮

图 6-29　查看选取的竹林区域

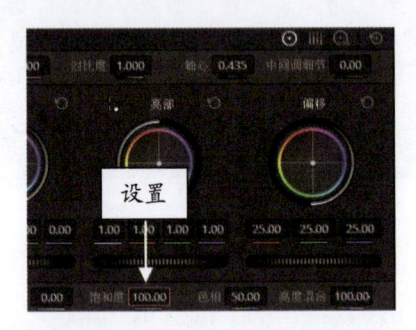

图 6-30　设置"饱和度"参数

STEP 13 在预览窗口中，可以查看选取的竹林区域提高画面饱和度后的效果，如图 6-31 所示。

STEP 14 最终的调色效果会通过"节点"面板中的"并行混合器"节点将 01 和 02 两个节点的调色信息综合输出。切换至"剪辑"步骤面板，即可在预览窗口中查看最终的画面效果，如图 6-32 所示。

第 6 章 » 进阶：通过节点对视频调色

图 6-31 查看提高饱和度后的画面效果

图 6-32 查看最终的画面效果

▶ 温馨提示

在"节点"面板中，选择"并行混合器"节点，单击鼠标右键，在弹出的快捷菜单中选择"变换为图层混合器节点"命令，如图 6-33 所示，即可将"并行混合器"节点更换为"图层混合器"节点。

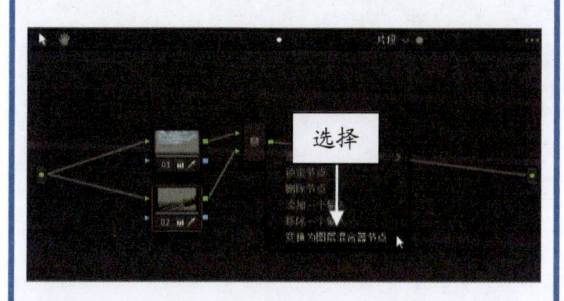

图 6-33 选择"变换为图层混合器节点"命令

6.2.3 图层节点：对视频脸部柔光调整

在达芬奇中，图层节点的架构与并行节点相似，但并行节点会将架构中每一个节点的调色结果叠加混合输出，而图层节点的架构中，最后一个节点会覆盖上一个节点的调色结果。例如，第 1 个节点为红色，第 2 个节点为绿色，通过并行混合器输出的结果为二者叠加混合生成的黄色，通过图层混合器输出的结果则为绿色。下面介绍运用图层节点进行脸部柔光调整的操作方法。

素材文件	素材\第6章\羞花闭月.drp
效果文件	效果\第6章\羞花闭月.drp
视频文件	视频\第 6 章 \6.2.3　图层节点：对视频脸部柔光调整 .mp4

【操练 + 视频】
——图层节点：对视频脸部柔光调整

STEP 01 打开一个项目文件，进入达芬奇"剪辑"步骤面板，在预览窗口中查看项目效果，如图 6-34 所示。此时需要为画面中的人物脸部添加柔光效果。

图 6-34 查看打开的项目效果

109

STEP 02 切换至"调色"步骤面板，在"节点"面板中，选择编号为 01 的节点，如图 6-35 所示。在光标右下角弹出了"无调色"提示框，表示当前素材并未做过调色。

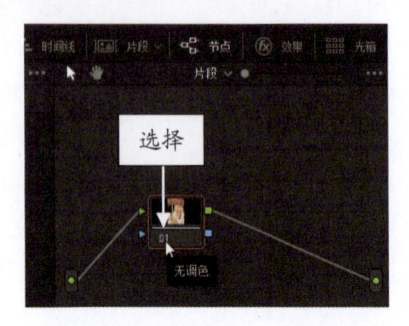

图 6-35 选择编号为 01 的节点

STEP 03 展开"曲线 - 自定义"面板，在曲线编辑器的左上角，按住鼠标左键向下拖曳滑块至合适位置，如图 6-36 所示。

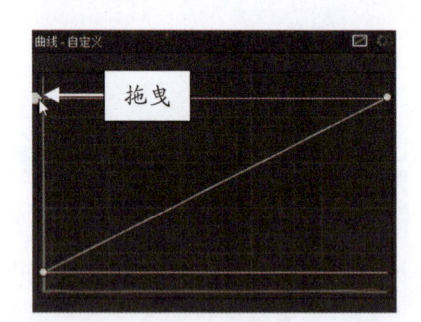

图 6-36 向下拖曳滑块至合适位置

STEP 04 执行操作后，即可降低画面的明暗反差，效果如图 6-37 所示。

图 6-37 降低画面的明暗反差

STEP 05 在"节点"面板中的 01 节点上单击鼠标右键，弹出快捷菜单，选择"添加节点"|"添加图层节点"命令，如图 6-38 所示，即可在"节点"面板中添加一个"图层混合器"节点和一个编号为 02 的图层节点。

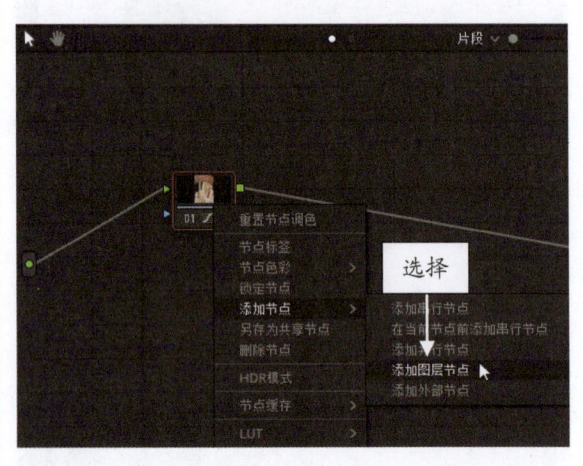

图 6-38 选择"添加图层节点"命令

STEP 06 在"节点"面板中的"图层混合器"上单击鼠标右键，弹出快捷菜单，选择"合成模式"|"强光"命令，如图 6-39 所示。

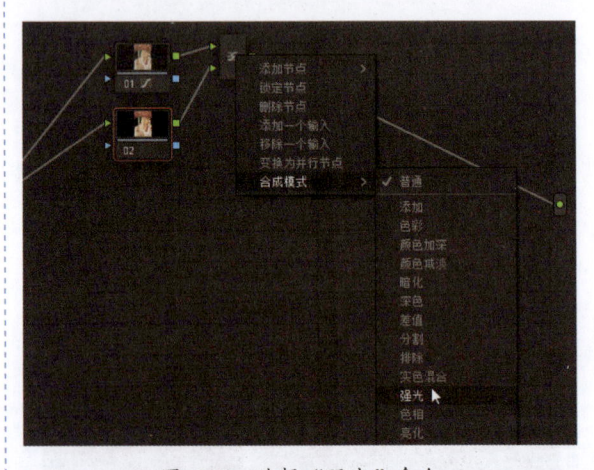

图 6-39 选择"强光"命令

▶ 温馨提示

在"曲线 - 自定义"面板的编辑器中，曲线的对角线上有两个默认的控制点。除了可以调整曲线上添加的控制点外，对角线上的两个控制点也可以通过移动位置来调整画面明暗度。

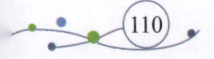

第 6 章 » 进阶：通过节点对视频调色

STEP 07 执行操作后，即可在预览窗口中查看强光效果，如图 6-40 所示。

图 6-40 查看强光效果

STEP 08 在"节点"面板中选择 02 节点，如图 6-41 所示。

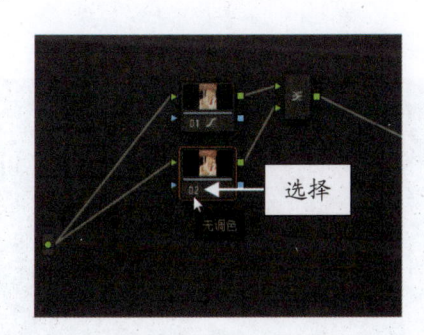

图 6-41 选择 02 节点

STEP 09 展开"曲线 - 自定义"模式面板，在曲线上添加两个控制点并调整至合适位置，如图 6-42 所示。

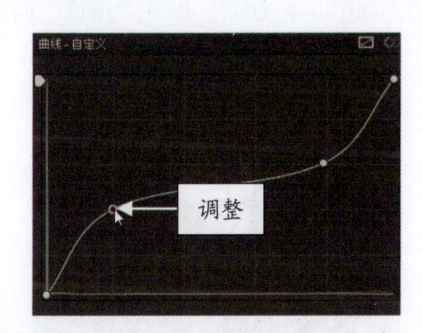

图 6-42 调整控制点

STEP 10 执行操作后，即可对画面明暗反差进行修正，使亮部与暗部的画面更柔和。在预览窗口中查看最终效果，如图 6-43 所示。

图 6-43 对画面明暗反差进行修正

STEP 11 展开"模糊"面板，向上拖曳"半径"通道上的滑块，直至参数均显示为 1.50，如图 6-44 所示。

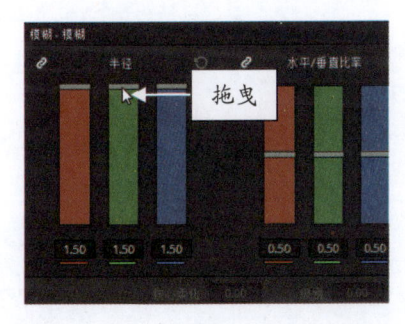

图 6-44 拖曳"半径"通道上的滑块

STEP 12 执行操作后，即可增加模糊度，使画面出现柔光效果。在预览窗口中查看最终效果，如图 6-45 所示。

图 6-45 查看最终效果

111

6.3 制作抖音热门调色视频

在"节点"面板中添加节点后，即可通过节点对视频进行调色。下面介绍应用节点制作抖音热门调色视频的操作方法。

▶ 6.3.1 背景抠像：对素材进行抠像透明处理

通过前文的学习，大家已经了解到 DaVinci Resolve 18 可以对含有 Alpha 通道信息的素材图像进行调色处理；不仅如此，DaVinci Resolve 18 还可以对含有 Alpha 通道信息的素材画面进行抠像透明处理，下面介绍具体的操作方法。

素材文件	素材\第6章\星空之下.drp
效果文件	效果\第6章\星空之下.drp
视频文件	视频\第6章\6.3.1 背景抠像：对素材进行抠像透明处理.mp4

【操练 + 视频】
——背景抠像：对素材进行抠像透明处理

STEP 01 打开一个项目文件，进入达芬奇"剪辑"步骤面板，如图 6-46 所示。

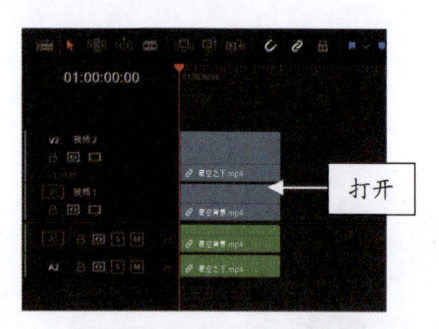

图 6-46 打开一个项目文件

STEP 02 在"时间线"面板中，V1 轨道上的素材为背景素材。双击鼠标左键，在预览窗口中可以查看背景素材画面，如图 6-47 所示。

STEP 03 在"时间线"面板中，V2 轨道上的素材为待处理的蒙版素材。双击鼠标左键，在预览窗口中可以查看蒙版素材画面，如图 6-48 所示。

图 6-47 查看背景素材画面

图 6-48 查看蒙版素材画面

STEP 04 切换至"调色"步骤面板，单击"窗口"按钮，如图 6-49 所示，展开"窗口"面板。

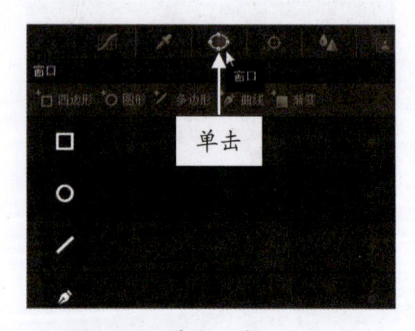

图 6-49 单击"窗口"按钮

STEP 05 在"窗口"面板中，单击曲线"窗口激活"按钮，如图 6-50 所示。

第 6 章 » 进阶：通过节点对视频调色

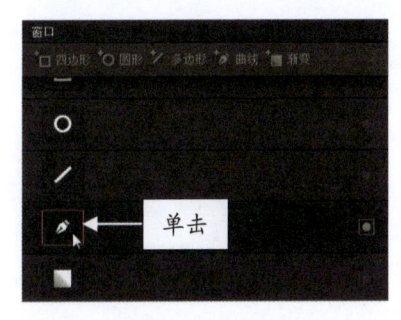

图 6-50 单击曲线"窗口激活"按钮

STEP 06 在预览窗口的图像上绘制一个窗口蒙版，如图 6-51 所示。

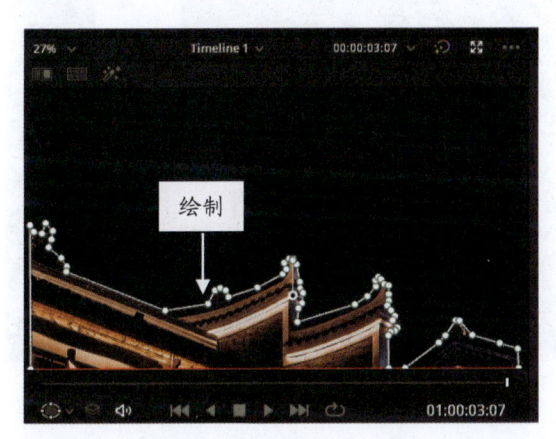

图 6-51 绘制一个窗口蒙版

STEP 07 在"节点"面板的空白位置处单击鼠标右键，弹出快捷菜单，选择"添加 Alpha 输出"命令，如图 6-52 所示。

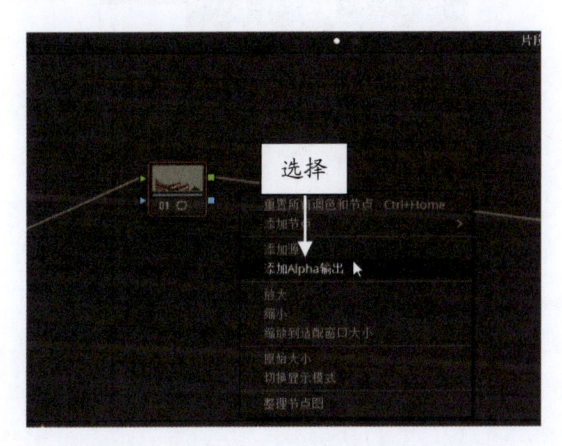

图 6-52 选择"添加 Alpha 输出"命令

STEP 08 在"节点"面板右侧，即可添加一个"Alpha 最终输出"图标，如图 6-53 所示。

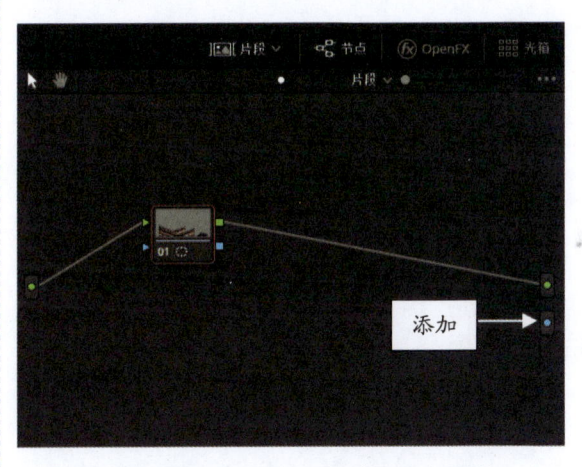

图 6-53 添加一个"Alpha 最终输出"图标

STEP 09 连接 01 节点的"键输出"图标与面板右侧的"Alpha 最终输出"图标，如图 6-54 所示。

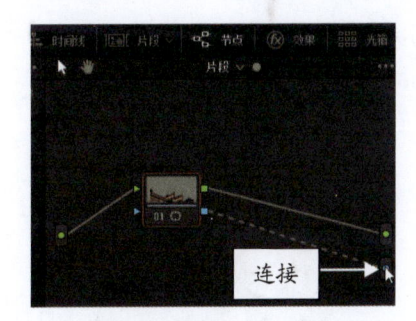

图 6-54 连接相应图标

STEP 10 执行操作后，即可查看素材抠像透明处理效果。切换至"剪辑"步骤面板，在预览窗口中查看最终效果，如图 6-55 所示。

图 6-55 查看最终效果

113

6.3.2 图层滤色：让素材画面变得更加透亮

在"节点"面板中，通过"图层混合器"功能应用滤色合成模式，可以使视频画面变得更加透亮，下面介绍具体的操作方法。

素材文件	素材\第6章\美人如画.drp
效果文件	效果\第6章\美人如画.drp
视频文件	视频\第6章\6.3.2　图层滤色：让素材画面变得更加透亮.mp4

【操练 + 视频】
——图层滤色：让素材画面变得更加透亮

STEP 01 打开一个项目文件，在预览窗口中可以查看打开的项目效果，如图6-56所示。此时需要让画面变得更加透亮。

图6-56　查看打开的项目效果

STEP 02 切换至"调色"步骤面板，在"节点"面板中选择编号为01的节点，如图6-57所示，在光标右下角弹出了"无调色"提示框，表示当前素材并未做过调色。

STEP 03 单击鼠标右键，弹出快捷菜单，选择"添加节点"|"添加串行节点"命令，如图6-58所示。

STEP 04 执行操作后，即可在"节点"面板中添加一个编号为02的串行节点，如图6-59所示。

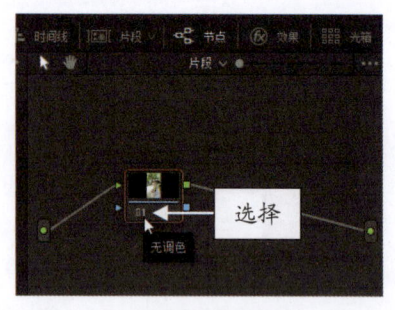

图6-57　选择编号为01的节点

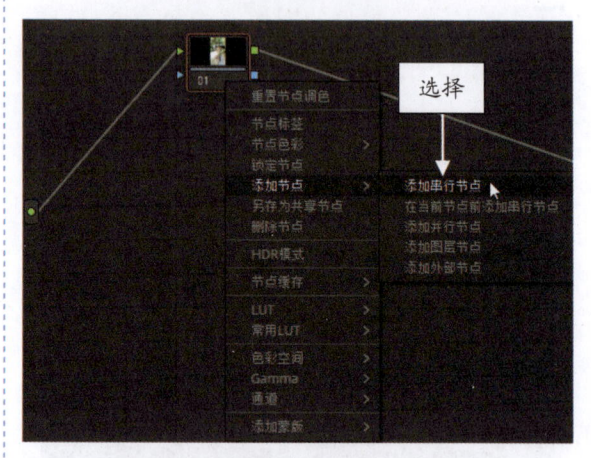

图6-58　选择"添加串行节点"命令

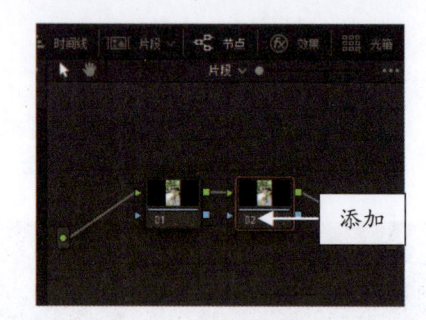

图6-59　添加02节点

STEP 05 在02节点上单击鼠标右键，弹出快捷菜单，选择"添加节点"|"添加图层节点"命令，如图6-60所示。

STEP 06 执行操作后，即可在"节点"面板中添加一个"图层混合器"节点和一个编号为03的图层节点，如图6-61所示。

STEP 07 选择03节点，在"色轮"面板中，向左拖曳"亮部"色轮下方的轮盘，直至参数均显

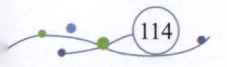

第 6 章 >> 进阶：通过节点对视频调色

示为 0.94，如图 6-62 所示，即可降低一点亮度，使画面更清晰。

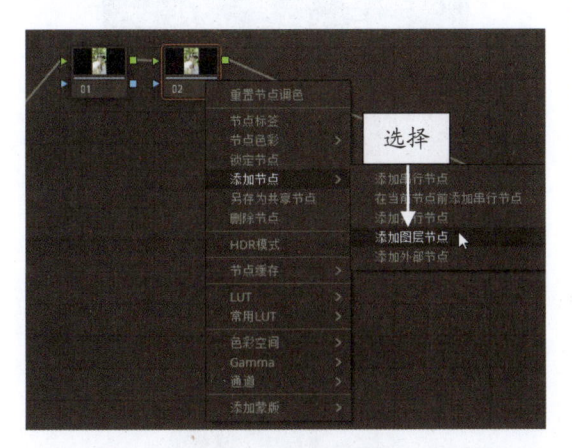

图 6-60 选择"添加图层节点"命令

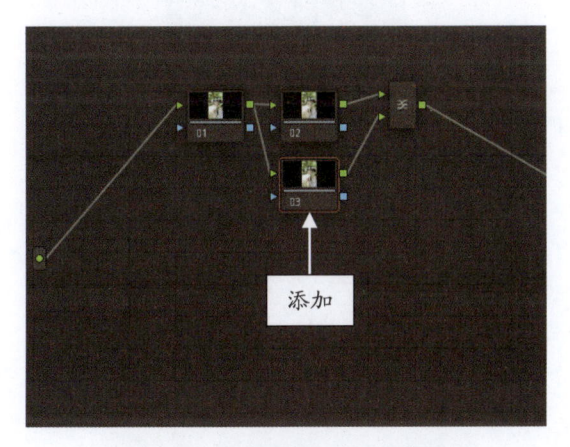

图 6-61 选择编号为 03 的节点

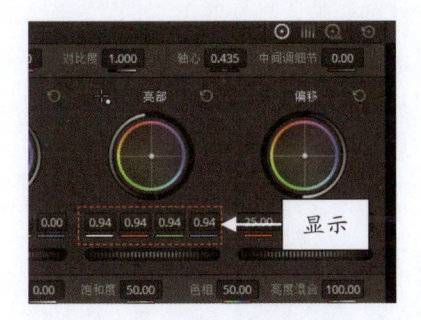

图 6-62 调整"亮部"参数

STEP 08 用同样的方法，选中"偏移"色轮中心的白色圆圈并往青蓝色方向拖曳，直至参数显示为 27.34、34.19、45.45，如图 6-63 所示，即可使整体画面偏蓝。

图 6-63 拖曳"偏移"色轮中心的圆圈

STEP 09 在预览窗口中，可以查看画面色彩调整效果，如图 6-64 所示。

图 6-64 查看画面色彩调整效果

STEP 10 在"节点"面板中选择"图层混合器"节点，如图 6-65 所示。

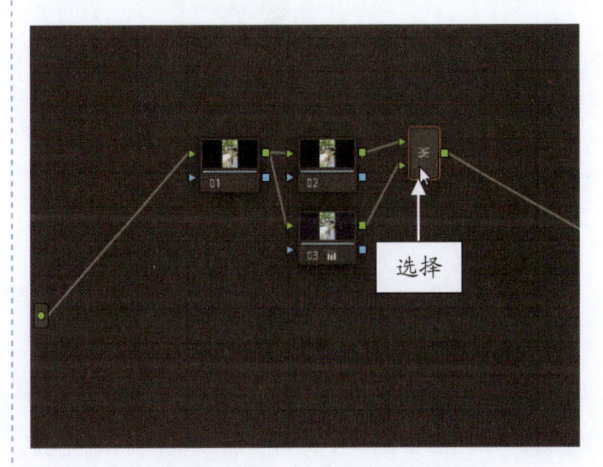

图 6-65 选择"图层混合器"节点

115

STEP 11 单击鼠标右键，弹出快捷菜单，选择"合成模式"|"滤色"命令，如图 6-66 所示。

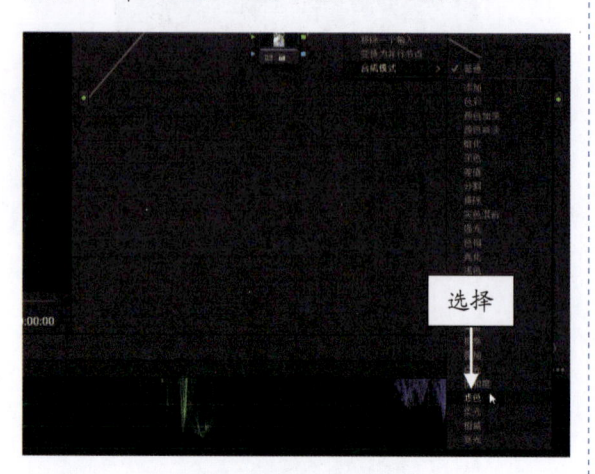

图 6-66 选择"滤色"命令

STEP 12 在预览窗口中查看应用滤色合成模式的画面效果，如图 6-67 所示。可以看到画面中的亮度有点偏高，需要适当降低。

图 6-67 查看应用滤色合成模式的画面效果

STEP 13 在"节点"面板中选择 01 节点，在"色轮"面板中向左拖曳"亮部"色轮下方的轮盘，如图 6-68 所示，直至参数均显示为 0.56，即可降低画面中的亮度。

STEP 14 在预览窗口中即可查看视频画面透亮效果，如图 6-69 所示。

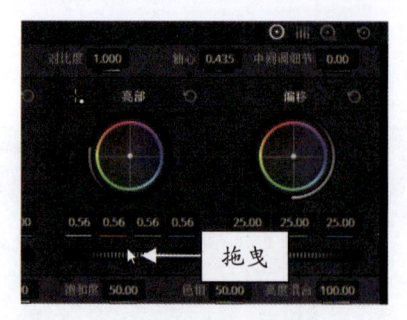

图 6-68 拖曳"亮部"色轮下方的轮盘

图 6-69 查看视频画面透亮效果

6.3.3 肤色调整：修复人物皮肤局部的肤色

前期拍摄时，人物或多或少都会受到周围环境、光线的影响，导致肤色不正常。而在达芬奇的矢量图示波器中，可以显示人物肤色指示线，同时可以通过矢量图示波器来修复人物肤色。下面介绍局部修复人物肤色的操作方法。

素材文件	素材\第 6 章\娇俏可人.drp
效果文件	效果\第 6 章\娇俏可人.drp
视频文件	视频\第 6 章\6.3.3 肤色调整：修复人物皮肤局部的肤色.mp4

【操练 + 视频】
——肤色调整：修复人物皮肤局部的肤色

第 6 章 >> 进阶：通过节点对视频调色

STEP 01 打开一个项目文件，在预览窗口中可以查看打开的项目效果，如图 6-70 所示。此时画面中的人物肤色偏黄偏暗，需要还原人物的肤色。

图 6-70 打开一个项目文件

STEP 02 切换至"调色"步骤面板，在"节点"面板中选择编号为 01 的节点，如图 6-71 所示。在光标右下角弹出了"无调色"提示框，表示当前素材并未做过调色。

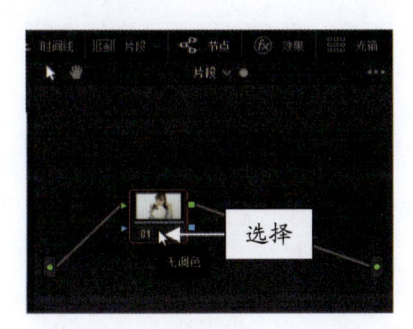

图 6-71 选择编号为 01 的节点

STEP 03 展开"色轮"面板，向右拖曳"亮部"色轮下方的轮盘，直至参数均显示为 1.15，如图 6-72 所示。

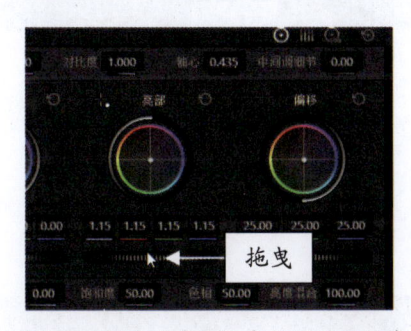

图 6-72 拖曳"亮部"色轮下方的轮盘

STEP 04 执行操作后，即可提高人物肤色亮度，使肤色更加有光泽，效果如图 6-73 所示。

图 6-73 提高人物肤色亮度

STEP 05 在"节点"面板中选中 01 节点，单击鼠标右键，弹出快捷菜单，选择"添加节点"|"添加串行节点"命令，如图 6-74 所示。

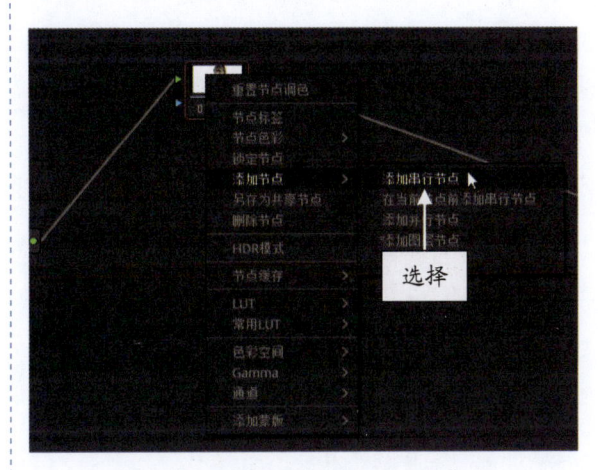

图 6-74 选择"添加串行节点"命令

STEP 06 执行操作后，即可在"节点"面板中添加一个编号为 02 的串行节点，如图 6-75 所示。

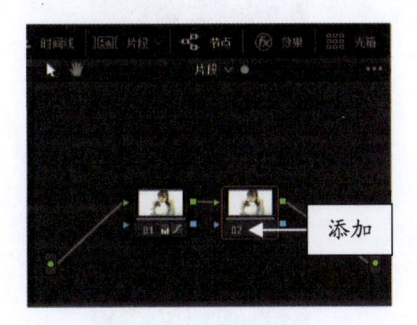

图 6-75 添加 02 节点

117

STEP 07 打开"示波器"面板，在面板的右上角单击下拉按钮，在弹出的下拉列表中选择"矢量图"选项，如图 6-76 所示。

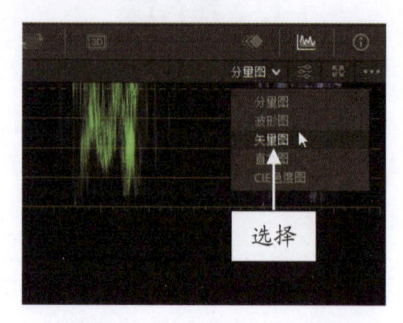

图 6-76　选择"矢量图"选项

STEP 08 执行操作后，即可打开"矢量图"示波器面板。在右上角单击"设置"图标，如图 6-77 所示。

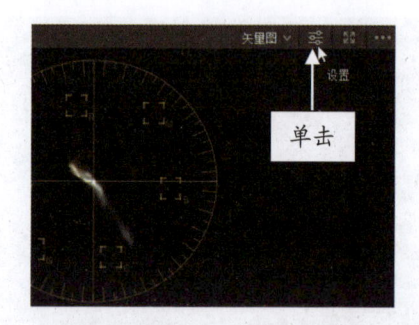

图 6-77　单击"设置"图标

STEP 09 弹出相应面板，选中"显示肤色指示线"复选框，如图 6-78 所示。

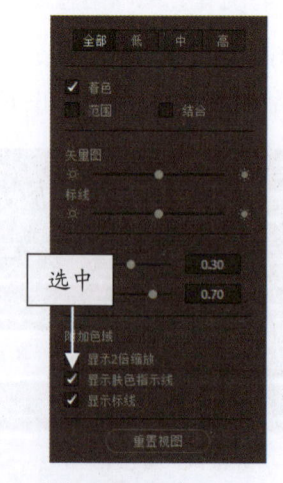

图 6-78　选中"显示肤色指示线"复选框

STEP 10 执行操作后，即可在矢量图上显示肤色指示线，效果如图 6-79 所示。此时可以看到色彩矢量波形明显偏离了肤色指示线。

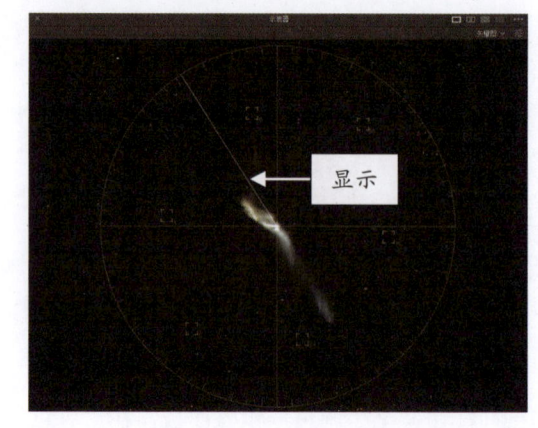

图 6-79　显示肤色指示线

STEP 11 展开"限定器 -HSL"面板，单击"拾取器"按钮，如图 6-80 所示。

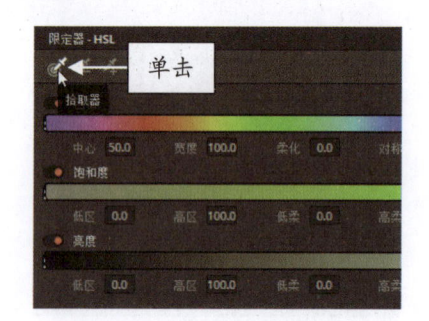

图 6-80　单击"拾取器"按钮

STEP 12 在"检视器"面板上方单击"突出显示"按钮，如图 6-81 所示。

图 6-81　单击"突出显示"按钮

第 6 章 》进阶：通过节点对视频调色

STEP 13 在预览窗口中，按住鼠标左键拖曳选取人物皮肤，如图 6-82 所示。

图 6-82 选取人物皮肤

STEP 14 切换至"限定器"面板，单击"拾取器加"按钮，如图 6-83 所示。

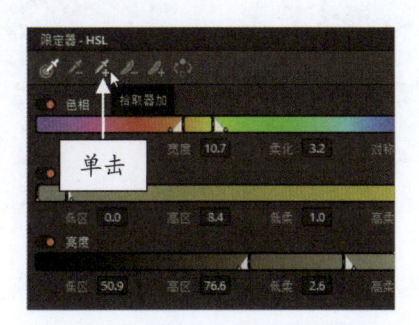

图 6-83 单击"拾取器加"按钮

STEP 15 在预览窗口中，可以继续使用滴管工具选取人物脸部未被选取的皮肤，如图 6-84 所示。

图 6-84 选取人物脸部未被选取的皮肤

STEP 16 在"矢量图"示波器面板中查看色彩矢量波形变化的同时，在"色轮"面板中拖曳"亮部"色轮中心的白色圆圈，直至参数显示为 1.00、1.05、0.90、0.98，如图 6-85 所示，即可提升整体肤色。

图 6-85 拖曳"亮部"色轮中心的白色圆圈

STEP 17 此时，"矢量图"示波器面板中的色彩矢量波形与肤色指示线重叠，如图 6-86 所示。

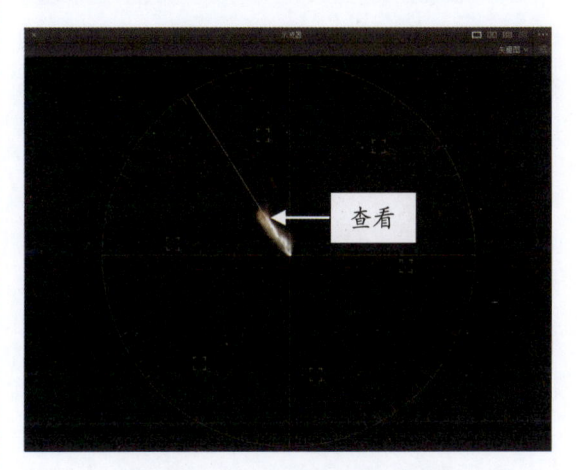

图 6-86 色彩矢量波形修正效果

STEP 18 在预览窗口中查看人物肤色修复效果，如图 6-87 所示。

图 6-87 人物肤色修复效果

6.3.4 婚纱调色：打造唯美小清新色调效果

在达芬奇中，应用调色节点调整画面的明暗反差和曝光，并结合"色轮"工具调整色彩色调，可以打造出唯美小清新效果，下面介绍具体的操作步骤。

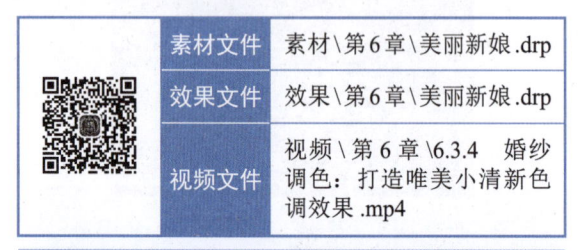

素材文件	素材\第6章\美丽新娘.drp
效果文件	效果\第6章\美丽新娘.drp
视频文件	视频\第6章\6.3.4　婚纱调色：打造唯美小清新色调效果.mp4

【操练 + 视频】
——婚纱调色：打造唯美小清新色调效果

STEP 01 打开一个项目文件，在预览窗口中可以查看打开的项目效果，如图 6-88 所示。此时可以看出画面的饱和度不够。

图 6-88　查看打开的项目效果

STEP 02 切换至"调色"步骤面板，在"节点"面板中选择编号为 01 的节点，如图 6-89 所示。

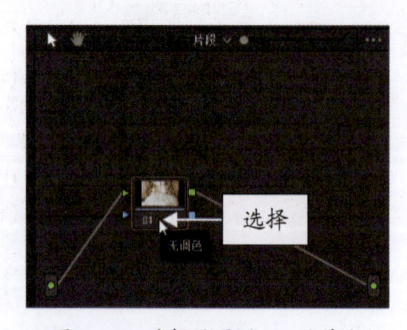

图 6-89　选择编号为 01 的节点

STEP 03 展开"色轮"面板，设置"暗部"参数均显示为 -0.06，"中灰"参数均显示为 -0.03，"亮部"参数均显示为 1.01，如图 6-90 所示。

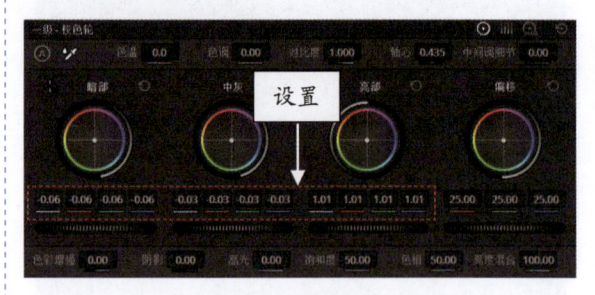

图 6-90　设置各色轮参数

STEP 04 即可处理画面的明暗反差和曝光程度，让其呈现微微曝光的感觉，效果如图 6-91 所示。

图 6-91　画面微微曝光效果

STEP 05 展开"色轮"面板，设置"饱和度"参数为 63.60，即可提升画面整体色调，如图 6-92 所示。

图 6-92　设置"饱和度"参数

STEP 06 设置"色温"参数为 -410.0，如图 6-93 所示。

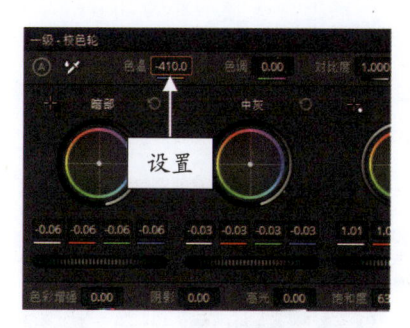

图 6-93　设置"色温"参数

STEP 07 执行操作后，即可增加画面饱和度并降低色温，使画面微微偏冷色调，效果如图 6-94 所示。

图 6-94　画面微微偏冷色调效果

STEP 08 在"节点"面板中添加一个编号为 02 的串行节点，如图 6-95 所示。

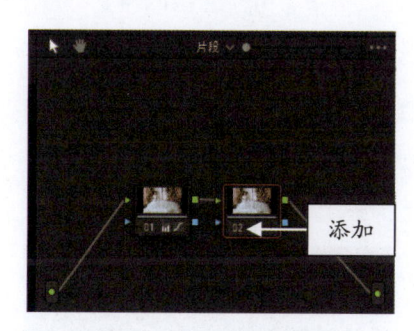

图 6-95　添加 02 节点

STEP 09 在"一级-校色轮"面板中，将"暗部"色调往青色调整，参数为 0.00、-0.07、0.02、-0.01；将"中灰"色调往橙色调整，参数为 0.00、0.07、-0.01、-0.05，如图 6-96 所示。

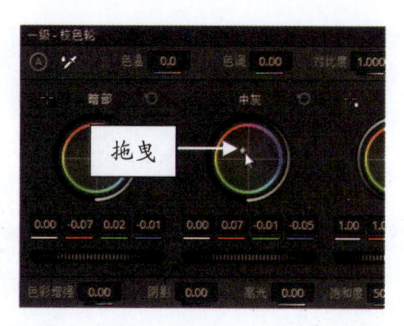

图 6-96　调整"暗部"和"中灰"参数

STEP 10 在"一级-Log 色轮"面板中，将"阴影"色调往绿色调整，参数为 -0.07、0.03、-0.07；将"中间调"色调往红色调整，参数为 0.05、-0.01、-0.01，如图 6-97 所示。

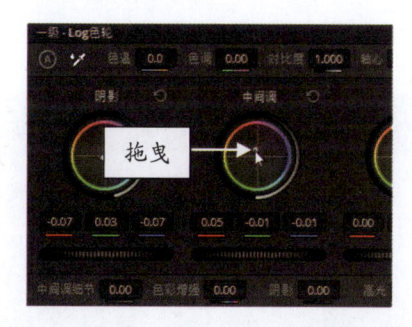

图 6-97　调整"阴影"和"中间调"参数

STEP 11 在预览窗口中查看画面色调的调整效果，如图 6-98 所示。

图 6-98　查看画面色调调整效果

STEP 12 在"节点"面板中，添加一个编号为 03 的串行节点，如图 6-99 所示。

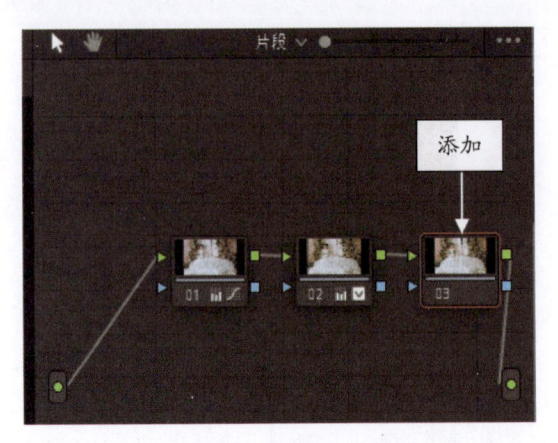

图 6-99 添加 03 节点

STEP 13 展开"限定器"面板，用"拾取器"滴管工具在预览窗口中选取人物皮肤，如图 6-100 所示。

图 6-100 选取人物皮肤

STEP 14 展开"运动特效"面板，在"空域降噪"选项区中单击"模式"下拉按钮，弹出下拉列表，选择"更好"选项，如图 6-101 所示。

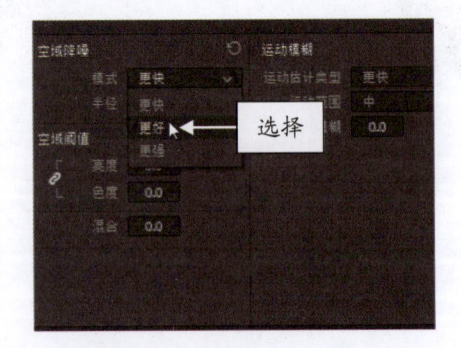

图 6-101 选择"更好"选项

STEP 15 在"空域阈值"选项区中设置"亮度"和"色度"参数值均为 100.0，如图 6-102 所示，即可对人物皮肤进行降噪磨皮处理。

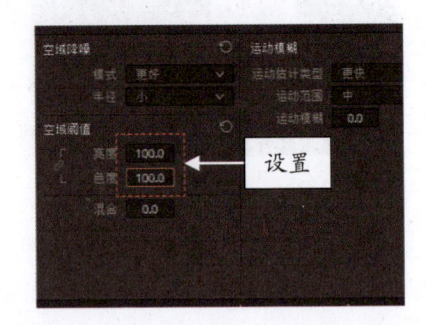

图 6-102 设置"亮度"和"色度"参数

STEP 16 在"节点"面板中，添加一个编号为 04 的并行节点，如图 6-103 所示。

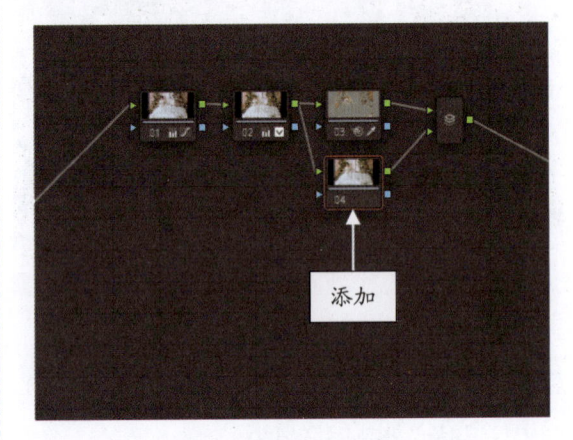

图 6-103 添加 04 节点

STEP 17 在"一级-校色轮"面板中，将"中灰"色调往红色调整，参数为 0.00、0.03、-0.01、-0.01；将"亮部"色调往蓝色调整，参数为 1.00、0.97、0.99、1.18，如图 6-104 所示。

图 6-104 调整"中灰"和"亮部"参数

第 6 章 >> 进阶：通过节点对视频调色

STEP 18 在"节点"面板中，选择"并行混合器"节点，单击鼠标右键，弹出快捷菜单，选择"添加节点"|"添加串行节点"命令，如图 6-105 所示。

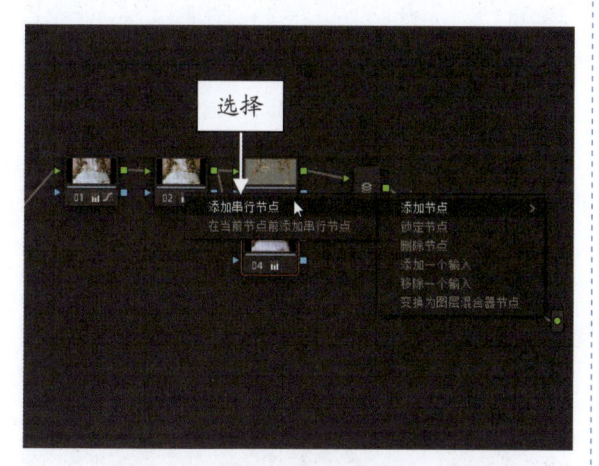

图 6-105 选择"添加串行节点"命令

STEP 19 执行操作后，即可添加一个编号为 06 的串行节点，如图 6-106 所示。

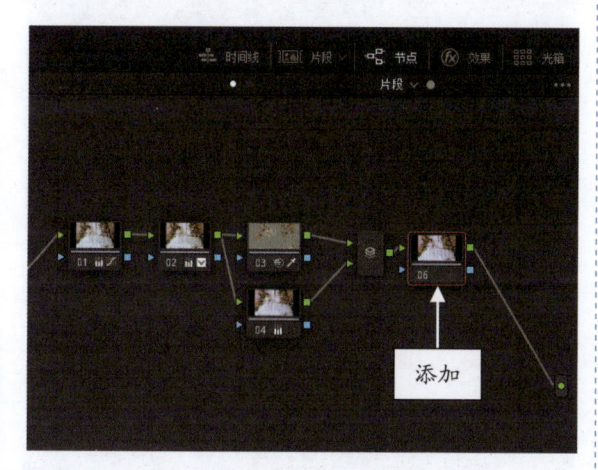

图 6-106 添加 06 串行节点

STEP 20 在"色轮"面板中，设置"色温"参数为 -90.0，"色调"参数为 -17.50，如图 6-107 所示。

STEP 21 执行操作后，即可使画面向冷色调和青色调偏移。在预览窗口中可以查看制作的唯美小清新婚纱效果，如图 6-108 所示。

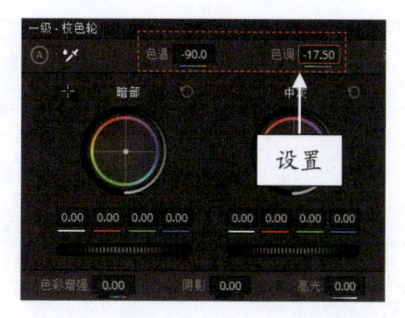

图 6-107 设置"色温"和"色调"参数

图 6-108 查看最终效果

6.3.5 城市调色：制作黑金色调

城市黑金色在抖音平台上是一个比较热门的网红色调，有很多摄影爱好者和调色师都会将拍摄的城市夜景调成黑金色调。下面向大家介绍在达芬奇中将城市夜景调成黑金色调的操作方法。

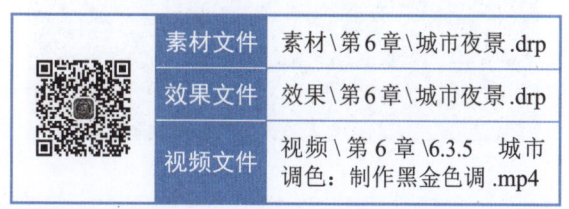

素材文件	素材\第6章\城市夜景.drp
效果文件	效果\第6章\城市夜景.drp
视频文件	视频\第6章\6.3.5 城市调色：制作黑金色调.mp4

【操练 + 视频】——城市调色：制作黑金色调

STEP 01 打开一个项目文件，在预览窗口中可以查看打开的项目效果，如图 6-109 所示。此时画面中除了黑金色调需要的黑色、红色、黄色、橙色外，还含有少量的绿色和蓝色。

图 6-109　打开一个项目文件

STEP 02 切换至"调色"步骤面板,在"节点"面板中选择编号为 01 的节点,如图 6-110 所示。

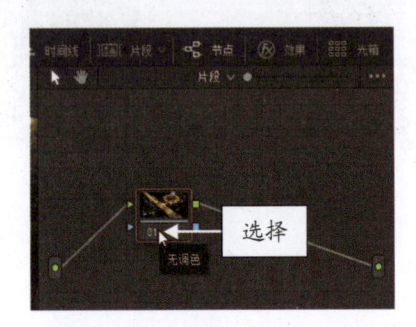

图 6-110　选择编号为 01 的节点

STEP 03 展开"曲线 - 色相 对 饱和度"面板,在曲线上添加 4 个控制点,如图 6-111 所示。

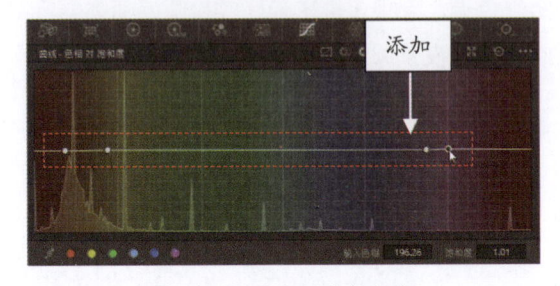

图 6-111　添加 4 个控制点

STEP 04 选中第 2 个控制点并向下拖曳,如图 6-112 所示,直至"输入色相"参数显示为 308.02,"饱和度"参数显示为 0.01。

STEP 05 执行操作后,即可降低画面中的绿色饱和度,去除画面中的绿色,效果如图 6-113 所示。

STEP 06 选中第 3 个控制点并向下拖曳,如图 6-114 所示,直至"输入色相"参数显示为 181.32,"饱和度"参数显示为 0.02。

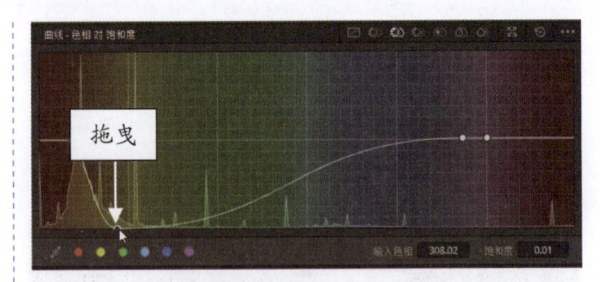

图 6-112　拖曳第 2 个控制点

图 6-113　去除画面中的绿色

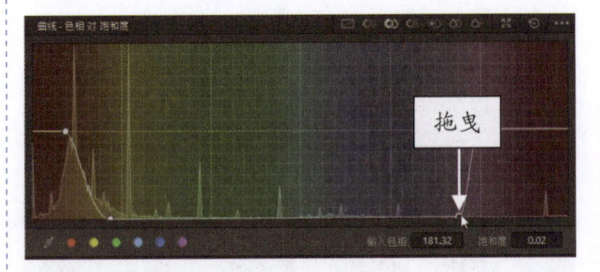

图 6-114　拖曳第 3 个控制点

STEP 07 执行上述操作后,即可降低画面中的蓝色饱和度,去除画面中的蓝色,效果如图 6-115 所示。

图 6-115　去除画面中的蓝色

第 6 章 » 进阶：通过节点对视频调色

STEP 08 在"节点"面板中的 01 节点上单击鼠标右键，弹出快捷菜单，选择"添加节点"|"添加串行节点"命令，在面板中添加一个编号为 02 的串行节点，如图 6-116 所示。

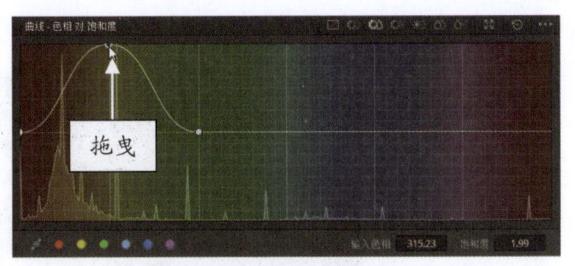

图 6-118　拖曳中间的控制点

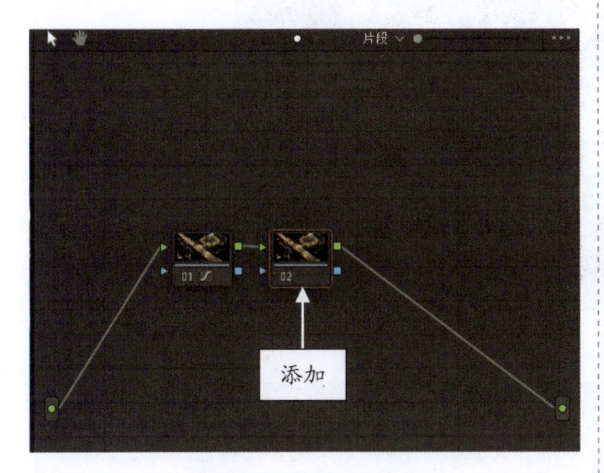

图 6-116　添加 02 节点

STEP 09 切换至"曲线 - 色相 对 饱和度"面板，在下方单击黄色色块，在曲线上即可添加 3 个控制点，如图 6-117 所示。

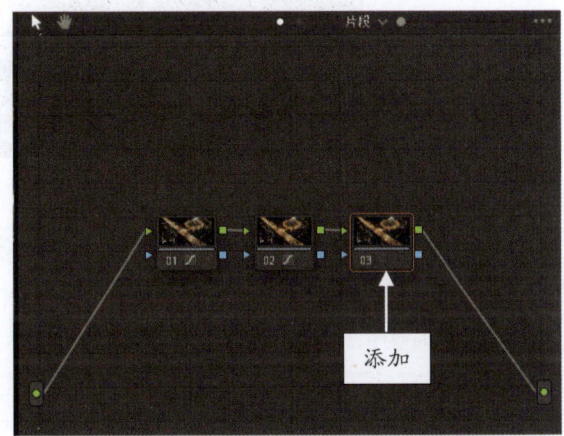

图 6-119　添加 03 节点

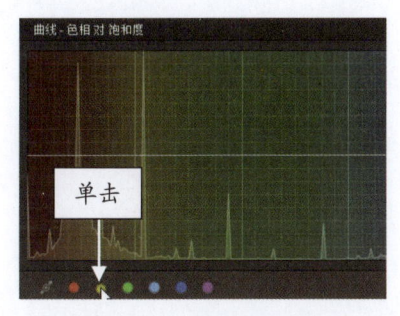

图 6-117　单击黄色色块

STEP 10 选中中间的控制点并向上拖曳，如图 6-118 所示，直至"输入色相"参数显示为 315.23，"饱和度"参数显示为 1.99，可以增加黄色饱和度。

STEP 11 在"节点"面板中，用同样的方法添加一个编号为 03 的串行节点，如图 6-119 所示。

STEP 12 切换至"色轮"面板，设置"色温"参数为 1500.0，如图 6-120 所示，将画面向暖色调调整。

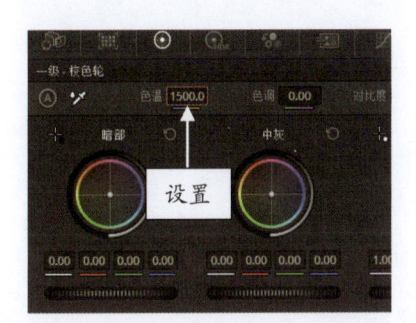

图 6-120　设置"色温"参数

STEP 13 设置"中间调细节"参数为 100.00，如图 6-121 所示，即可增加画面质感。

图 6-121　设置"中间调细节"参数

125

STEP 14 在预览窗口中查看制作的城市夜景黑金色调效果，如图 6-122 所示。

图 6-122　查看城市夜景黑金色调效果

> ▶ 温馨提示
>
> 　　在 DaVinci Resolve 18 中，"色温"参数的默认值为 0.00，参数值越高，画面色调越偏向暖色；参数值越低，画面色调越偏向冷色。

第 7 章

应用：使用效果及影调调色

章前知识导读

在达芬奇中，LUT 相当于一个滤镜"神器"，可以帮助用户实现各种调色风格。本章主要介绍 LUT 的使用方法、应用"效果"面板中的滤镜效果以及抖音热门影调调色的制作方法等内容。

新手重点索引

- 使用 LUT 功能进行调色
- 使用抖音热门影调风格进行调色
- 应用"效果"面板中的滤镜

效果图片欣赏

7.1 使用 LUT 功能进行调色

LUT 是什么？LUT 是 Look Up Table 的简称，我们可以将其理解为查找表或查色表。在 DaVinci Resolve 18 中，LUT 相当于胶片滤镜库。LUT 的功能分为 3 个部分：一是色彩管理，可以确保素材图像在显示器上显示的色彩均衡一致；二是技术转换，当用户需要将图像中的 A 色彩转换为 B 色彩时，使用 LUT 转换生成的图像色彩准确度更高；三是影调风格，LUT 支持多种胶片滤镜效果，方便制作特殊的影视图像。

▶ 7.1.1　1D LUT：在"节点"面板中添加 LUT

在 DaVinci Resolve 18 中，支持用户使用"1D 输入 LUT"胶片滤镜进行调色，改变图像画面的亮度。下面介绍在"节点"面板中应用 1D LUT 进行调色的操作方法。

素材文件	素材\第 7 章\南瓜摆台.drp
效果文件	效果\第 7 章\南瓜摆台.drp
视频文件	视频\第 7 章\7.1.1　1D LUT：在"节点"面板中添加 LUT.mp4

【操练 + 视频】
——1D LUT：在"节点"面板中添加 LUT

STEP 01 打开一个项目文件，在预览窗口中可以查看打开的项目效果，如图 7-1 所示。此时可以看出画面比较暗淡，缺少亮度。

图 7-1　查看打开的项目效果

STEP 02 切换至"调色"步骤面板，展开"节点"面板，选中 01 节点，如图 7-2 所示。

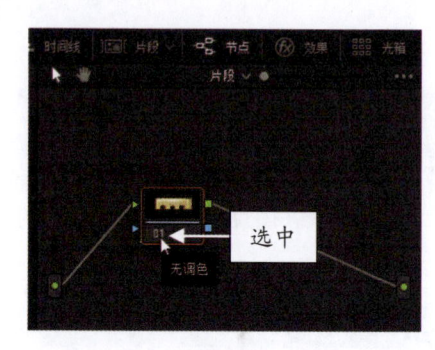

图 7-2　选中 01 节点

STEP 03 单击鼠标右键，弹出快捷菜单，选择 LUT | Cintel Print to Linear 命令，如图 7-3 所示，即可改变图像的亮度。

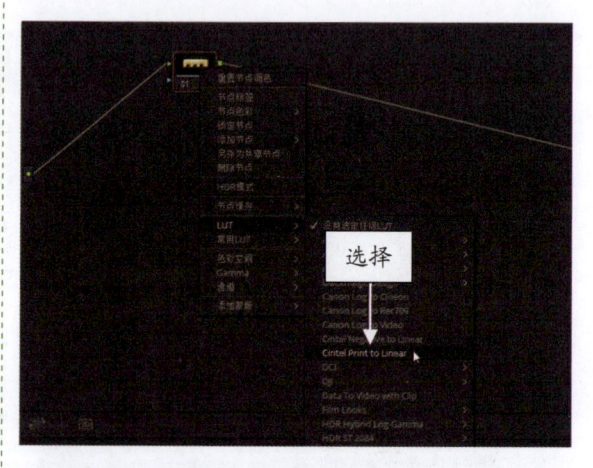

图 7-3　选择相应命令

STEP 04 在预览窗口中可以查看项目效果，如图 7-4 所示。

第 7 章 » 应用：使用效果及影调调色

图 7-4　查看项目效果

7.1.2　LUT 调色：直接调用面板中的 LUT 滤镜

DaVinci Resolve 18 中提供了 LUT 面板，与 1D LUT 不同的是，LUT 不仅可以改变图像的亮度，还可以改变图像的色相，方便用户直接调用 LUT 胶片滤镜对素材文件进行调色。下面介绍具体的操作方法。

素材文件	素材\第7章\桥梁夜景.drp
效果文件	效果\第7章\桥梁夜景.drp
视频文件	视频\第 7 章\7.1.2　LUT 调色：直接调用面板中的 LUT 滤镜.mp4

【操练 + 视频】
——LUT 调色：直接调用面板中的 LUT 滤镜

STEP 01 打开一个项目文件，在预览窗口中可以查看打开的项目效果，如图 7-5 所示。此时可以看出画面色彩比较暗沉，我们可以使用 LUT 里面的滤镜进行调色。

图 7-5　查看打开的项目效果

STEP 02 切换至"调色"步骤面板，在左上角单击 LUT 按钮，如图 7-6 所示。

图 7-6　单击 LUT 按钮

STEP 03 展开 LUT 面板，在下方选择 Sony 选项，如图 7-7 所示，展开相应选项卡。

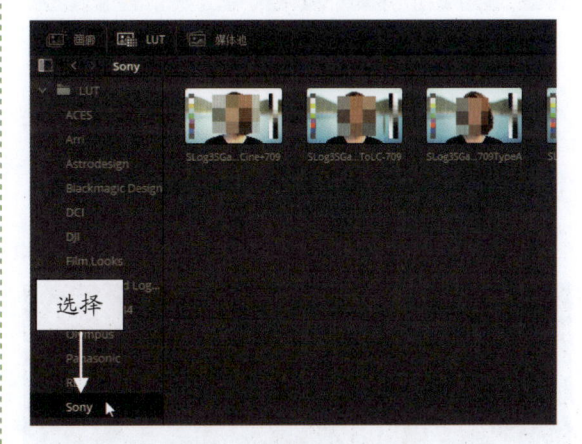

图 7-7　选择 Sony 选项

STEP 04 选择第 4 个滤镜样式，如图 7-8 所示。

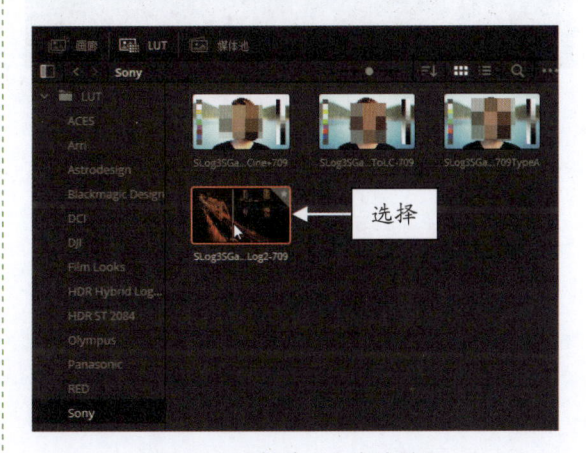

图 7-8　选择第 4 个滤镜样式

129

STEP 05 按住鼠标左键并拖曳滤镜至预览窗口的图像上，释放鼠标左键，即可将选择的滤镜样式添加至视频素材上。在预览窗口中查看效果，如图7-9所示，可以看到画面中的红色有点偏高，需要适当降低一些。

	素材文件	素材\第7章\蝶恋花.drp
	效果文件	效果\第7章\蝶恋花.drp
	视频文件	视频\第7章\7.1.3 色彩调整1：应用LUT还原画面色彩.mp4

【操练+视频】
——色彩调整1：应用LUT还原画面色彩

STEP 01 打开一个项目文件，在预览窗口中可以查看打开的项目效果，如图7-11所示。此时的画面色彩有点欠缺，需要提升一下。

图7-9 查看效果

STEP 06 展开"色轮"面板，设置"亮部"参数中的红色为0.83，降低画面中的红色参数，即可使画面更加有质感。在预览窗口中查看最终效果，如图7-10所示。

图7-11 查看打开的项目效果

STEP 02 切换至"调色"步骤面板，展开"节点"面板，选中01节点，如图7-12所示。

图7-10 查看最终效果

▶ 7.1.3 色彩调整1：应用LUT还原画面色彩

在DaVinci Resolve 18中，应用LUT胶片滤镜可以还原画面色彩。下面介绍使用LUT滤镜对素材文件进行色彩还原的操作方法。

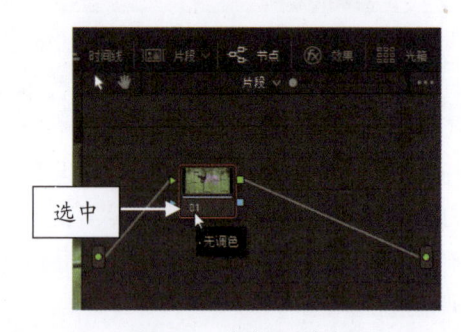

图7-12 选中01节点

STEP 03 单击鼠标右键，弹出快捷菜单，选择LUT | Arri | Arri Alexa LogC to Rec709命令，如图7-13所示，即可还原画面色彩。

STEP 04 在预览窗口中可以查看应用LUT滤镜后的项目效果，如图7-14所示。

第 7 章 » 应用：使用效果及影调调色

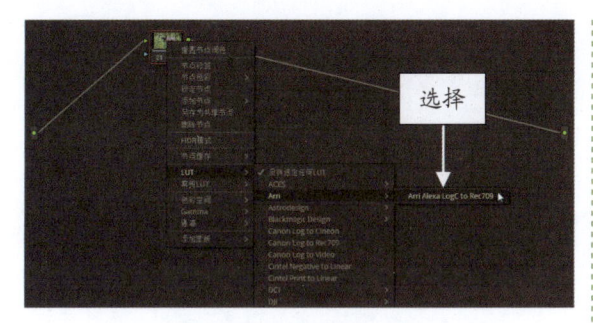

图 7-13 选择相应命令

图 7-14 查看应用 LUT 胶片滤镜后的项目效果

STEP 05 在"节点"面板中添加一个编号为 02 的串行节点，如图 7-15 所示。

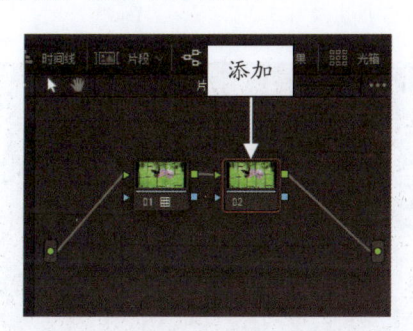

图 7-15 添加 02 节点

STEP 06 在"色轮"面板下方设置"对比度"参数为 0.780，降低画面明暗对比，使画面更加自然，如图 7-16 所示。

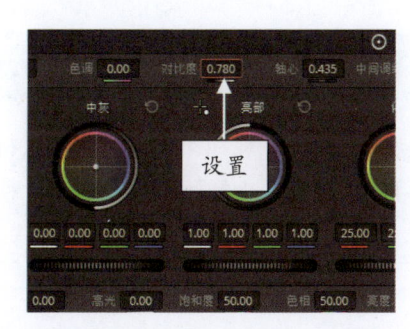

图 7-16 设置"对比度"参数

STEP 07 在预览窗口中可以查看画面色彩还原的最终效果，如图 7-17 所示。

图 7-17 查看最终效果

7.1.4 色彩调整 2：应用 LUT 进行夜景调色

在 DaVinci Resolve 18 中，用户还可以应用 LUT 胶片滤镜对拍摄的夜景进行调色，下面介绍具体的操作方法。

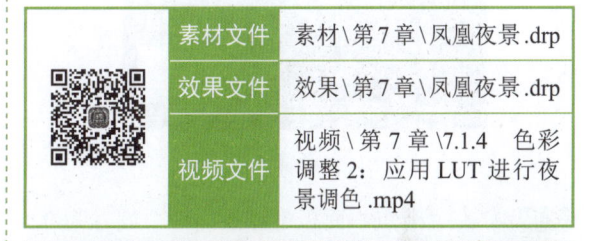

素材文件	素材\第7章\凤凰夜景.drp
效果文件	效果\第7章\凤凰夜景.drp
视频文件	视频\第7章\7.1.4 色彩调整 2：应用 LUT 进行夜景调色.mp4

【操练 + 视频】
——色彩调整 2：应用 LUT 进行夜景调色

STEP 01 打开一个项目文件，在预览窗口中可以查看打开的项目效果，如图 7-18 所示。

图 7-18 查看打开的项目效果

131

STEP 02 切换至"调色"步骤面板,展开"节点"面板,选中 01 节点,如图 7-19 所示。

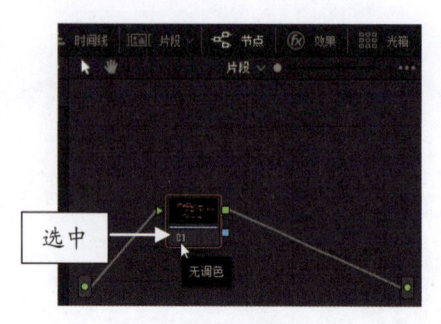

图 7-19 选中 01 节点

STEP 03 展开 LUT 面板,在下方展开 Blackmagic Design 选项卡,选择第 9 个样式,如图 7-20 所示。双击鼠标左键,即可应用该样式。

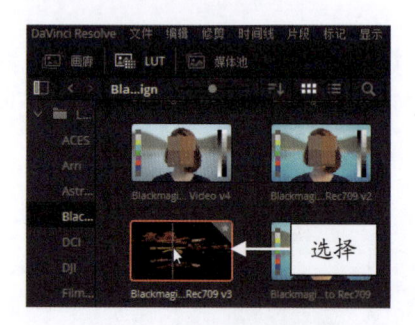

图 7-20 选择第 9 个样式

STEP 04 在"节点"面板中,添加一个编号为 02 的串行节点,如图 7-21 所示。

STEP 05 展开"运动特效"面板,在"空域阈值"选项区中,设置"亮度"和"色度"参数值均为 100.0,即可对画面进行降噪处理,使夜景画面更加柔和,如图 7-22 所示。

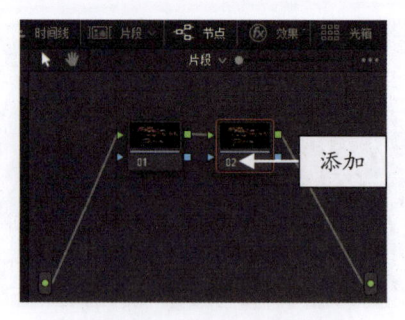

图 7-21 添加 02 节点

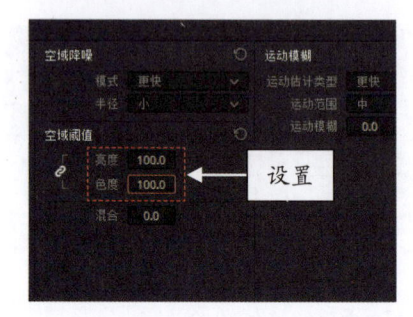

图 7-22 设置"亮度"和"色度"参数

STEP 06 在预览窗口中查看夜景调色最终效果,如图 7-23 所示。

图 7-23 查看夜景调色最终效果

7.2 应用"效果"面板中的滤镜

滤镜是指可以应用到视频素材中的效果,它可以改变视频文件的外观和样式。对视频素材进行编辑时,通过视频滤镜不仅可以掩饰视频素材的瑕疵,还可以令视频产生绚丽的视觉效果,使制作出来的视频更具表现力。

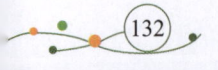

7.2.1　Resolve FX 美化：制作人物磨皮视频

在 DaVinci Resolve 18 的"Resolve FX 美化"滤镜组中，应用"面部修饰"滤镜可以使人像图像变得更加精致，使人物皮肤看起来更加光洁、亮丽，下面介绍具体的操作方法。

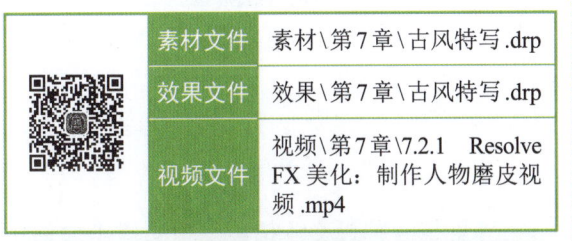

素材文件	素材\第7章\古风特写.drp
效果文件	效果\第7章\古风特写.drp
视频文件	视频\第7章\7.2.1 Resolve FX 美化：制作人物磨皮视频.mp4

【操练+视频】
——Resolve FX 美化：制作人物磨皮视频

STEP 01 打开一个项目文件，在预览窗口中可以查看打开的项目效果，如图 7-24 所示。此时可以看出画面中的人物皮肤不够精致。

图 7-24　查看打开的项目效果

STEP 02 切换至"调色"步骤面板，展开"效果"|"素材库"选项卡，在"Resolve FX 美化"滤镜组中选择"面部修饰"滤镜，如图 7-25 所示。

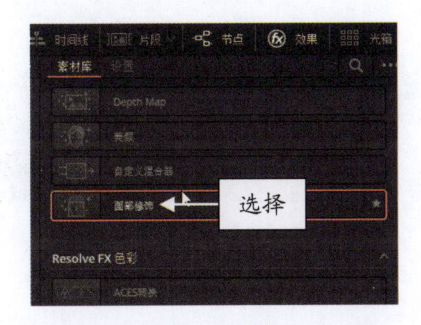

图 7-25　选择"面部修饰"滤镜

STEP 03 按住鼠标左键将其拖曳至"节点"面板的 01 节点上，释放鼠标左键，即可在调色提示区显示一个滤镜图标，表示添加的滤镜效果，如图 7-26 所示。

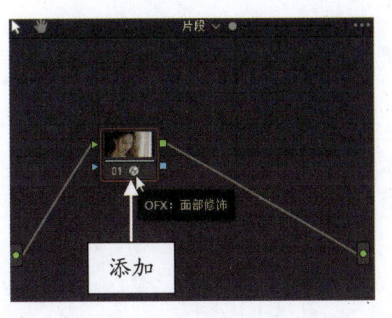

图 7-26　在 01 节点上添加滤镜特效

STEP 04 切换至"设置"选项卡，在"面部修饰"选项区中单击"分析"按钮，如图 7-27 所示。

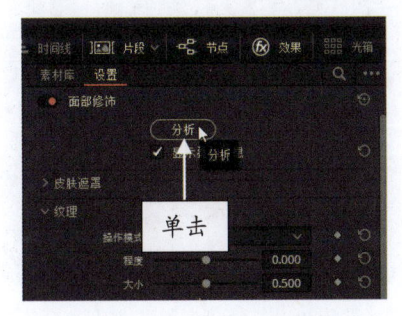

图 7-27　单击"分析"按钮

STEP 05 弹出 Face Analysis 对话框，查看分析的进度，如图 7-28 所示。

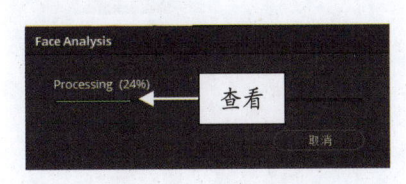

图 7-28　查看进度

STEP 06 操作完成后，在预览窗口中查看添加滤镜后的效果，如图 7-29 所示。

STEP 07 展开"纹理"选项区，在"操作模式"下拉列表中选择"高级美化"选项，如图 7-30 所示。

STEP 08 在"纹理"选项区中，设置"阈值平滑处理"参数为 0.085，"漫射光照明"参数为 0.660，

133

"纹理阈值"参数为 0.400，如图 7-31 所示，即可使画面中的人物皮肤变得更加光滑。

图 7-29 查看添加的效果

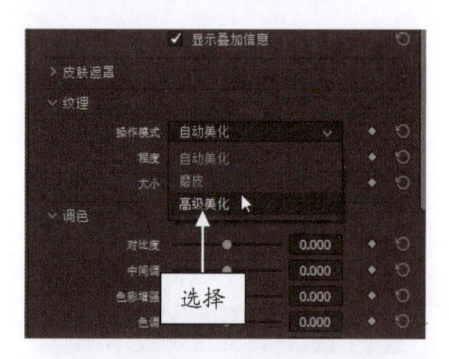

图 7-30 选择"高级美化"选项

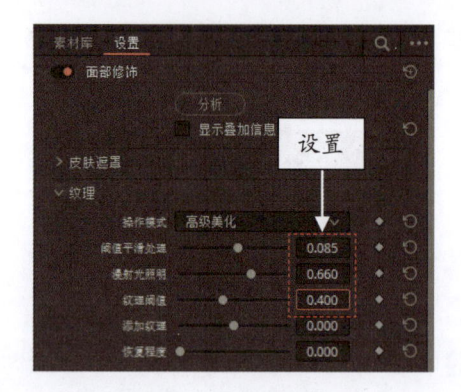

图 7-31 设置纹理参数

STEP 09 在预览窗口中查看制作的人物磨皮效果，如图 7-32 所示。

图 7-32 查看最终的画面效果

7.2.2 风格化滤镜：制作暗角艺术视频效果

暗角是一种摄影术语，是指图像画面的中间部分较亮、四个角渐变偏暗的一种"老影像"艺术效果，一般用于突出画面中心。在 DaVinci Resolve 18 中，用户可以应用风格化滤镜来实现暗角效果，下面介绍制作暗角艺术效果的操作方法。

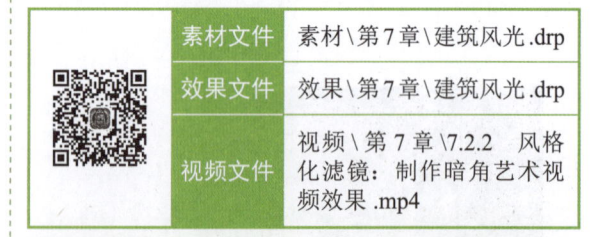

素材文件	素材\第 7 章\建筑风光 .drp
效果文件	效果\第 7 章\建筑风光 .drp
视频文件	视频\第 7 章\7.2.2　风格化滤镜：制作暗角艺术视频效果 .mp4

【操练 + 视频】
——风格化滤镜：制作暗角艺术视频效果

STEP 01 打开一个项目文件，在预览窗口中可以查看打开的项目效果，如图 7-33 所示。

图 7-33 查看打开的项目效果

134

第 7 章 » 应用：使用效果及影调调色

STEP 02 切换至"调色"步骤面板，展开"效果"|"素材库"选项卡，在"Resolve FX 风格化"滤镜组中选择"暗角"滤镜，如图 7-34 所示。

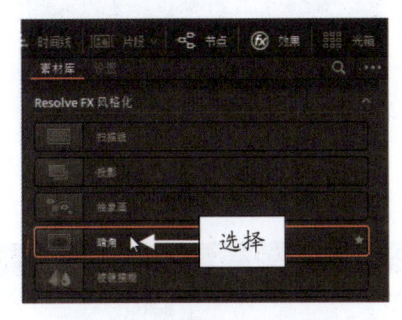

图 7-34 选择"暗角"滤镜

STEP 03 按住鼠标左键将其拖曳至"节点"面板的 01 节点上，释放鼠标左键，即可在调色提示区显示一个滤镜图标，表示添加的滤镜，如图 7-35 所示。

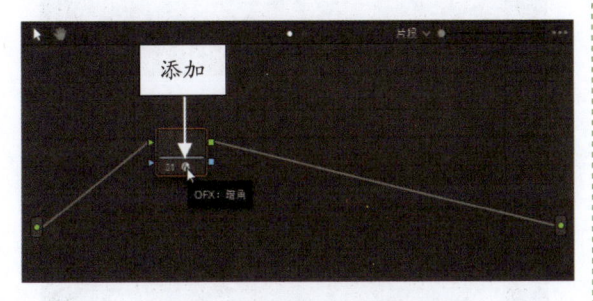

图 7-35 在 01 节点上添加滤镜

STEP 04 切换至"设置"选项卡，在"形状"选项区中设置"大小"参数为 0.542，"变形"参数为 1.824；在"外观"选项区中设置"柔化"参数为 0.550，如图 7-36 所示，即可调整暗角形状和外观。

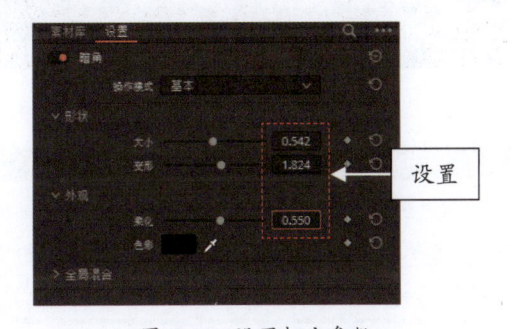

图 7-36 设置相应参数

STEP 05 在预览窗口中查看制作的暗角效果，如图 7-37 所示。

图 7-37 查看暗角艺术特效

7.2.3 替换滤镜：制作镜像翻转视频效果

用户为素材添加视频滤镜后，如果发现某个滤镜未达到预期的效果，可对该滤镜效果进行替换。下面介绍具体的操作方法。

素材文件	素材\第7章\黄色小猴.drp
效果文件	效果\第7章\黄色小猴.drp
视频文件	视频\第7章\7.2.3 替换滤镜：制作镜像翻转视频效果.mp4

【操练 + 视频】
——替换滤镜：制作镜像翻转视频效果

STEP 01 打开一个项目文件，进入达芬奇"剪辑"步骤面板，如图 7-38 所示。

图 7-38 打开一个项目文件

STEP 02 在预览窗口中查看打开的项目效果，如图 7-39 所示。

135

图 7-39 查看打开的项目效果

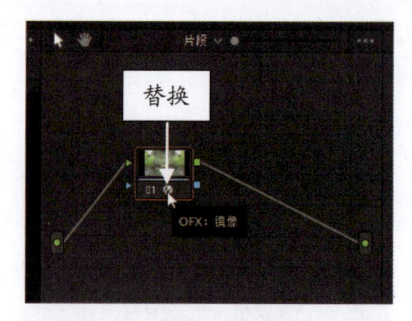

图 7-42 替换"边缘检测"滤镜

STEP 03 切换至"调色"步骤面板，在"节点"面板中选中 01 节点，如图 7-40 所示，在调色提示区显示了一个滤镜图标 ⓕ，表示已添加"边缘检测"滤镜。

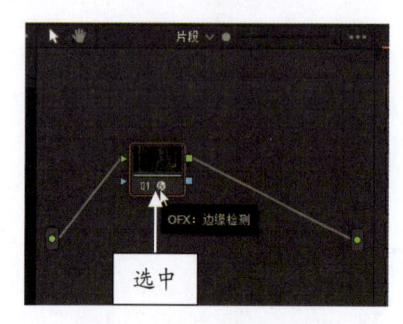

图 7-40 选中 01 节点

STEP 04 展开"效果"|"素材库"选项卡，在"Resolve FX 风格化"滤镜组中，选择"镜像"滤镜，如图 7-41 所示。

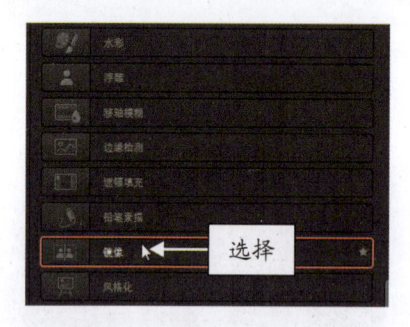

图 7-41 选择"镜像"滤镜

STEP 05 按住鼠标左键将其拖曳至"节点"面板的 01 节点上，释放鼠标左键，即可替换"边缘检测"滤镜，如图 7-42 所示。

STEP 06 在预览窗口中，选中中间的白色圆圈，如图 7-43 所示。

图 7-43 选中中间的白色圆圈

STEP 07 向左旋转 180°，即可使图像相对中间位置进行镜像翻转，如图 7-44 所示。

图 7-44 向左旋转 180°

▶ 温馨提示

用户还可以在"效果"|"设置"选项卡的"镜像 1"选项面板中，设置镜像翻转的"角度"和停放位置。

第 7 章 » 应用：使用效果及影调调色

STEP 08 切换至"剪辑"步骤面板，在预览窗口中查看最终效果，如图 7-45 所示。

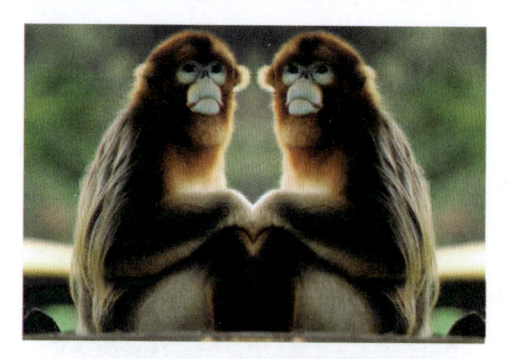

图 7-45 查看最终效果

图 7-46 查看项目效果

7.2.4 移除滤镜：删除已添加的视频效果

如果用户对添加的滤镜效果不满意，可以将该视频滤镜删除。在 DaVinci Resolve 18 中，通过"剪辑"步骤面板添加的滤镜特效，只能在"剪辑"步骤面板中进行删除。同理，在"调色"步骤面板中添加的滤镜效果，也只能在"调色"步骤面板中删除。下面通过实例介绍移除滤镜的方法。

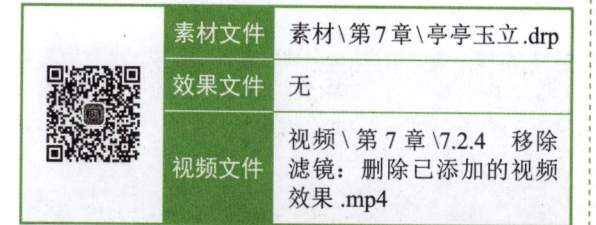

素材文件	素材\第7章\亭亭玉立.drp
效果文件	无
视频文件	视频\第 7 章 \7.2.4 移除滤镜：删除已添加的视频效果.mp4

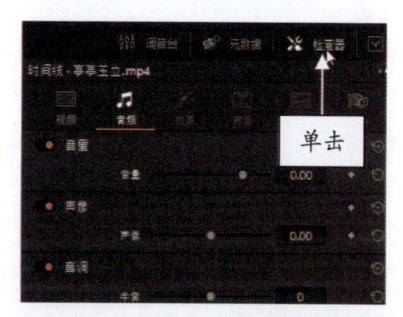

图 7-47 单击"检查器"按钮

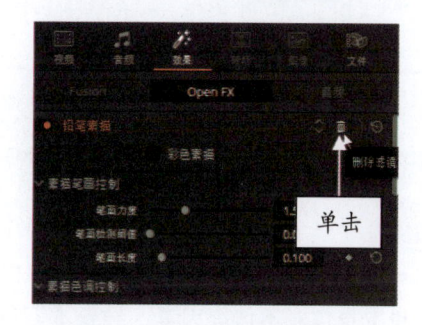

图 7-48 单击"删除滤镜"按钮

【操练 + 视频】
——移除滤镜：删除已添加的视频效果

STEP 01 打开一个项目文件，在"剪辑"步骤面板中为素材图像添加"铅笔素描"滤镜，在预览窗口中可以查看项目效果，如图 7-46 所示。

STEP 02 单击"检查器"按钮，如图 7-47 所示。

STEP 03 在下方切换至 Open FX 选项卡，单击"删除滤镜"按钮，如图 7-48 所示，即可删除"铅笔素描"滤镜效果。

STEP 04 在预览窗口中查看删除滤镜后的画面效果，如图 7-49 所示。

图 7-49 查看最终效果

7.3 使用抖音热门影调风格进行调色

在影视作品成片中，不同的色调可以传达给观众不一样的视觉感受。通常，我们可以从影片的色相、明度、冷暖、纯度4个方面来定义色调。下面介绍几种通过达芬奇软件制作抖音热门影调风格的操作方法。

7.3.1 红色影调：制作激动热情视频效果

红色是一种强有力的色彩，代表热情、温暖、冲动、活力、积极，具有非常醒目的视觉效果，很多调色师都喜欢用红色调，它也是抖音热门视频中比较常用的影调风格。下面介绍在 DaVinci Resolve 18 中制作红色影调的操作方法。

素材文件	素材\第7章\胜利号角.drp
效果文件	效果\第7章\胜利号角.drp
视频文件	视频\第7章\7.3.1 红色影调：制作激动热情视频效果.mp4

【操练+视频】
——红色影调：制作激动热情视频效果

STEP 01 打开一个项目文件，在预览窗口中可以查看打开的项目效果，如图 7-50 所示。由于天气及场景本身色彩不佳等因素，导致本素材图像颜色不够鲜明，所以需要对素材图像的饱和度进行整体调整，并将号角上挽着的红绸缎调成鲜红色。

图 7-50　查看打开的项目效果

STEP 02 切换至"调色"步骤面板，展开"色轮"面板，设置"饱和度"参数为 75.00，如图 7-51 所示，即可调整画面整体颜色的饱和度。

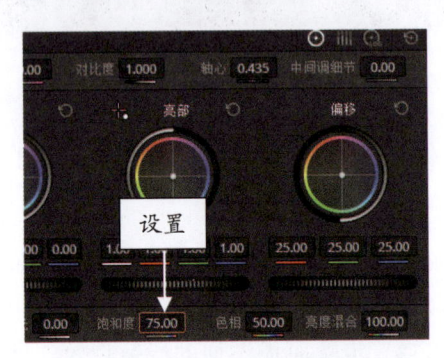

图 7-51　设置"饱和度"参数

STEP 03 在"节点"面板中，选中 01 节点，单击鼠标右键，弹出快捷菜单，选择"添加节点"|"添加串行节点"命令，即可在"节点"面板中添加一个编号为 02 的串行节点，如图 7-52 所示。

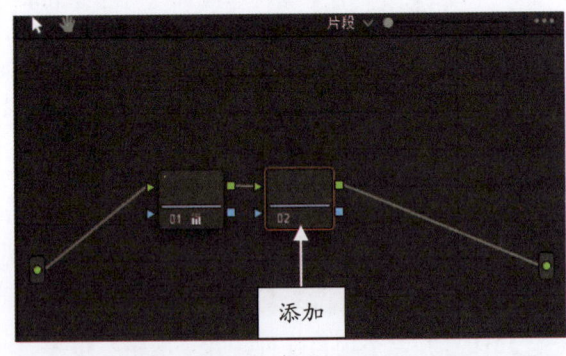

图 7-52　添加一个编号为 02 的串行节点

STEP 04 在"检视器"面板中开启"突出显示"功能，切换至"限定器"面板，用"拾取器"滴管工具在预览窗口的图像上选取红绸缎的颜色，如图 7-53 所示。

第 7 章 » 应用：使用效果及影调调色

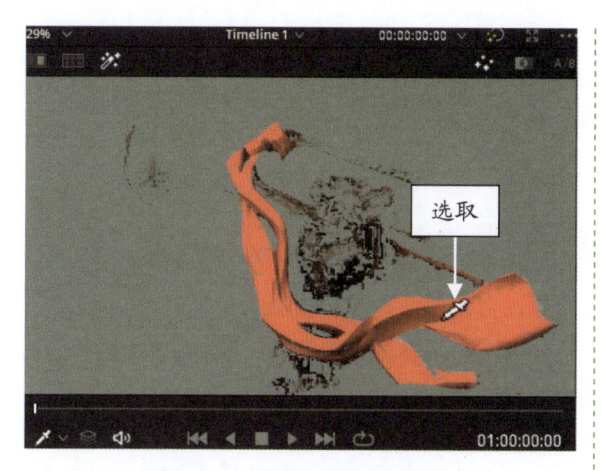

图 7-53 选取红绸缎的颜色

STEP 05 切换至"限定器"面板，在"蒙版优化 2"选项区中设置"阴影"参数为 80.0，如图 7-54 所示。

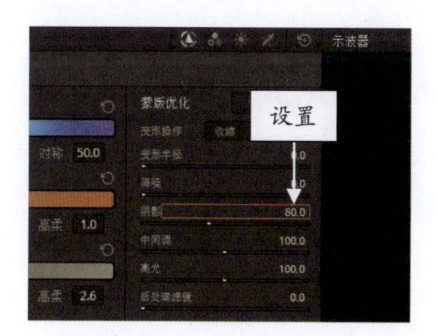

图 7-54 设置"阴影"参数

STEP 06 切换至"一级-校色条"面板，向上拖曳"亮部"通道中红色控制条的滑块，如图 7-55 所示，直至参数显示为 1.61。

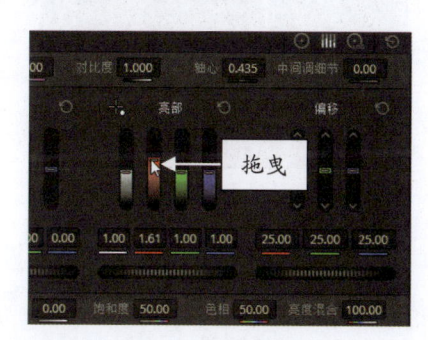

图 7-55 拖曳滑块

STEP 07 切换至"剪辑"步骤面板，查看制作的图像效果，如图 7-56 所示。

图 7-56 查看制作的图像效果

▶ 7.3.2 绿色影调：制作清新自然视频效果

绿色是表示青春、朝气、生机、清新的色彩，在 DaVinci Resolve 18 中，用户可以通过调整红、绿、蓝输出通道参数来制作清新自然的视频色调，下面介绍具体的操作方法。

素材文件	素材\第 7 章\微距摄影.drp
效果文件	效果\第 7 章\微距摄影.drp
视频文件	视频\第 7 章\7.3.2 绿色影调：制作清新自然视频效果.mp4

【操练 + 视频】
——绿色影调：制作清新自然视频效果

STEP 01 打开一个项目文件，在预览窗口中查看打开的项目效果，如图 7-57 所示。此时图像画面中的色调整体比较偏黄，需要提高图像中的绿色输出，制作出清新自然的绿色视频效果。

图 7-57 查看打开的项目效果

139

STEP 02 切换至"调色"步骤面板，展开"RGB混合器"面板，拖曳"绿色输出"颜色通道中绿色控制条的滑块，直至参数显示为1.15，如图7-58所示，用于提升画面中的绿色效果。

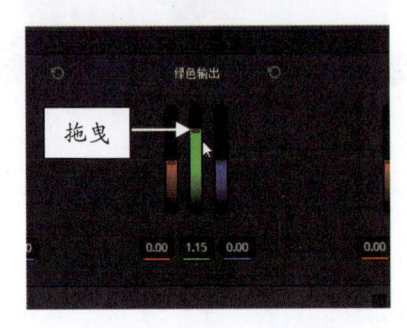

图7-58 拖曳控制条滑块

STEP 03 执行操作后，在预览窗口中查看制作的图像效果，如图7-59所示。

图7-59 查看制作的图像效果

7.3.3 古风影调：制作美人如画视频效果

古风人像摄影越来越受年轻人的喜爱，在抖音App上，经常可以看到各类古风短视频。下面介绍在DaVinci Resolve 18中使用古风影调制作美人如画视频效果的操作方法。

素材文件	素材\第7章\古风美人.drp
效果文件	效果\第7章\古风美人.drp
视频文件	视频\第7章\7.3.3 古风影调：制作美人如画视频效果.mp4

【操练+视频】
——古风影调：制作美人如画视频效果

STEP 01 打开一个项目文件，在预览窗口中可以查看打开的项目效果，如图7-60所示。画面中的女子身着旗袍站在灰紫色的背景幕布前，仪态端庄，目视镜头，嘴角微微含笑。此时需要将背景颜色调为淡黄的宣纸颜色，去除画面中的噪点，并为人物调整肤色，制作出美人如画的古风影调视频效果。

图7-60 查看打开的项目效果

STEP 02 切换至"调色"步骤面板，在"节点"面板中选中01节点，如图7-61所示。

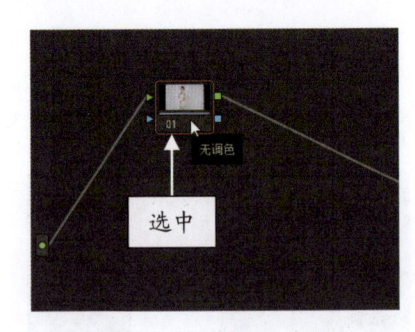

图7-61 选中01节点

STEP 03 在"检视器"面板中开启"突出显示"功能，切换至"限定器"面板，用"拾取器"滴管工具在预览窗口的图像上选取背景颜色。如图7-62所示，可以看到人物身上的旗袍有少量区域被选取了。

第 7 章 » 应用：使用效果及影调调色

图 7-62 选取背景颜色

STEP 04 展开"窗口"面板，单击曲线"窗口激活"按钮，如图 7-63 所示。

图 7-63 单击曲线"窗口激活"按钮

STEP 05 切换到预览窗口，在人物被选取的区域绘制一个窗口蒙版，如图 7-64 所示。

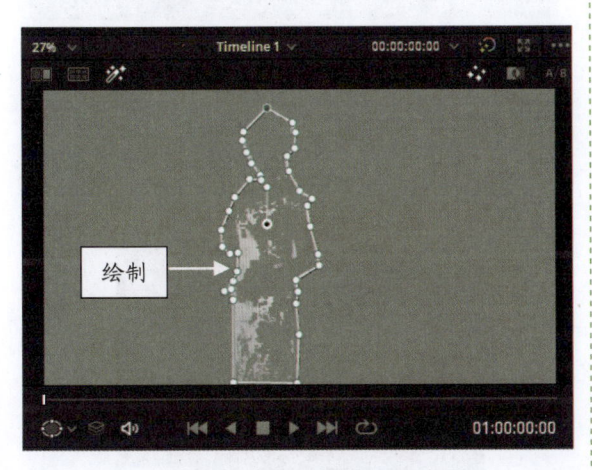

图 7-64 绘制一个窗口蒙版

STEP 06 在"窗口"面板中单击"反向"按钮，如图 7-65 所示。

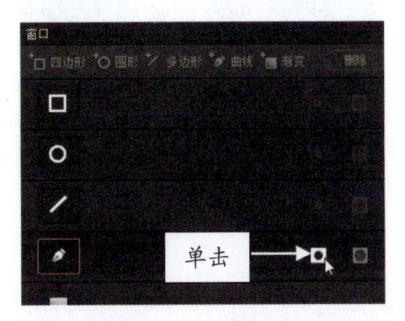

图 7-65 单击"反向"按钮

STEP 07 执行操作后，即可反向选取人物以外的背景颜色，如图 7-66 所示。

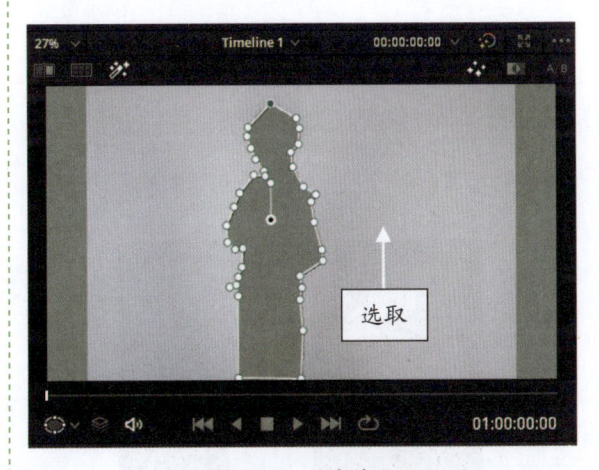

图 7-66 反向选取

STEP 08 展开"色轮"面板，选中"亮部"色轮中心的白色圆圈，按住鼠标左键的同时往橙黄色方向拖曳，直至参数显示为 1.01、1.07、1.02、0.75；然后选中"偏移"色轮中心的白色圆圈，按住鼠标左键的同时往橙黄色方向拖曳，直至参数显示为 27.81、24.83、7.23，如图 7-67 所示，即可调整背景颜色为黄色。

STEP 09 在预览窗口中查看背景颜色调为黄色宣纸颜色的画面效果，如图 7-68 所示。

STEP 10 在"节点"面板中，添加一个编号为 02 的串行节点，如图 7-69 所示。

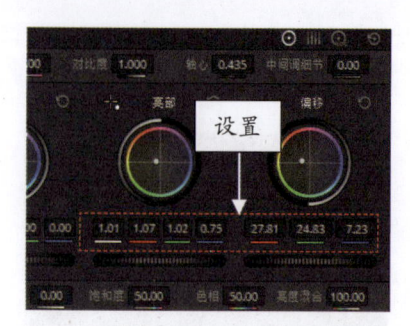

图 7-67 设置"亮部"和"偏移"参数

图 7-68 查看背景颜色调整效果

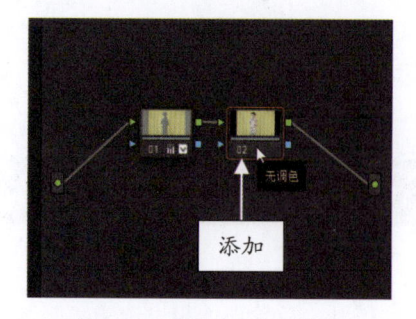

图 7-69 添加 02 串行节点

STEP 11 展开"运动特效"面板，在"空域阈值"选项区中，设置"亮度"和"色度"参数均为 50.0，如图 7-70 所示，即可为图像画面降噪。

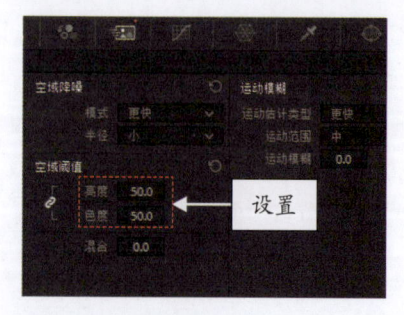

图 7-70 设置"亮度"和"色度"参数

STEP 12 在"节点"面板中，添加一个编号为 03 的串行节点，如图 7-71 所示。

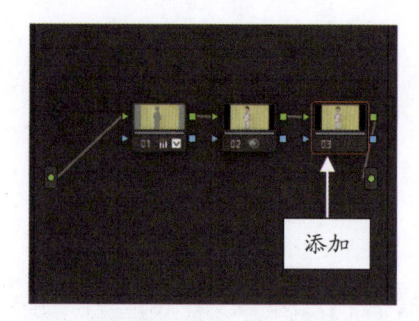

图 7-71 添加 03 串行节点

STEP 13 在"检视器"面板中开启"突出显示"功能，切换至"限定器"面板，用"拾取器"滴管工具在预览窗口的图像上选取人物皮肤，如图 7-72 所示。

图 7-72 选取人物皮肤

STEP 14 在"限定器"面板的"蒙版优化 2"选项区中，设置"降噪"参数为 40.0，如图 7-73 所示，即可降低画面的噪点。

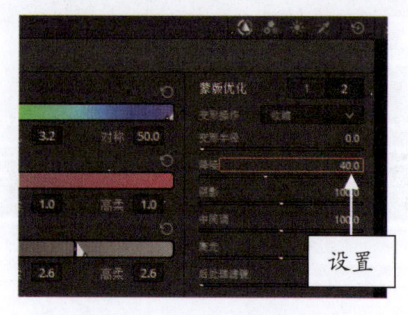

图 7-73 设置"降噪"参数

第 7 章 » 应用：使用效果及影调调色

STEP 15 展开"曲线-自定义"模式面板，在曲线上添加一个控制点，并向上拖曳控制点至合适位置，如图 7-74 所示，即可提高人物皮肤亮度。

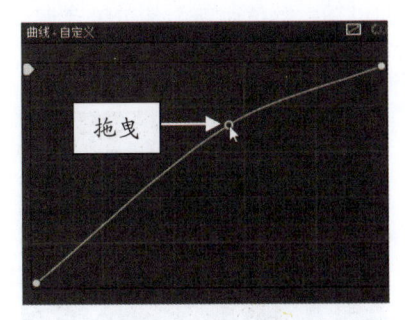

图 7-74 拖曳控制点

STEP 16 在预览窗口中，查看人物肤色变白、变亮的画面效果，如图 7-75 所示。

图 7-75 查看人物肤色调整效果

STEP 17 在"节点"面板中，添加一个编号为 04 的串行节点，如图 7-76 所示。

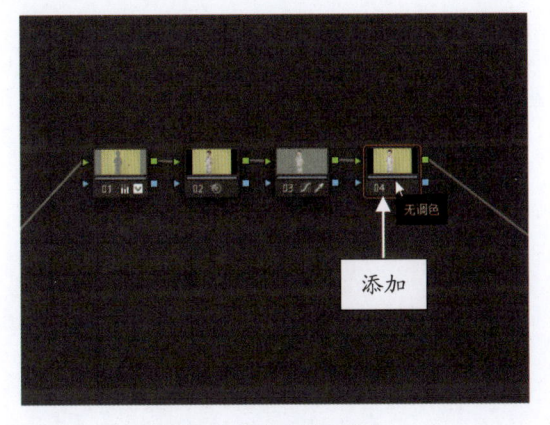

图 7-76 添加 04 节点

STEP 18 展开"色轮"面板，设置"中间调细节"参数为 -100.00，如图 7-77 所示，即可减少画面中的细节质感，使人物与背景更贴合、融洽。

图 7-77 设置"中间调细节"参数

STEP 19 在预览窗口中查看制作的美人如画视频画面效果，如图 7-78 所示。

图 7-78 查看美人如画视频画面效果

7.3.4 建筑影调：制作青橙色调效果

青橙色调也是抖音上比较热门的一种影调风格。在 DaVinci Resolve 18 中，用户只需要使用"RGB 混合器"功能，再套用一个简单的公式，即可调出青橙影调风格效果。下面介绍具体的操作步骤。

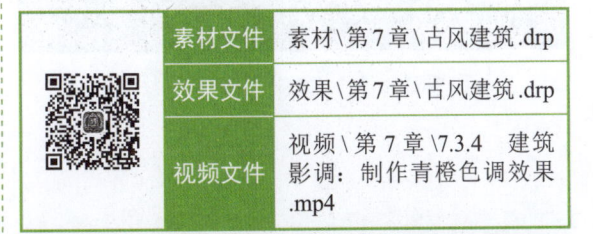

素材文件	素材\第 7 章\古风建筑.drp
效果文件	效果\第 7 章\古风建筑.drp
视频文件	视频\第 7 章\7.3.4 建筑影调：制作青橙色调效果.mp4

【操练 + 视频】
——建筑影调：制作青橙色调效果

143

STEP 01 打开一个项目文件，在预览窗口中可以查看打开的项目效果，如图7-79所示。

图7-79 查看打开的项目效果

STEP 02 切换至"调色"步骤面板，在"节点"面板中选中01节点，如图7-80所示。

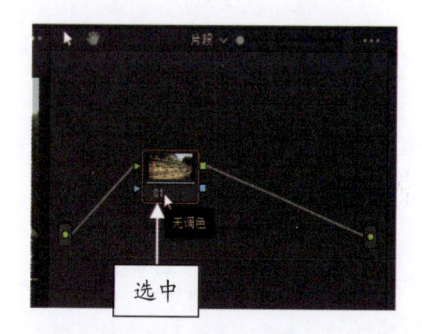

图7-80 选中01节点

STEP 03 单击"RGB混合器"按钮，展开"RGB混合器"面板，如图7-81所示。

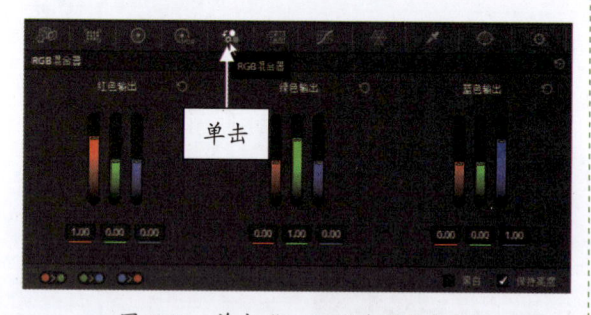

图7-81 单击"RGB混合器"按钮

STEP 04 在"红色输出"通道中，设置控制条参数为1.51、0.00、0.00；在"绿色输出"通道中，设置控制条参数为0.00、1.54、0.00，如图7-82所示，即可调整整体画面为偏青橙色调，使画面更有复古韵味。

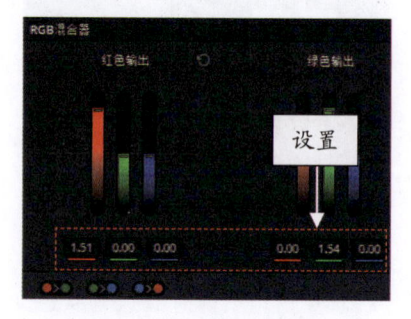

图7-82 设置通道参数

STEP 05 在预览窗口中查看最终效果，如图7-83所示。

图7-83 查看最终效果

第 8 章

转场：为视频添加转场效果

章前知识导读

在影视后期特效中，镜头之间的过渡或者素材之间的转换称为转场，它是使用一些特殊效果，在素材与素材之间产生自然、流畅和平滑的过渡。本章主要介绍视频转场效果的制作方法，希望读者可以熟练掌握本章内容。

新手重点索引

- 了解转场效果
- 制作视频转场画面效果
- 替换与移动转场效果

效果图片欣赏

8.1 了解转场效果

从某种角度来说，转场就是一种特殊的滤镜效果，它可以在两个图像或视频素材之间创建某种过渡效果，使视频更具吸引力。运用转场效果，可以制作出让人赏心悦目的视频画面。本节主要介绍硬切换与软切换、"视频转场"面板、如何替换需要的转场效果以及更改转场的位置等内容。

▶ 8.1.1 了解硬切换与软切换

在视频后期编辑工作中，素材与素材之间的连接称为切换。最常用的切换方法是一个素材与另一个素材紧密连接在一起，使其直接过渡，这种方法称为"硬切换"；还有一种方法称为"软切换"，它使用了一些特殊的视频过渡效果，从而保证了各个镜头片段的视觉连续性，如图8-1所示。

图8-1 "软切换"转场效果

> ▶ 温馨提示
>
> 在影视片段中，"软切换"的转场方式运用得比较多，希望读者可以熟练掌握此方法。

▶ 8.1.2 认识"视频转场"面板

DaVinci Resolve 18 中提供了多种转场效果，都存放在"视频转场"面板中，如图8-2所示。合理地运用这些转场效果，可以让素材之间的过渡更加生动、自然，从而制作出绚丽多姿的视频作品。

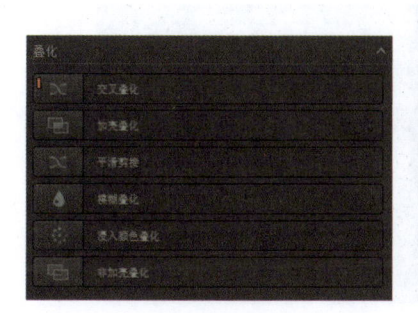

第 8 章 » 转场：为视频添加转场效果

"叠化"转场组 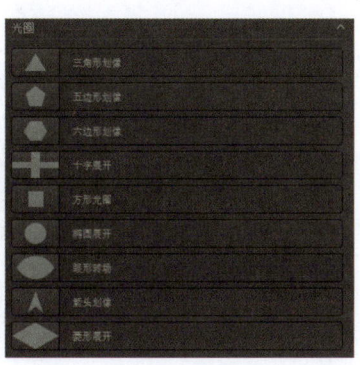　　　　"光圈"转场组 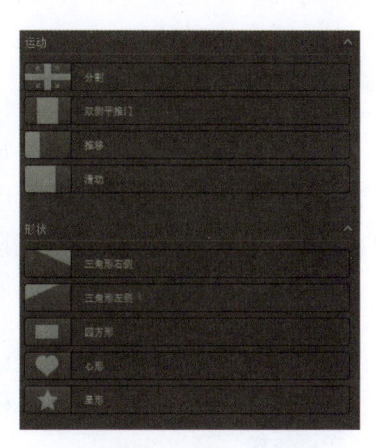　　　　"运动"和"形状"转场组

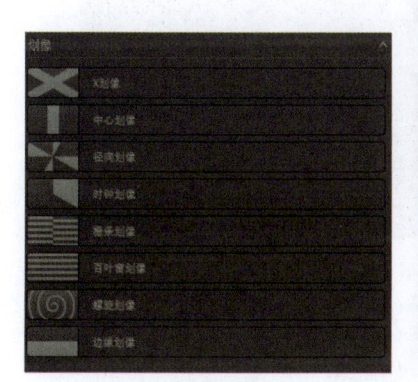

"划像"转场组 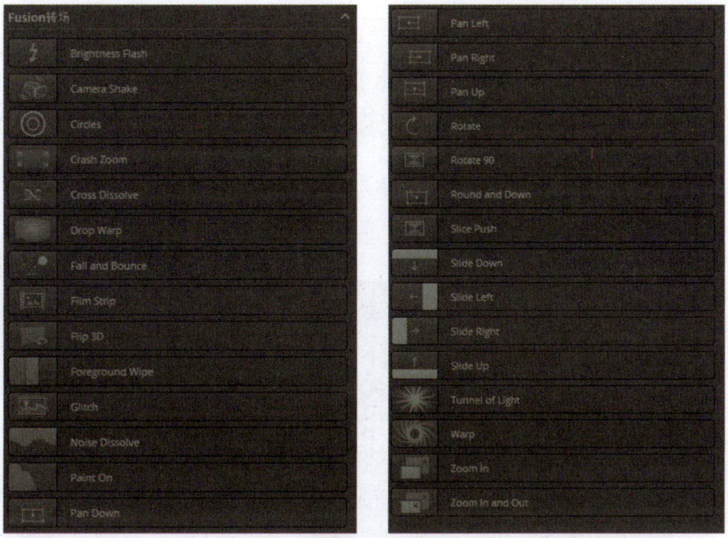　　　　　　　Fusion 转场组

Resolve FX 转场组

图 8-2 "视频转场"面板中的转场组

8.2 替换与移动转场效果

本节主要介绍编辑转场效果的操作方法，包括替换转场、移动转场、删除转场效果以及添加转场边框等内容。

8.2.1 替换转场：替换需要的转场效果

在 DaVinci Resolve 18 中，如果用户对当前添加的转场效果不满意，可以对转场效果进行替换操作，使素材画面更加符合用户的需求。下面介绍替换转场的操作方法。

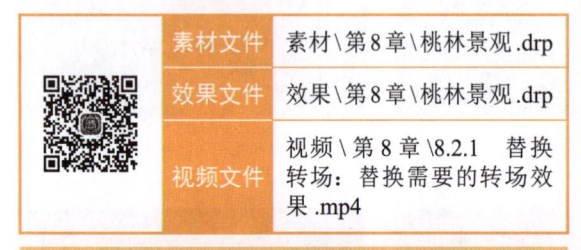

素材文件	素材\第8章\桃林景观.drp
效果文件	效果\第8章\桃林景观.drp
视频文件	视频\第8章\8.2.1 替换转场：替换需要的转场效果.mp4

【操练 + 视频】
——替换转场：替换需要的转场效果

STEP 01 打开一个项目文件，进入达芬奇"剪辑"步骤面板，如图 8-3 所示。

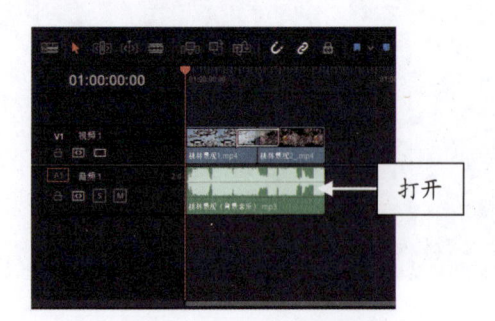

图 8-3 打开一个项目文件

STEP 02 在预览窗口中，可以查看打开的项目效果，如图 8-4 所示。

图 8-4 查看打开的项目效果

STEP 03 在"剪辑"步骤面板的左上角，单击"效果"按钮，如图 8-5 所示。

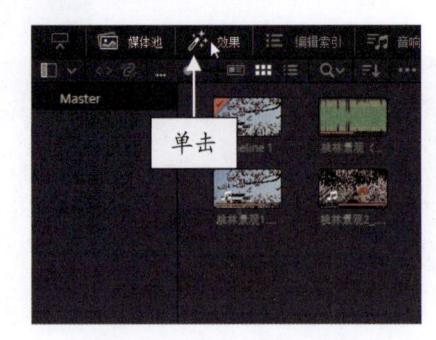

图 8-5 单击"效果"按钮

STEP 04 在"媒体池"下方展开"效果"面板，单击"工具箱"左侧的下拉按钮，如图 8-6 所示。

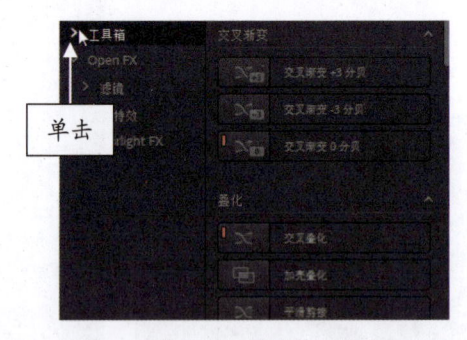

图 8-6 单击"工具箱"下拉按钮

STEP 05 展开"工具箱"选项列表，选择"视频转场"选项，如图 8-7 所示，展开"视频转场"选项卡。

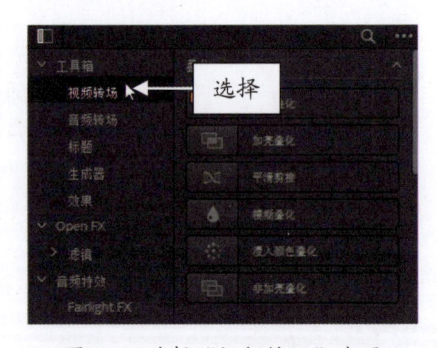

图 8-7 选择"视频转场"选项

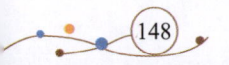

STEP 06 在"叠化"转场组中，选择"交叉叠化"转场效果，如图 8-8 所示。

148

第 8 章 》 转场：为视频添加转场效果

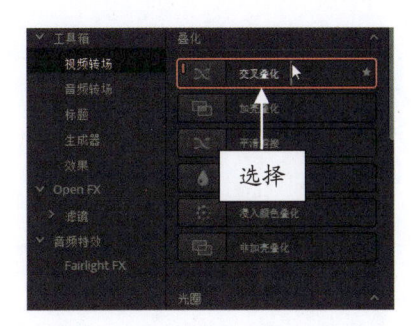

图 8-8　选择"交叉叠化"转场效果

STEP 07 按住鼠标左键，将选择的转场效果拖曳至"时间线"面板的两个视频素材中间，如图 8-9 所示。

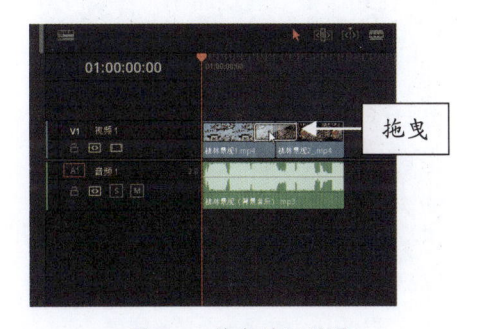

图 8-9　拖曳转场效果

STEP 08 释放鼠标左键，即可替换原来的转场。在预览窗口中查看替换后的转场效果，如图 8-10 所示。

图 8-10　查看替换后的转场效果

8.2.2　移动转场：更改转场效果的位置

在 DaVinci Resolve 18 中，用户可以根据实际需要对转场效果进行移动操作，将转场效果放在合适的位置上。下面介绍移动转场效果的操作方法。

素材文件	素材\第8章\花花草草 .drp
效果文件	效果\第8章\花花草草 .drp
视频文件	视频\第 8 章 \8.2.2　移动转场：更改转场效果的位置 .mp4

【操练 + 视频】
——移动转场：更改转场效果的位置

STEP 01 打开一个项目文件，进入达芬奇"剪辑"步骤面板，如图 8-11 所示。

图 8-11　打开一个项目文件

STEP 02 在预览窗口中，可以查看打开的项目效果，如图 8-12 所示。

图 8-12　查看打开的项目效果

STEP 03 在"时间线"面板的 V1 轨道上，选中第 1 段视频和第 2 段视频之间的转场，如图 8-13 所示。

STEP 04 按住鼠标左键，拖曳转场至第 2 段视频与第 3 段视频之间，如图 8-14 所示，释放鼠标左键，即可移动转场的位置。

149

图 8-13　选中转场效果

图 8-14　拖曳转场效果

素材文件	素材\第8章\桃花朵朵.drp
效果文件	效果\第8章\桃花朵朵.drp
视频文件	视频\第8章\8.2.3　删除转场：删除无用的转场效果.mp4

【操练+视频】
——删除转场：删除无用的转场效果

STEP 01 打开一个项目文件，进入达芬奇"剪辑"步骤面板，如图8-16所示。

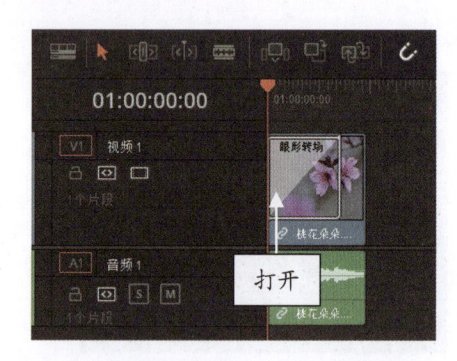

图 8-16　打开一个项目文件

STEP 02 在预览窗口中，可以查看打开的项目效果，如图8-17所示。

STEP 05 在预览窗口中，查看移动转场位置后的视频效果，如图8-15所示。

图 8-15　查看移动转场后的视频效果

8.2.3　删除转场：删除无用的转场效果

在制作视频特效的过程中，如果用户对视频轨中添加的转场效果不满意，可以对转场效果进行删除操作。下面介绍删除转场效果的操作方法。

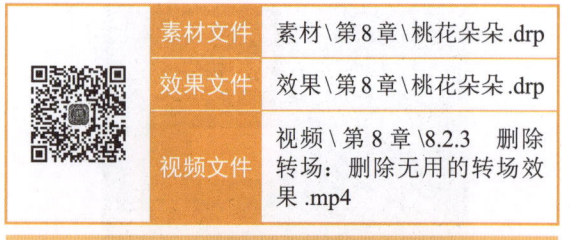

图 8-17　查看打开的项目效果

STEP 03 在"时间线"面板的V1轨道上，选中视频素材上的转场效果，如图8-18所示。

STEP 04 单击鼠标右键，弹出快捷菜单，选择"删除"命令，如图8-19所示。

STEP 05 在预览窗口中查看删除转场后的视频效果，如图8-20所示。

第 8 章 » 转场：为视频添加转场效果

图 8-18 选中视频素材上的转场效果

图 8-19 选择"删除"命令

图 8-20 查看删除转场后的视频效果

8.2.4 边框效果：为转场添加白色边框

在 DaVinci Resolve 18 的素材之间添加转场效果后，可以为转场效果设置相应的边框样式，从而加强效果的美感，下面介绍具体的操作步骤。

素材文件	素材\第8章\美景奇观.drp
效果文件	效果\第8章\美景奇观.drp
视频文件	视频\第8章\8.2.4 边框效果：为转场添加白色边框.mp4

【操练 + 视频】
——边框效果：为转场添加白色边框

STEP 01 打开一个项目文件，进入达芬奇"剪辑"步骤面板，如图 8-21 所示。

图 8-21 打开一个项目文件

STEP 02 在 V1 轨道上的第 1 个视频素材和第 2 个视频素材中间，添加一个"菱形展开"转场效果，如图 8-22 所示。

图 8-22 添加转场效果

STEP 03 在预览窗口中可以查看添加的转场效果，如图 8-23 所示。

STEP 04 在"时间线"面板的 V1 轨道上，双击视频素材上的转场效果，如图 8-24 所示。

STEP 05 展开"检查器"面板，在"菱形展开"选项卡中，用户可以通过拖曳"边框"滑块或在

151

文本框内输入参数的方式，设置"边框"参数为20.000，如图8-25所示。

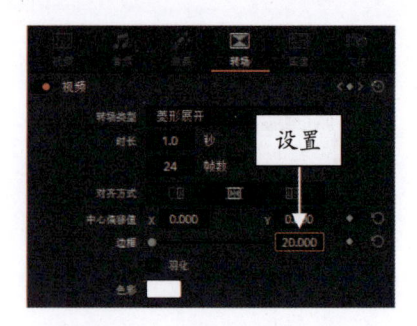

图 8-25 设置"边框"参数

图 8-23 查看添加的转场效果

STEP 06 在预览窗口中，查看为转场添加边框后的视频效果，如图8-26所示。

图 8-24 双击视频素材上的转场效果

图 8-26 查看为转场添加边框后的视频效果

8.3 制作视频转场画面效果

DaVinci Resolve 18 中提供了多种转场效果，某些转场效果独具特色，可以为视频添加非凡的视觉体验。本节主要介绍转场效果的精彩应用。

8.3.1 光圈转场：制作椭圆展开视频效果

在 DaVinci Resolve 18 中，"光圈"转场组共有 9 个转场效果，应用其中的"椭圆展开"转场特效，可以从素材 A 画面中心以圆形光圈过渡展开显示素材 B。下面介绍制作圆形光圈转场效果的操作方法。

素材文件	素材 \ 第 8 章 \ 人像视频 .drp
效果文件	效果 \ 第 8 章 \ 人像视频 .drp
视频文件	视频 \ 第 8 章 \8.3.1　光圈转场：制作椭圆展开视频效果 .mp4

【操练 + 视频】——光圈转场：制作椭圆展开视频效果

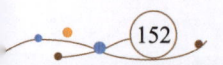

STEP 01 打开一个项目文件，进入达芬奇"剪辑"步骤面板，如图 8-27 所示。

STEP 02 在"视频转场"|"光圈"选项卡中，选择"椭圆展开"转场，如图 8-28 所示。

第 8 章 » 转场：为视频添加转场效果

图 8-27 打开一个项目文件

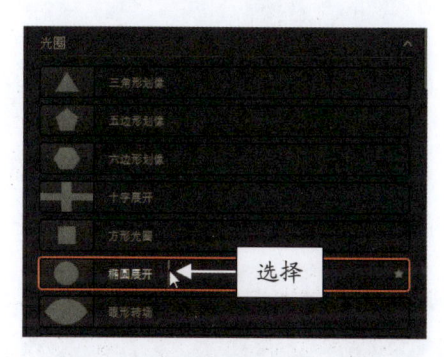

图 8-28 选择"椭圆展开"转场

STEP 03 按住鼠标左键，将选择的转场拖曳至视频轨中的两个素材之间，如图 8-29 所示。

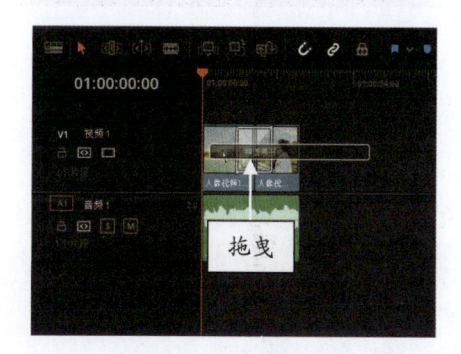

图 8-29 拖曳转场效果

STEP 04 释放鼠标左键，即可添加"椭圆展开"转场效果。用鼠标左键双击转场效果，展开"检查器"面板，在"转场"选项面板中，设置"时长"为 1.6 秒，如图 8-30 所示。

STEP 05 在预览窗口中可以查看制作的视频效果，如图 8-31 所示。

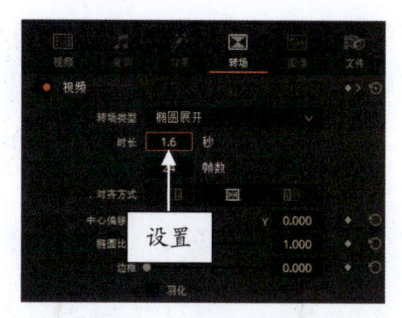

图 8-30 设置"时长"参数

图 8-31 查看制作的视频效果

8.3.2 划像转场：制作百叶窗视频效果

在 DaVinci Resolve 18 中，"百叶窗划像"转场效果是"划像"转场类型中最常用的一种，是指素材以百叶窗翻转的方式进行过渡。下面介绍制作百叶窗转场效果的操作方法。

素材文件	素材\第8章\云卷云舒.drp
效果文件	效果\第8章\云卷云舒.drp
视频文件	视频\第8章\8.3.2 划像转场：制作百叶窗视频效果.mp4

【操练 + 视频】
——划像转场：制作百叶窗视频效果

STEP 01 打开一个项目文件，进入达芬奇"剪辑"步骤面板，如图 8-32 所示。

STEP 02 在"视频转场"|"划像"选项卡中，选择"百叶窗划像"转场，如图 8-33 所示。

153

图 8-32 打开一个项目文件

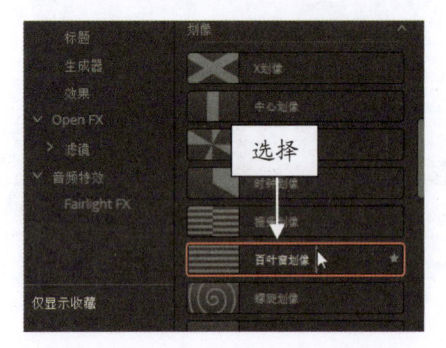

图 8-33 选择"百叶窗划像"转场

STEP 03 按住鼠标左键,将选择的转场拖曳至视频轨中的素材末端,如图 8-34 所示。

图 8-34 拖曳转场效果

STEP 04 释放鼠标左键,即可添加"百叶窗划像"转场效果。选择添加的转场,将光标移至转场左边的边缘线上,当光标呈左右双向箭头形状 ↔ 时,按住鼠标左键并向左拖曳,如图 8-35 所示,至合适位置后释放鼠标左键,即可增加转场时长。

STEP 05 在预览窗口中可以查看制作的视频效果,如图 8-36 所示。

图 8-35 拖曳转场效果

图 8-36 查看制作的视频效果

▶ 8.3.3 叠化转场:制作交叉叠化视频效果

在 DaVinci Resolve 18 中,"交叉叠化"转场效果是指素材 A 的透明度由 100% 转变到 0,素材 B 的透明度由 0 转变到 100% 的一个过程。下面介绍制作交叉叠化转场效果的操作方法。

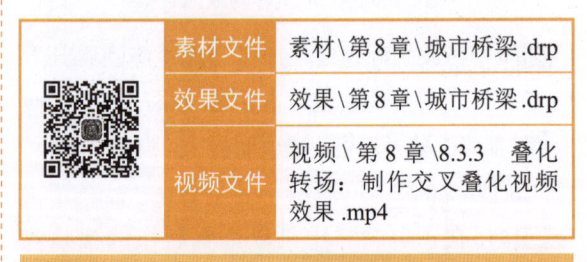

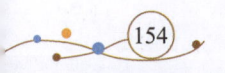

素材文件	素材\第8章\城市桥梁.drp
效果文件	效果\第8章\城市桥梁.drp
视频文件	视频\第8章\8.3.3 叠化转场:制作交叉叠化视频效果.mp4

【操练 + 视频】
——叠化转场:制作交叉叠化视频效果

第 8 章 » 转场：为视频添加转场效果

STEP 01 打开一个项目文件，进入"剪辑"步骤面板，如图 8-37 所示。

图 8-37　打开一个项目文件

STEP 02 在"视频转场"|"叠化"选项卡中，选择"交叉叠化"转场，如图 8-38 所示。

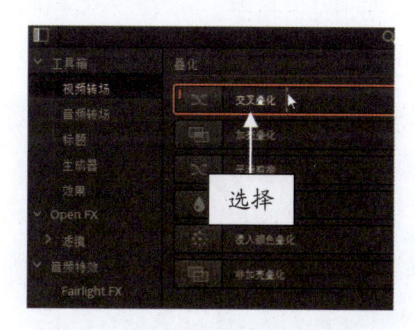

图 8-38　选择"交叉叠化"转场

STEP 03 按住鼠标左键，将选择的转场拖曳至视频轨中的两个素材之间，如图 8-39 所示。

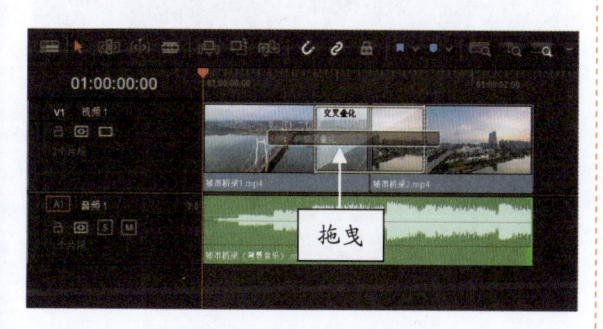

图 8-39　拖曳转场效果

STEP 04 释放鼠标左键，即可添加"交叉叠化"转场效果。在预览窗口中，可以查看制作的视频效果，如图 8-40 所示。

图 8-40　查看制作的视频效果

8.3.4　运动转场：制作单向滑动视频效果

在 DaVinci Resolve 18 中，应用"运动"转场组中的"滑动"转场效果，即可制作单向滑动视频效果。下面介绍应用"滑动"转场的操作方法，大家可以学以致用，将其合理应用至影片文件中。

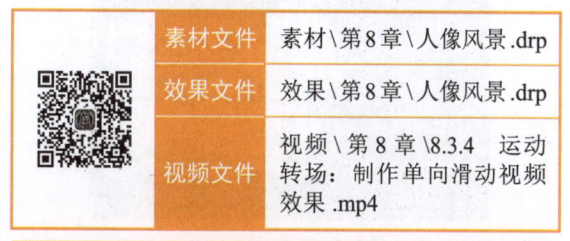

素材文件	素材\第8章\人像风景.drp
效果文件	效果\第8章\人像风景.drp
视频文件	视频\第 8 章\8.3.4　运动转场：制作单向滑动视频效果.mp4

【操练 + 视频】
——运动转场：制作单向滑动视频效果

STEP 01 打开一个项目文件，进入达芬奇"剪辑"步骤面板，如图 8-41 所示。

STEP 02 在"视频转场"|"运动"选项卡中，选择"滑动"转场，如图 8-42 所示。

155

图 8-41 打开一个项目文件

弹出的下拉列表中选择"滑动，从右往左"选项，如图 8-44 所示。执行操作后，即可使素材 A 从右往左滑动过渡显示素材 B。

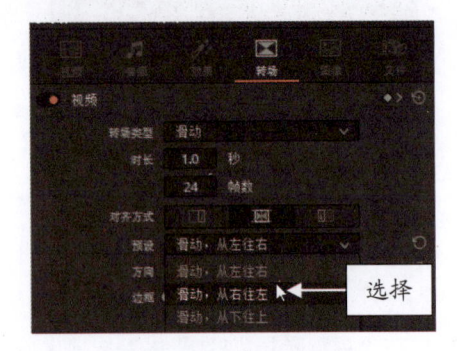

图 8-44 选择相应选项

STEP 05 在预览窗口中，可以查看制作的视频效果，如图 8-45 所示。

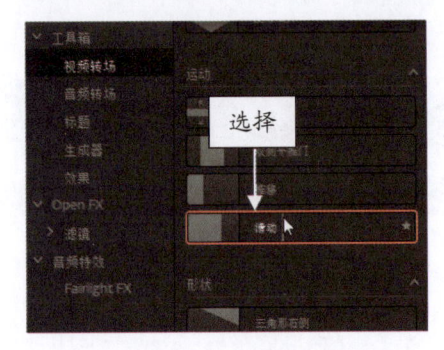

图 8-42 选择"滑动"转场

STEP 03 按住鼠标左键，将选择的转场拖曳至视频轨中的两个素材之间，如图 8-43 所示。

图 8-43 拖曳转场效果

STEP 04 释放鼠标左键，即可添加"滑动"转场效果。双击转场效果，展开"检查器"面板，在"滑动"选项面板中单击"预设"下拉按钮，在

图 8-45 查看制作的视频效果

第 9 章

字幕：制作视频的字幕效果

章前知识导读

标题字幕在视频编辑中是不可缺少的，是影片的重要组成部分。在影片中加入说明性的文字，能够有效地帮助观众理解影片的含义。本章主要介绍制作视频标题字幕的各种方法，帮助大家轻松制作出各种精美的标题字幕效果。

新手重点索引

- 设置标题字幕属性
- 制作动态标题字幕效果

效果图片欣赏

9.1 设置标题字幕属性

字幕制作在视频编辑中是一种重要的手段，好的标题字幕不仅可以传达画面以外的信息，还可以增强影片的艺术效果。DaVinci Resolve 18 提供了便捷的字幕编辑功能，可以使用户在短时间内制作出专业的标题字幕。为了让字幕的整体效果更有吸引力和感染力，用户需要对字幕属性进行精心调整。本节将介绍为视频添加标题字幕以及更改标题区间长度等操作方法。

▶ 9.1.1 添加文本：为视频添加标题字幕

在 DaVinci Resolve 18 中，添加标题字幕有两种方式，一种是通过"效果"|"字幕"选项卡进行添加，一种是在"时间线"面板的字幕轨道上添加。下面介绍为视频添加标题字幕的具体操作方法。

素材文件	素材\第9章\亭亭玉立.drp
效果文件	效果\第9章\亭亭玉立.drp
视频文件	视频\第9章\9.1.1　添加文本：为视频添加标题字幕.mp4

【操练+视频】
——添加文本：为视频添加标题字幕

STEP 01 打开一个项目文件，进入达芬奇"剪辑"步骤面板，如图 9-1 所示。

图 9-1　打开一个项目文件

STEP 02 在预览窗口中，可以查看打开的项目效果，如图 9-2 所示。

STEP 03 在"剪辑"步骤面板的左上角，单击"效果"按钮，如图 9-3 所示。

图 9-2　查看打开的项目效果

图 9-3　单击"效果"按钮

STEP 04 在"媒体池"下方展开"效果"面板，单击"工具箱"下拉按钮，展开选项列表，选择"标题"选项，如图 9-4 所示，展开"标题"选项卡。

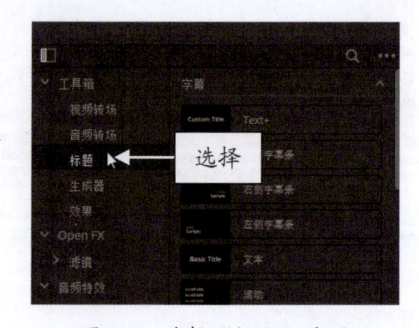

图 9-4　选择"标题"选项

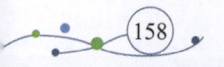

第 9 章 》字幕：制作视频的字幕效果

STEP 05 在选项卡的"字幕"选项区中，选择"文本"选项，如图 9-5 所示。

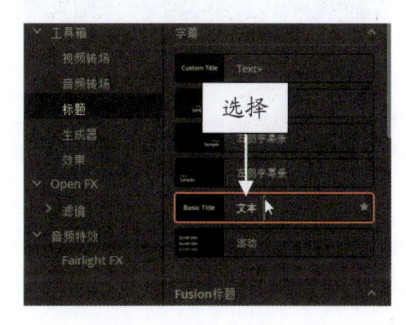

图 9-5 选择"文本"选项

STEP 06 按住鼠标左键将"文本"字幕样式拖曳至 V1 轨道上方，"时间线"面板会自动添加一条 V2 轨道，在合适位置处释放鼠标左键，即可在 V2 轨道上添加一个标题字幕文本，如图 9-6 所示。

图 9-6 在 V2 轨道上添加一个字幕文本

STEP 07 在预览窗口中，可以查看添加的字幕文本，如图 9-7 所示。

图 9-7 查看添加的字幕文本

STEP 08 双击添加的文本字幕，展开"检查器"|"视频"|"标题"选项卡，在"多信息文本"编辑框中输入文字"漫长的冬天"，如图 9-8 所示。

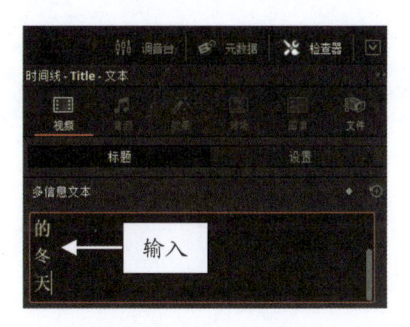

图 9-8 输入相应文字

STEP 09 设置相应字体，并设置"大小"参数为 118，如图 9-9 所示。

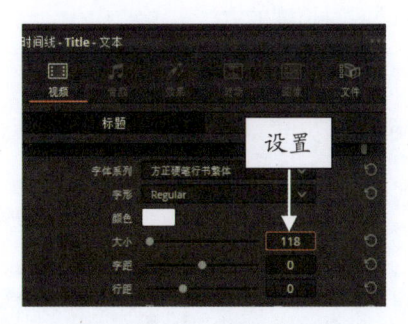

图 9-9 设置"大小"参数

STEP 10 在面板下方，设置"位置"的 X 值为 217.000，Y 值为 662.000，如图 9-10 所示。

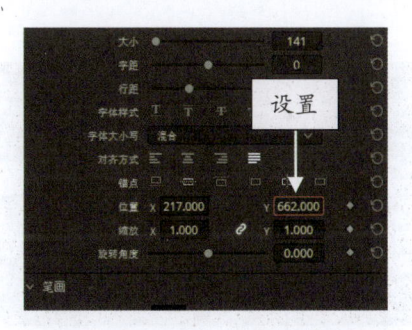

图 9-10 设置"位置"参数

STEP 11 执行上述操作后，在预览窗口中查看制作的视频标题效果，如图 9-11 所示。

159

图9-11 查看制作的视频标题效果

▶ 9.1.2 设置区间：更改标题的区间长度

在 DaVinci Resolve 18 中，当用户在轨道面板中添加相应的标题字幕后，可以调整标题的区间长度，以控制标题文本的播放时间。下面介绍更改标题区间长度的方法。

素材文件	无
效果文件	效果\第9章\亭亭玉立1.drp
视频文件	视频\第9章\9.1.2 设置区间：更改标题的区间长度.mp4

【操练＋视频】
——设置区间：更改标题的区间长度

STEP 01 打开上一例中的效果文件，如图9-12所示。

图9-12 打开上一例中的效果文件

STEP 02 选中V2轨道中的字幕文件，将光标移至字幕文件的末端，按住鼠标左键并向左拖曳，至合适位置后释放鼠标左键，即可调整标题区间

长度，如图9-13所示。

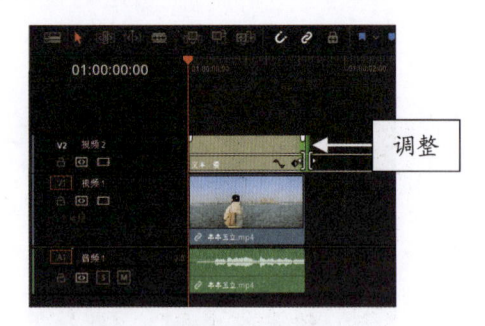

图9-13 调整标题区间长度

▶ 9.1.3 设置字体：更改标题字幕的字体

DaVinci Resolve 18 中提供了多种字体，让用户能够制作出贴合心意的影视文件。下面介绍更改标题字幕字体的操作方法。

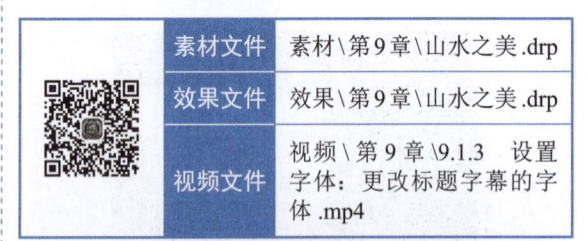

素材文件	素材\第9章\山水之美.drp
效果文件	效果\第9章\山水之美.drp
视频文件	视频\第9章\9.1.3 设置字体：更改标题字幕的字体.mp4

【操练＋视频】
——设置字体：更改标题字幕的字体

STEP 01 打开一个项目文件，进入达芬奇"剪辑"步骤面板，如图9-14所示。

图9-14 打开一个项目文件

STEP 02 在预览窗口中，可以查看打开的项目效果，如图9-15所示。

第 9 章 » 字幕：制作视频的字幕效果

图 9-15 查看打开的项目效果

STEP 03 双击 V2 轨道中的字幕文件，展开"检查器"|"视频"|"标题"选项卡，设置相应字体，如图 9-16 所示。

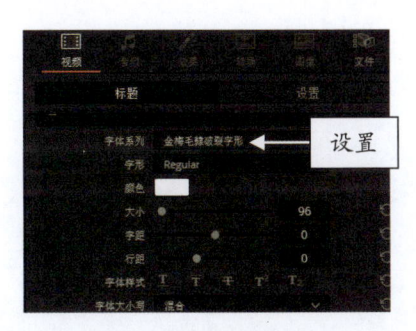

图 9-16 设置相应字体

STEP 04 执行操作后，即可更改标题字幕的字体。在预览窗口中查看更改的字幕效果，如图 9-17 所示。

图 9-17 查看更改的字幕效果

▶ 9.1.4 设置大小：更改标题的字号大小

字号是指文本的大小，字号大小对视频的美观程度有一定的影响。下面介绍在 DaVinci Resolve 18 中设置文本字号大小的操作方法。

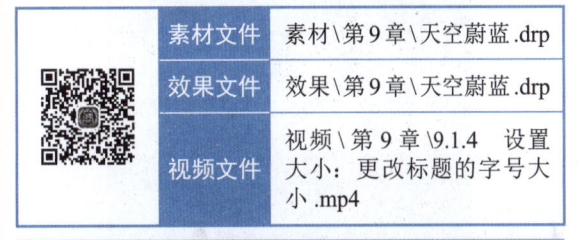

素材文件	素材\第9章\天空蔚蓝.drp
效果文件	效果\第9章\天空蔚蓝.drp
视频文件	视频\第9章\9.1.4 设置大小：更改标题的字号大小.mp4

【操练 + 视频】
——设置大小：更改标题的字号大小

STEP 01 打开一个项目文件，进入达芬奇"剪辑"步骤面板，如图 9-18 所示。

图 9-18 打开一个项目文件

STEP 02 在预览窗口中，可以查看打开的项目效果，如图 9-19 所示。

图 9-19 查看打开的项目效果

STEP 03 双击 V2 轨道中的字幕文件，展开"检查器"|"视频"|"标题"选项卡，设置"大小"参数为 259，如图 9-20 所示。

STEP 04 执行操作后，即可更改标题字幕的字号大小。在预览窗口中查看更改的字幕效果，如图 9-21 所示。

161

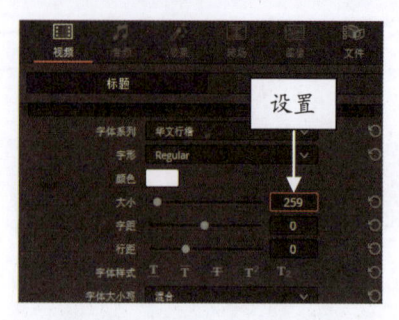

图 9-20　设置"大小"参数

图 9-21　查看更改的字幕效果

> ▶ 温馨提示
>
> 当标题文字的间距比较小时，用户可以通过拖曳"字距"右侧的滑块或在"字距"右侧的文本框中输入参数来调整标题字幕字与字之间的距离。

▶ 9.1.5　设置颜色：更改标题字幕的颜色

在 DaVinci Resolve 18 中，为了让素材与标题字幕更加匹配，可以更改标题字幕的颜色，让制作的影片更加具有观赏性。下面介绍在 DaVinci Resolve 18 中更改标题字幕颜色的操作方法。

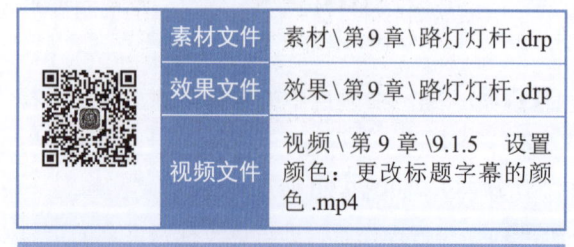

素材文件	素材\第9章\路灯灯杆.drp
效果文件	效果\第9章\路灯灯杆.drp
视频文件	视频\第9章\9.1.5　设置颜色：更改标题字幕的颜色.mp4

【操练 + 视频】
——设置颜色：更改标题字幕的颜色

STEP 01 打开一个项目文件，进入达芬奇"剪辑"步骤面板，如图 9-22 所示。

图 9-22　打开一个项目文件

STEP 02 在预览窗口中，可以查看打开的项目效果，如图 9-23 所示。

图 9-23　查看打开的项目效果

STEP 03 双击 V2 轨道中的字幕文件，展开"检查器"|"视频"|"标题"选项卡，单击"颜色"色块，如图 9-24 所示。

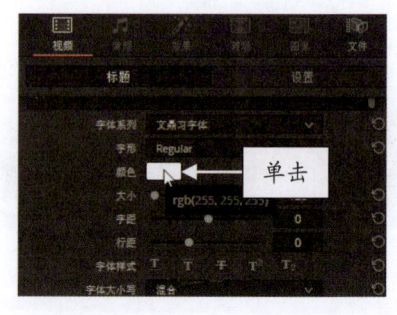

图 9-24　单击"颜色"色块

STEP 04 弹出"选择颜色"对话框，在"基本颜色"选项区中选择第 3 排第 4 个颜色色块，如图 9-25 所示。单击 OK 按钮，返回"标题"选项卡。

第 9 章 ≫ 字幕：制作视频的字幕效果

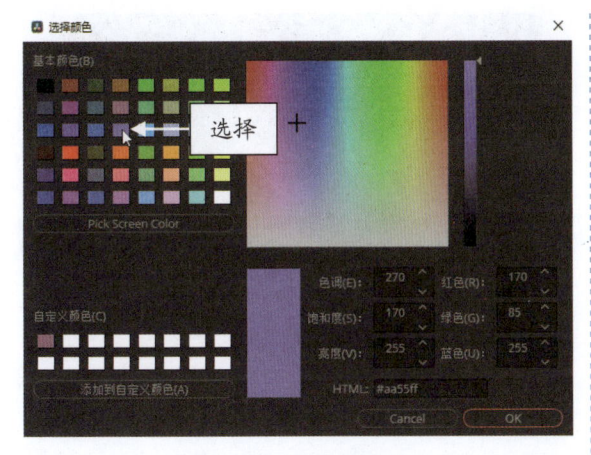

图 9-25 选择相应颜色

STEP 05 更改标题字幕的颜色后，在预览窗口中可以查看更改的效果，如图 9-26 所示。

图 9-26 查看更改的字幕效果

9.1.6 设置描边：为标题字幕添加边框

在 DaVinci Resolve 18 中，为了使标题字幕的样式丰富多彩，用户可以为标题字幕设置描边效果。下面介绍为标题字幕设置描边的操作方法。

素材文件	素材\第9章\小小花苞.drp
效果文件	效果\第9章\小小花苞.drp
视频文件	视频\第9章\9.1.6 设置描边：为标题字幕添加边框.mp4

【操练 + 视频】
——设置描边：为标题字幕添加边框

STEP 01 打开一个项目文件，进入达芬奇"剪辑"步骤面板，如图 9-27 所示。

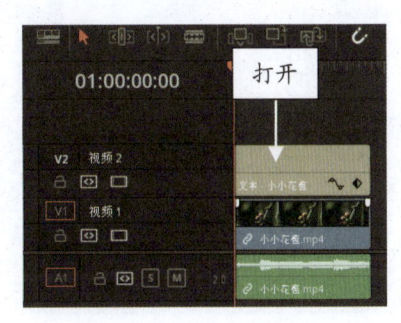

图 9-27 打开一个项目文件

STEP 02 在预览窗口中，可以查看打开的项目效果，如图 9-28 所示。

图 9-28 查看打开的项目效果

STEP 03 双击 V2 轨道中的字幕文件，展开"检查器"|"视频"|"标题"选项卡，在"笔画"选项区中单击"色彩"色块，如图 9-29 所示。

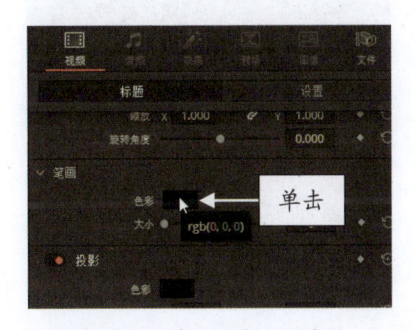

图 9-29 单击"色彩"色块

STEP 04 弹出"选择颜色"对话框，在"基本颜色"选项区中选择白色色块（最后一排的最后一个色块），如图 9-30 所示。

163

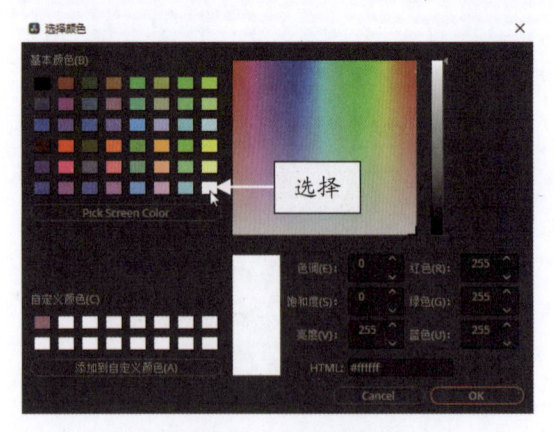

图 9-30 选择白色色块

图 9-32 查看更改的字幕效果

▶ 9.1.7 设置阴影：强调或突出显示字幕

> **温馨提示**
>
> 打开"选择颜色"对话框，用户可以通过以下4种方式应用色彩色块。
> ● 在"基本颜色"选项区中选择需要的色块；
> ● 在色彩选取框中选取颜色；
> ● 在"自定义颜色"选项区中添加用户常用的或喜欢的颜色，然后选择需要的颜色色块；
> ● 通过修改"红色""绿色""蓝色"等参数值来定义颜色。

在项目文件的制作过程中，如果需要强调或突出显示字幕文本，可以设置字幕的阴影效果。下面介绍制作字幕阴影效果的操作方法。

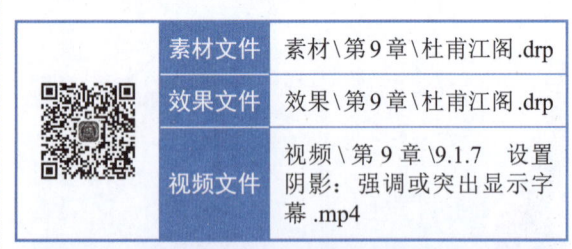

素材文件	素材\第9章\杜甫江阁.drp
效果文件	效果\第9章\杜甫江阁.drp
视频文件	视频\第9章\9.1.7 设置阴影：强调或突出显示字幕.mp4

【操练+视频】
——设置阴影：强调或突出显示字幕

STEP 05 单击 OK 按钮，返回"标题"选项卡。在"笔画"选项区中，按住鼠标左键拖曳"大小"右侧的滑块，直至参数显示为 5，释放鼠标左键，如图 9-31 所示。

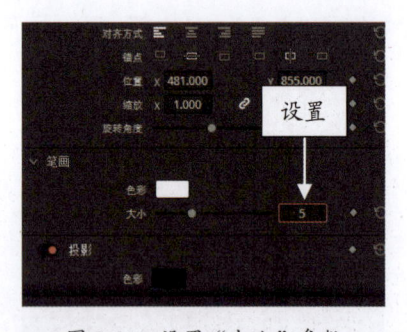

STEP 01 打开一个项目文件，进入达芬奇"剪辑"步骤面板，如图 9-33 所示。

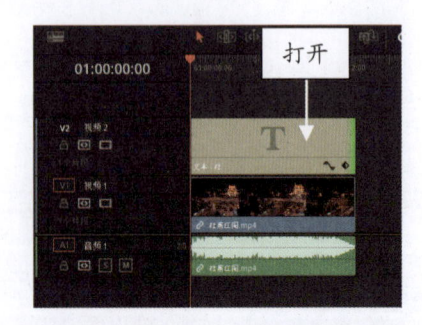

图 9-31 设置"大小"参数

图 9-33 打开一个项目文件

STEP 06 执行操作后，即可为标题字幕添加描边边框。在预览窗口中查看更改的字幕效果，如图 9-32 所示。

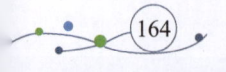

STEP 02 在预览窗口中，可以查看打开的项目效果，如图 9-34 所示。

第 9 章 》字幕：制作视频的字幕效果

图 9-34　查看打开的项目效果

STEP 03 双击 V2 轨道中的字幕文件，展开"检查器"|"视频"|"标题"选项卡，在"投影"选项区中，单击"色彩"色块，如图 9-35 所示。

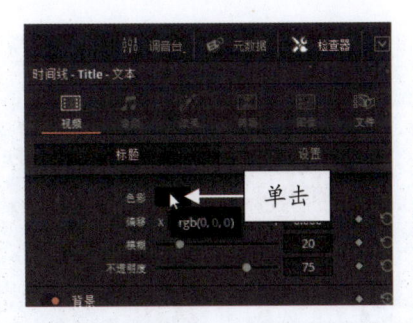

图 9-35　单击"色彩"色块

STEP 04 弹出"选择颜色"对话框，设置"红色"参数为 255，"绿色"参数为 228，"蓝色"参数为 212，如图 9-36 所示。

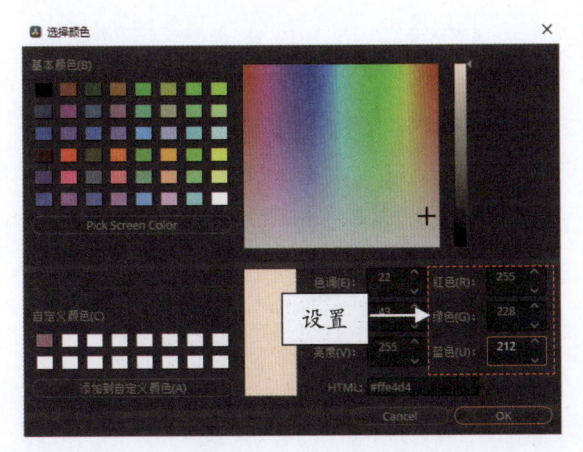

图 9-36　设置颜色参数

STEP 05 单击 OK 按钮，返回"标题"选项卡，在

"投影"选项区中，设置"偏移"的 X 参数为 18.000，Y 参数为 2.000，如图 9-37 所示，即可将投影偏移至需要的位置，使字体更加美观。

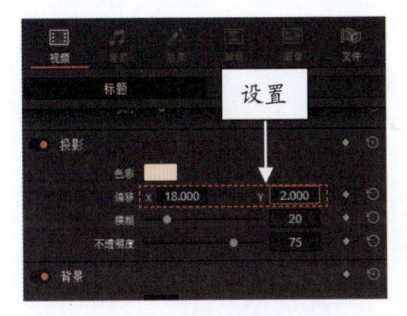

图 9-37　设置"偏移"参数

STEP 06 向右拖曳"不透明度"右侧的滑块，如图 9-38 所示，直至参数显示为 100，即可使投影完全显示。

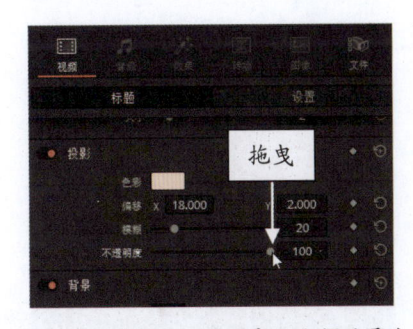

图 9-38　拖曳"不透明度"右侧的滑块

STEP 07 执行操作后，即可为标题字幕设置投影效果。在预览窗口中查看更改的字幕，如图 9-39 所示。

图 9-39　查看更改的字幕

165

9.1.8 背景颜色：设置标题字幕背景样式

在 DaVinci Resolve 18 中，用户可以根据需要设置标题字幕的背景颜色，使字幕更加明显。下面介绍设置字幕背景颜色的操作方法。

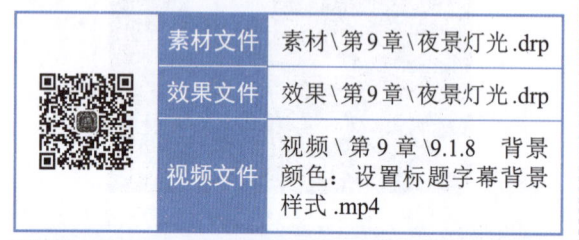

素材文件	素材\第9章\夜景灯光.drp
效果文件	效果\第9章\夜景灯光.drp
视频文件	视频\第9章\9.1.8 背景颜色：设置标题字幕背景样式.mp4

【操练+视频】
——背景颜色：设置标题字幕背景样式

STEP 01 打开一个项目文件，进入达芬奇"剪辑"步骤面板，如图9-40所示。

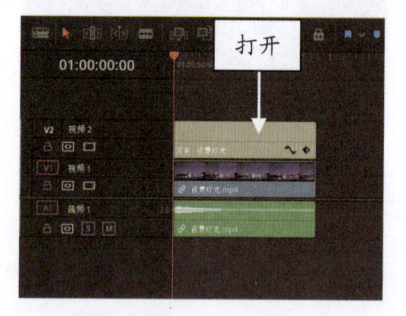

图9-40 打开一个项目文件

STEP 02 在预览窗口中，可以查看打开的项目效果，如图9-41所示。

图9-41 查看打开的项目效果

STEP 03 双击V2轨道中的字幕文件，展开"检查器"|"视频"|"标题"选项卡，在"背景"

选项区中，单击"色彩"色块，如图9-42所示。

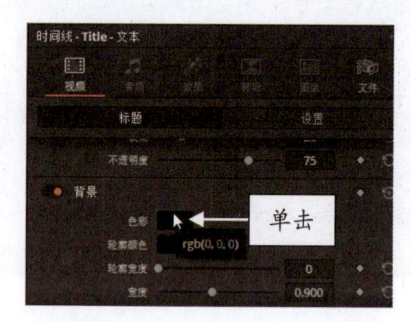

图9-42 单击"色彩"色块

STEP 04 弹出"选择颜色"对话框，在"基本颜色"选项区中，选择第6排第7个色块，如图9-43所示。

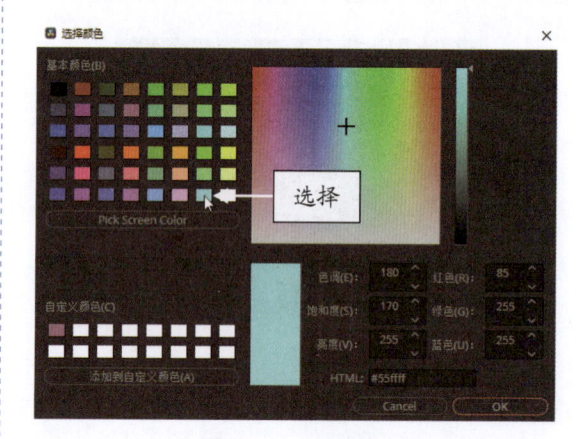

图9-43 选择色块

STEP 05 单击OK按钮，返回"标题"选项卡，在"背景"选项区中，拖曳"轮廓宽度"右侧的滑块，设置"轮廓宽度"参数为5，如图9-44所示。

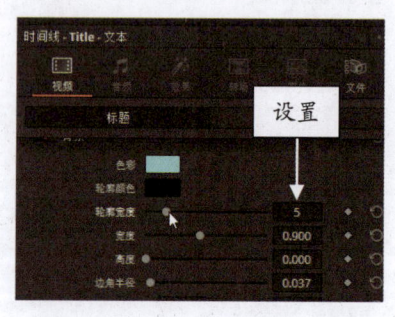

图9-44 设置"轮廓宽度"参数

STEP 06 设置"宽度"参数为0.360，"高度"参数为0.250，如图9-45所示，即可设置标题字

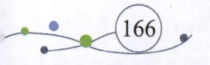

幕的背景宽度和背景高度，使画面更加精美。

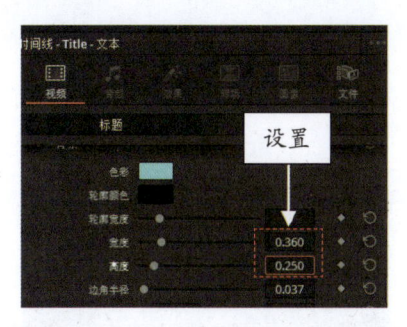

图 9-45 设置"宽度"和"高度"参数

STEP 07 按住鼠标左键向左拖曳"边角半径"右侧的滑块，直至参数显示为 0.000，释放鼠标左键，如图 9-46 所示。

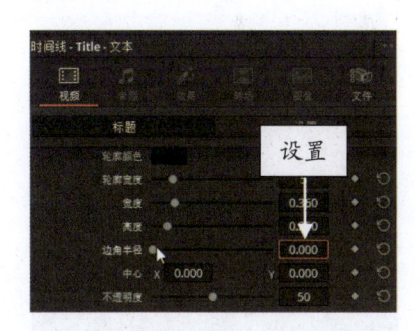

图 9-46 设置"边角半径"参数

STEP 08 执行操作后，即可为标题字幕添加文本背景。在预览窗口中查看更改的字幕效果，如图 9-47 所示。

图 9-47 查看更改的字幕效果

在 DaVinci Resolve 18 中，为标题字幕设置文本背景时，以下几点用户需要了解。

❶ 在默认状态下，背景"高度"参数显示为 0.000 时，无论"宽度"参数设置为多少，预览窗口中都不会显示字幕背景；只有当"宽度"和"高度"参数值都大于 0.000 时，预览窗口中的字幕背景才会显示。

❷ "边角半径"可以设置字幕背景的四个角呈圆角显示，当"边角半径"参数为 0.000 时，四个角呈 90°直角显示；当"边角半径"参数为默认值 0.037 时，四个角呈矩形圆角显示，效果如图 9-48 所示；当"边角半径"参数为最大值 1.000 时，矩形呈横向椭圆形状，效果如图 9-49 所示。

图 9-48 "边角半径"参数为默认值时的效果

图 9-49 "边角半径"参数为最大值时的效果

❸ 设置"居中"的 X 和 Y 参数，可以调整字幕背景的位置。

❹ 当"不透明度"参数为 0 时，字幕背景颜色显示为透明；当"不透明度"参数为 100 时，字幕背景颜色则会完全显示，并覆盖所在位置下的视频画面。

❺ "轮廓宽度"最大值是 30，当参数设置为 0 时，字幕背景上的轮廓边框不会显示。

9.2 制作动态标题字幕效果

在影片中创建字幕后，在 DaVinci Resolve 18 中还可以为字幕制作运动特效，令影片更有吸引力和感染力。本节主要介绍制作字幕动态特效的操作方法。

▶ 9.2.1 淡入淡出：制作婀娜多姿视频效果

淡入淡出是指标题字幕以淡入淡出的方式显示或消失的动画效果。下面主要介绍制作淡入淡出运动特效的操作方法，希望读者可以熟练掌握。

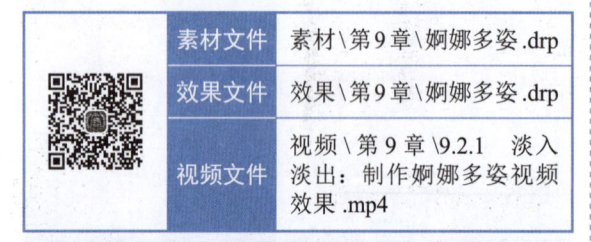

素材文件	素材\第9章\婀娜多姿.drp
效果文件	效果\第9章\婀娜多姿.drp
视频文件	视频\第9章\9.2.1 淡入淡出：制作婀娜多姿视频效果.mp4

【操练 + 视频】
——淡入淡出：制作婀娜多姿视频效果

STEP 01 打开一个项目文件，在预览窗口中可以查看打开的项目效果，如图 9-50 所示。

图 9-50 查看打开的项目效果

STEP 02 在"时间线"面板中，选择 V2 轨道中的字幕文件，如图 9-51 所示。

STEP 03 展开"检查器"|"视频"面板，切换至"设置"选项卡，如图 9-52 所示。

图 9-51 选择字幕文件

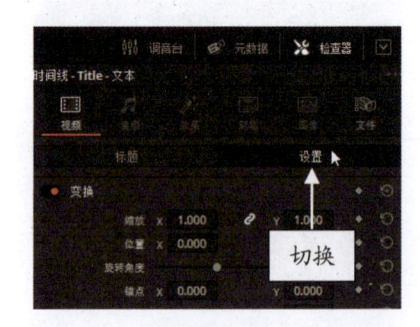

图 9-52 切换至"设置"选项卡

STEP 04 在"合成"选项区中，拖曳"不透明度"右侧的滑块，如图 9-53 所示，直至参数显示为 0.00。

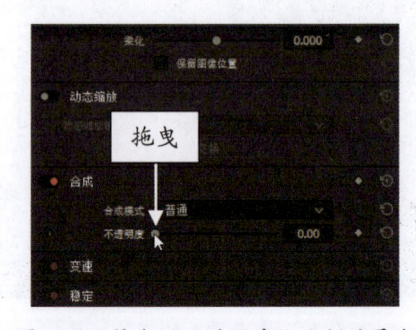

图 9-53 拖曳"不透明度"右侧的滑块

STEP 05 单击"不透明度"参数右侧的关键帧按钮，添加第 1 个关键帧，如图 9-54 所示。

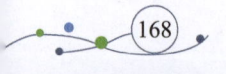

第 9 章 » 字幕：制作视频的字幕效果

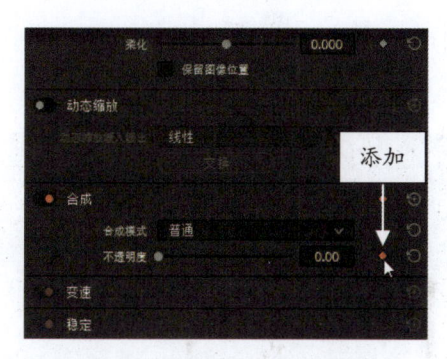

图 9-54 添加第 1 个关键帧

STEP 06 在"时间线"面板中，将时间指示器拖曳至 01:00:01:00 位置处，如图 9-55 所示。

图 9-55 拖曳时间指示器至合适位置

STEP 07 在"检查器"|"视频"|"设置"选项卡中，设置"不透明度"参数为 100.00，如图 9-56 所示，即可自动添加第 2 个关键帧。

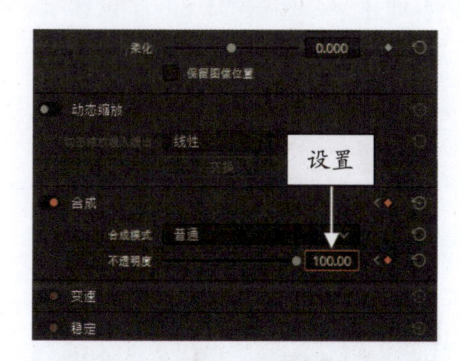

图 9-56 设置"不透明度"参数

STEP 08 在"时间线"面板中，将时间指示器拖曳至 01:00:02:00 位置处，如图 9-57 所示。

STEP 09 在"检查器"|"视频"|"设置"选项卡中，单击"不透明度"右侧的关键帧按钮，添加第 3 个关键帧，如图 9-58 所示。

图 9-57 拖曳时间指示器至合适位置

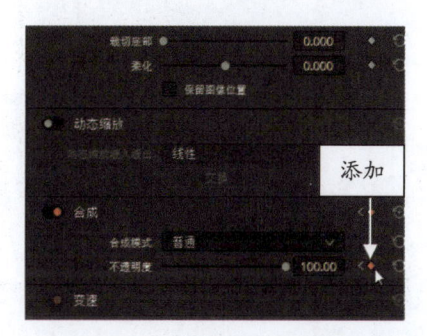

图 9-58 添加第 3 个关键帧

STEP 10 在"时间线"面板中，将时间指示器拖曳至 01:00:02:14 位置处，如图 9-59 所示。

图 9-59 拖曳时间指示器至合适位置

STEP 11 在"检查器"|"视频"|"设置"选项卡中，再次向左拖曳"不透明度"滑块，设置"不透明度"参数为 0.00，即可自动添加第 4 个关键帧，如图 9-60 所示。

图 9-60 添加第 4 个关键帧

169

STEP 12 执行操作后，在预览窗口中可以查看字幕淡入淡出动画效果，如图9-61所示。

STEP 01 打开一个项目文件，在预览窗口中可以查看打开的项目效果，如图9-62所示。

图9-62 查看打开的项目效果

STEP 02 在"时间线"面板中，选择V2轨道中的字幕文件，如图9-63所示。

图9-61 查看字幕淡入淡出动画效果

图9-63 选择字幕文件

9.2.2 缩放效果：制作华灯初上视频效果

在DaVinci Resolve 18的"检查器"|"视频"选项卡中，开启"动态缩放"功能，可以为"时间线"面板中的素材设置画面放大或缩小的特效。"动态缩放"功能在默认状态下为缩小运动特效，用户可以通过单击"切换"按钮转换为放大运动特效。下面介绍制作放大字幕的操作方法。

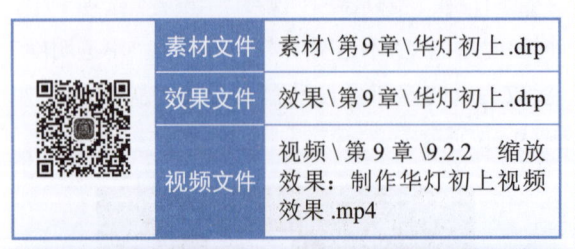

STEP 03 展开"检查器"|"视频"|"设置"选项卡，单击"动态缩放"按钮，如图9-64所示。

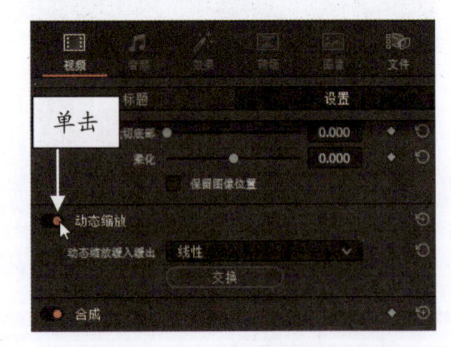

素材文件	素材\第9章\华灯初上.drp
效果文件	效果\第9章\华灯初上.drp
视频文件	视频\第9章\9.2.2 缩放效果：制作华灯初上视频效果.mp4

图9-64 单击"动态缩放"按钮

STEP 04 执行操作后，即可激活"动态缩放"功能区域，在下方单击"交换"按钮，如图9-65所示。

【操练+视频】
——缩放效果：制作华灯初上视频效果

第 9 章 » 字幕：制作视频的字幕效果

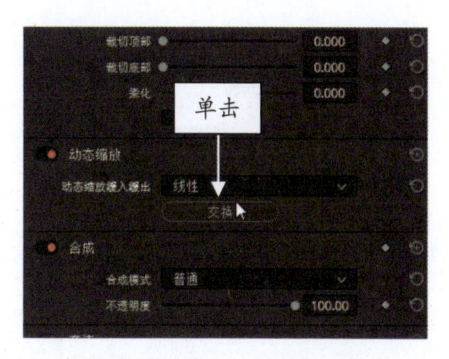

图 9-65　单击"交换"按钮

STEP 05 执行上述操作后，在预览窗口中可以查看字幕放大的动画效果，如图 9-66 所示。

素材文件	素材\第9章\落日晚霞.drp
效果文件	效果\第9章\落日晚霞.drp
视频文件	视频\第9章\9.2.3　裁切动画：制作落日晚霞视频效果.mp4

【操练 + 视频】
——裁切动画：制作落日晚霞视频效果

STEP 01 打开一个项目文件，在预览窗口中，可以查看打开的项目效果，如图 9-67 所示。

图 9-67　查看打开的项目效果

STEP 02 在"时间线"面板中，选择 V2 轨道中的字幕文件，如图 9-68 所示。

图 9-66　查看字幕放大的动画效果

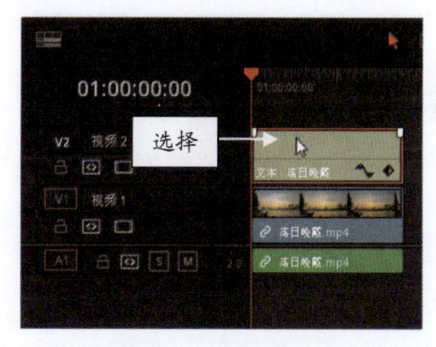

图 9-68　选择字幕文件

9.2.3　裁切动画：制作落日晚霞视频效果

在 DaVinci Resolve 18 的"检查器"|"视频"选项卡的"裁切"选项区中，通过调整相应参数，可以制作字幕逐字显示的动画效果。下面介绍制作裁切动画的操作方法。

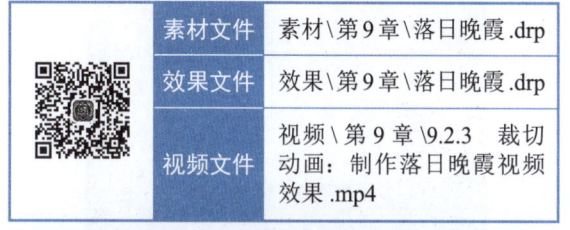

STEP 03 打开"检查器"|"视频"|"设置"选项卡，在"裁切"选项区中，拖曳"裁切右侧"滑块至最右端，如图 9-69 所示，即可设置"裁切右侧"参数为最大值。

STEP 04 单击"裁切右侧"关键帧按钮◆，如图 9-70 所示，添加第 1 个关键帧。

171

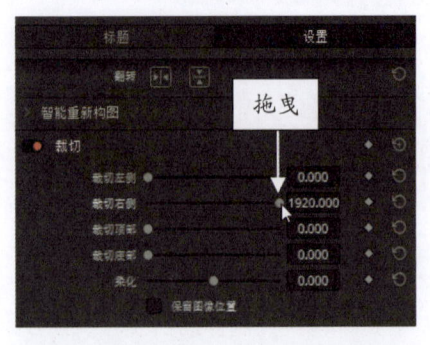

图 9-69 拖曳"裁切右侧"滑块至最右端

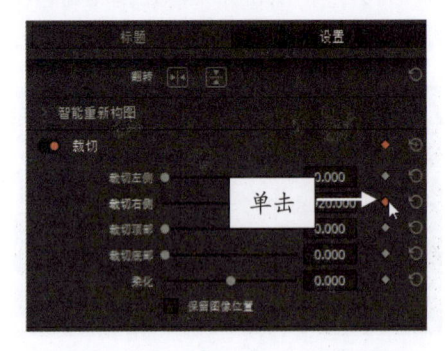

图 9-70 单击"裁切右侧"关键帧按钮

STEP 05 在"时间线"面板中，将时间指示器拖曳至 01:00:04:07 位置处，如图 9-71 所示。

图 9-71 拖曳时间指示器至合适位置

STEP 06 在"检查器"|"视频"|"设置"选项卡的"裁切"选项区中，拖曳"裁切右侧"滑块至最左端，如图 9-72 所示，设置"裁切右侧"参数为最小值，即可自动添加第 2 个关键帧。

STEP 07 执行操作后，在预览窗口中可以查看字幕逐字显示的动画效果，如图 9-73 所示。

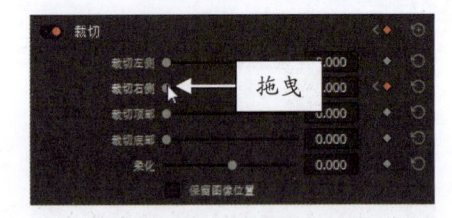

图 9-72 拖曳"裁切右侧"滑块至最左端

图 9-73 查看字幕逐字显示的动画效果

9.2.4 旋转效果：制作海湾景色视频效果

在 DaVinci Resolve 18 中，通过设置"旋转角度"参数，可以制作出字幕旋转飞入的动画效果，下面介绍具体的操作方法。

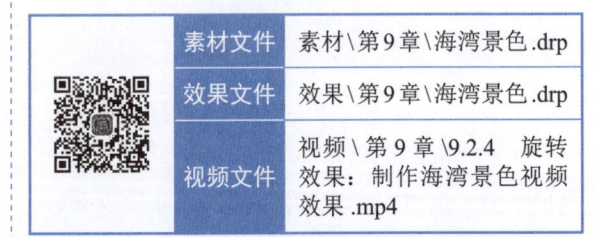

素材文件	素材\第9章\海湾景色.drp
效果文件	效果\第9章\海湾景色.drp
视频文件	视频\第9章\9.2.4 旋转效果：制作海湾景色视频效果.mp4

【操练＋视频】
——旋转效果：制作海湾景色视频效果

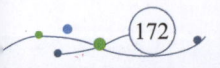

第 9 章 >> 字幕：制作视频的字幕效果

STEP 01 打开一个项目文件，在预览窗口中可以查看打开的项目效果，如图 9-74 所示。

图 9-74 查看打开的项目效果

STEP 02 在"时间线"面板中，选择 V2 轨道中的字幕文件，拖曳时间指示器至 01:00:00:20 位置处，如图 9-75 所示。

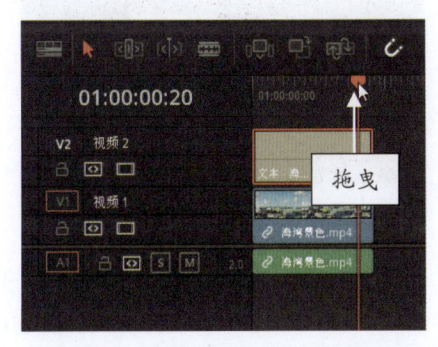

图 9-75 拖曳时间指示器至合适位置

STEP 03 打开"检查器"|"视频"|"标题"选项卡，分别单击"位置""缩放""旋转角度"右侧的关键帧按钮，添加第 1 组关键帧，如图 9-76 所示。

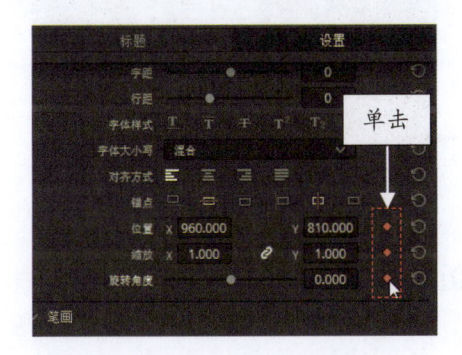

图 9-76 添加第 1 组关键帧

STEP 04 将时间指示器移至开始位置处，在"检查器"|"文本"选项卡中，设置"位置"参数为 520.000、1100.000，"缩放"参数为 0.250、0.250，"旋转角度"参数为 -360.000，如图 9-77 所示。

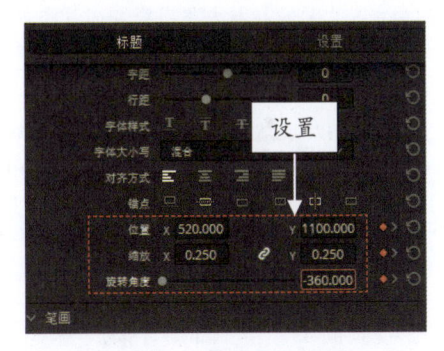

图 9-77 设置相应参数

STEP 05 执行上述操作后，在预览窗口中可以查看制作的字幕旋转飞入动画效果，如图 9-78 所示。

图 9-78 查看字幕旋转飞入动画效果

173

温馨提示

本例为了特效的美观度，除了调整字幕旋转的角度外，还设置了字幕的开始位置和结束位置的关键帧，并调整了字幕的"缩放"参数，使字幕呈现出从画面最左上角旋转放大飞入字幕的最终效果。除了在"检查器"|"标题"选项卡中可以设置旋转飞入运动特效外，用户还可以在"检查器"|"设置"选项卡的"变换"选项区中进行设置。

9.2.5 滚屏动画：制作电影落幕视频效果

在影视画面中，当一部影片播放完毕，在片尾处会播放这部影片的演员、制片人、导演等信息。下面介绍制作滚屏字幕的方法。

素材文件	素材\第9章\电影落幕.drp
效果文件	效果\第9章\电影落幕.drp
视频文件	视频\第9章\9.2.5 滚屏动画：制作电影落幕视频效果.mp4

【操练+视频】
——滚屏动画：制作电影落幕视频效果

STEP 01 打开一个项目文件，进入达芬奇"剪辑"步骤面板，如图9-79所示。

图9-79 打开一个项目文件

STEP 02 在预览窗口中，可以查看打开的项目效果，如图9-80所示。

图9-80 查看打开的项目效果

STEP 03 展开"标题"|"字幕"选项卡，选择"滚动"选项，如图9-81所示。

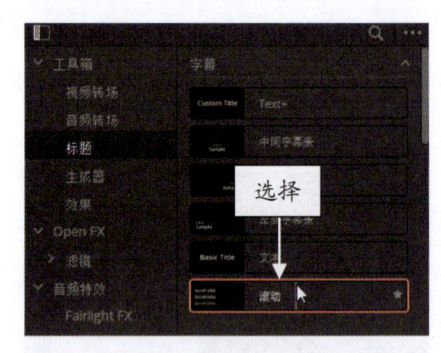

图9-81 选择"滚动"选项

STEP 04 将"滚动"字幕样式添加至"时间线"面板的V2轨道上，并调整字幕时长，如图9-82所示。

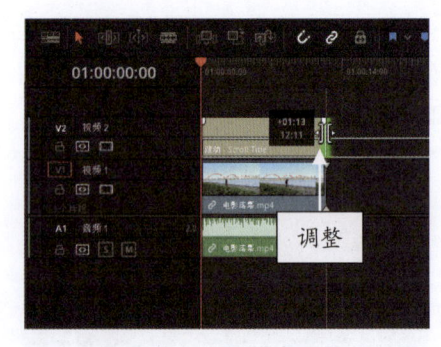

图9-82 调整字幕时长

STEP 05 双击添加的"文本"字幕，展开"检查器"|"视频"|"标题"选项卡，在"标题"下方的编辑框中输入滚屏字幕内容，如图9-83所示。

第 9 章 » 字幕：制作视频的字幕效果

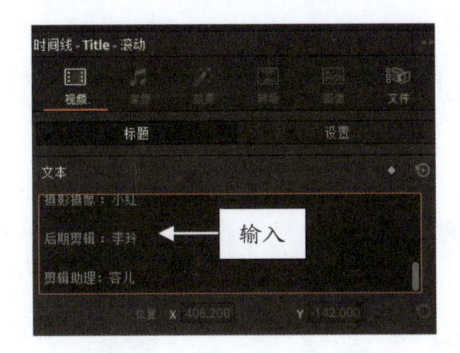

图 9-83 输入滚屏字幕内容

STEP 06 在"格式化"选项区中，设置相应字体，并设置"大小"参数为 43，"对齐方式"为居中，如图 9-84 所示。

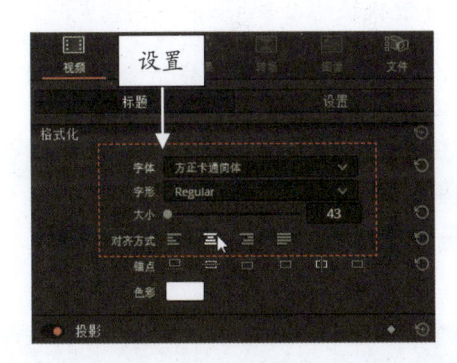

图 9-84 设置"格式化"参数

STEP 07 在"背景"选项区中，设置"宽度"参数为 0.244，"高度"参数为 2.000，如图 9-85 所示。

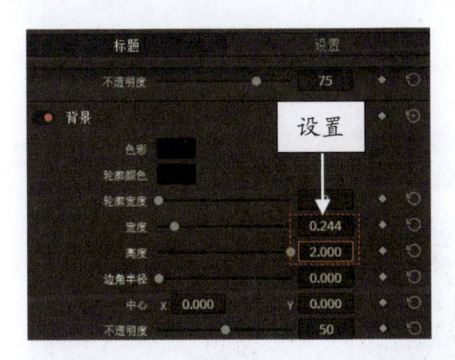

图 9-85 设置"宽度"和"高度"参数

STEP 08 在下方拖曳"边角半径"右侧的滑块，设置"边角半径"参数为 0.037；设置"中心"的 X 参数为 -630.000，Y 参数为 204.000，如图 9-86 所示。

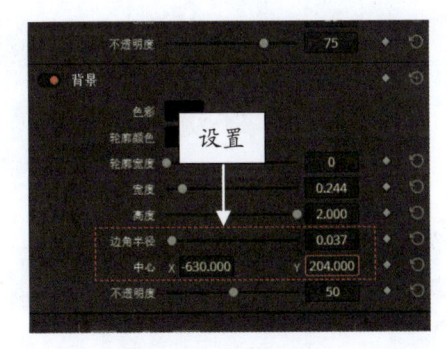

图 9-86 设置"角落半径"和"中心"参数

STEP 09 执行操作后，在预览窗口中可以查看字幕的滚屏动画效果，如图 9-87 所示。

图 9-87 查看字幕的滚屏动画效果

175

第 10 章

后期：音频调整与渲染导出

章前知识导读

影视作品是一门声画艺术，音频在影片中是不可或缺的元素。在后期制作中，如果声音运用恰到好处，往往会给观众带来耳目一新的感觉。当完成一段影视内容的编辑后，可以将其输出成各种不同格式的文件。本章主要介绍编辑与修整音频素材、为音频添加特效，以及渲染与导出成品视频的操作方法。

新手重点索引

- 编辑与修整音频素材
- 为音频添加特效
- 渲染与导出成品视频

效果图片欣赏

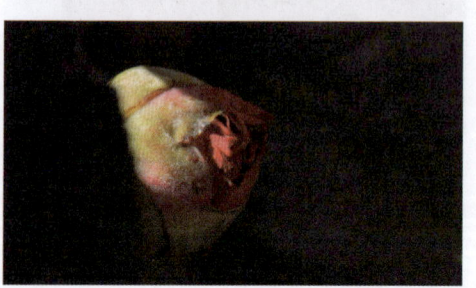

第 10 章 » 后期：音频调整与渲染导出

10.1 编辑与修整音频素材

如果一部影片缺少了声音，再优美的画面也将黯然失色。而优美动听的背景音乐和款款深情的配音，不仅可以为影片起到锦上添花的作用，更能使影片增添感染力，从而使影片的品质更上一个台阶。本节主要介绍编辑和修整音频素材的操作方法。

▶ 10.1.1 断开音频：分离视频与音频的链接

用达芬奇软件剪辑视频素材时，默认状态下，"时间线"面板中的视频轨和音频轨素材是绑定链接的状态。当用户需要单独对视频或音频文件进行剪辑操作时，可以通过断开链接，分离视频和音频文件，再对其执行单独的操作。下面介绍断开视频与音频链接的操作方法。

素材文件	素材\第10章\星空银河.drp
效果文件	效果\第10章\星空银河.drp
视频文件	视频\第10章\10.1.1 断开音频：分离视频与音频的链接.mp4

【操练 + 视频】
——断开音频：分离视频与音频的链接

STEP 01 打开一个项目文件，在预览窗口中可以查看打开的项目效果，如图 10-1 所示。

图 10-1　打开一个项目文件

STEP 02 当选择"时间线"面板中的视频素材并移动位置时，可以发现视频和音频呈链接状态，且缩略图上显示了链接图标，如图 10-2 所示。

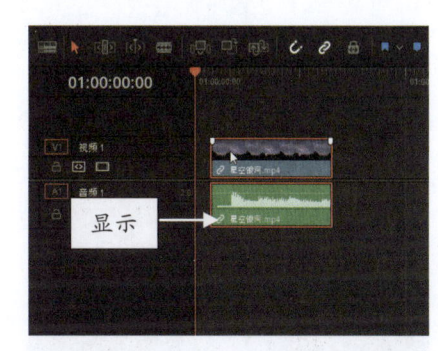

图 10-2　缩略图上显示了链接图标

STEP 03 选择"时间线"面板中的素材文件，单击鼠标右键，弹出快捷菜单，取消选择"链接片段"命令，如图 10-3 所示。

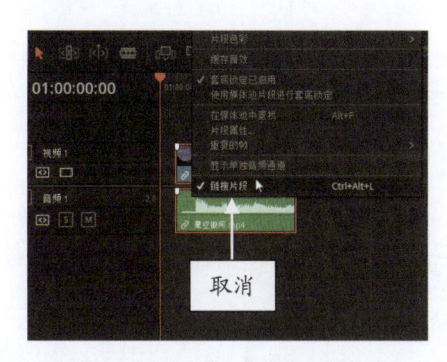

图 10-3　取消选择"链接片段"命令

STEP 04 执行操作后，即可断开视频和音频的链接，链接图标将不显示在缩略图上，如图 10-4 所示。

STEP 05 选择音频轨中的音频素材，按住鼠标左键并左右拖曳，如图 10-5 所示，即可单独对音频文件执行操作。

177

图 10-4 断开视频和音频的链接

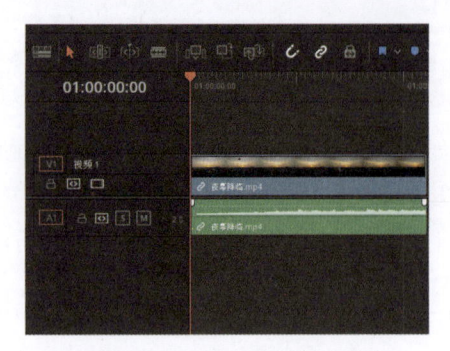

图 10-6 打开一个项目文件

图 10-5 拖曳音频素材

图 10-7 查看打开的项目效果

▶ 10.1.2 替换音频：更换视频的背景音乐

当用户对视频原有的背景音乐不满意时，可以在 DaVinci Resolve 18 中替换该背景音乐。下面介绍具体的操作步骤。

素材文件	素材\第10章\夜幕降临.drp
效果文件	效果\第10章\夜幕降临.drp
视频文件	视频\第10章\10.1.2 替换音频：更换视频的背景音乐.mp4

【操练 + 视频】
——替换音频：更换视频的背景音乐

STEP 01 打开一个项目文件，进入达芬奇"剪辑"步骤面板，如图 10-6 所示。

STEP 02 在预览窗口中可以查看打开的项目效果，如图 10-7 所示。

STEP 03 在"媒体池"面板中的空白位置处，单击鼠标右键，弹出快捷菜单，选择"导入媒体"命令，如图 10-8 所示。

图 10-8 选择"导入媒体"命令

STEP 04 弹出"导入媒体"对话框，在其中选择需要导入的音频素材，如图 10-9 所示。单击"打开"按钮，即可将音频素材导入"媒体池"面板。

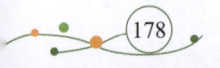

第 10 章 ≫ 后期：音频调整与渲染导出

图 10-9 选择需要导入的音频素材

STEP 05 在"媒体池"面板中选择音频素材，如图 10-10 所示。

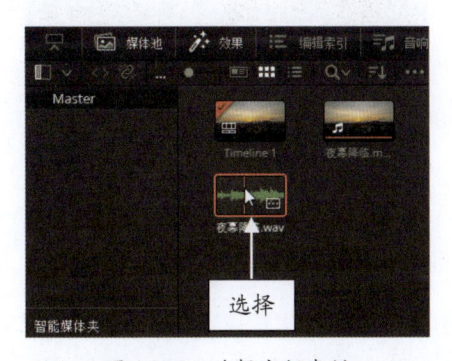

图 10-10 选择音频素材

STEP 06 在"时间线"面板中，选中视频素材，单击鼠标右键，弹出快捷菜单，选择"链接片段"命令，如图 10-11 所示。

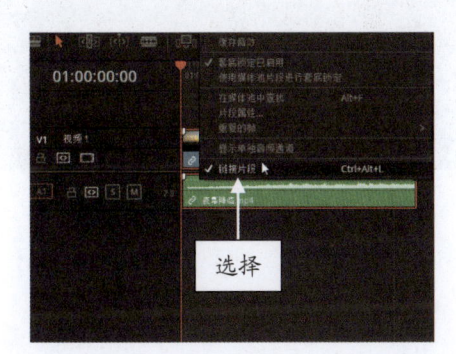

图 10-11 选择"链接片段"命令

STEP 07 取消视频和音频的链接后，选中 A1 轨道上的音频素材，如图 10-12 所示。

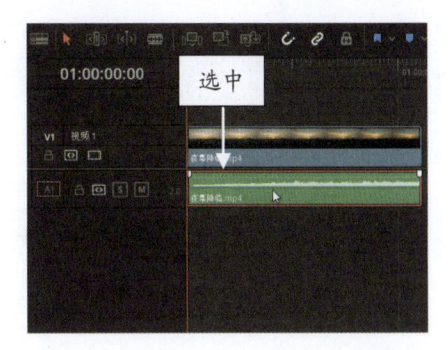

图 10-12 选中 A1 轨道上的音频素材

STEP 08 在"时间线"面板的工具栏上单击"替换片段"按钮，如图 10-13 所示。

图 10-13 单击"替换片段"按钮

STEP 09 执行操作后，即可替换视频的背景音乐，效果如图 10-14 所示。

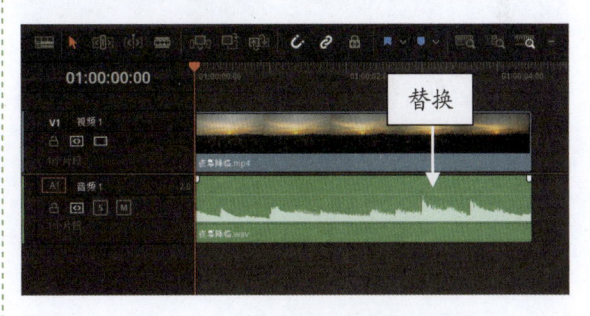

图 10-14 替换视频的背景音乐效果

10.1.3 播放音频：查看音频波动

在 DaVinci Resolve 18 的 Fairlight（音频）步骤面板中播放音频文件，可以查看音频的波动状况，下面介绍具体的操作方法。

179

素材文件	素材\第10章\雨水滴落.drp
效果文件	无
视频文件	视频\第10章\10.1.3 播放音频：查看音频波动.mp4

【操练 + 视频】
——播放音频：查看音频波动

STEP 01 打开一个项目文件，进入达芬奇"剪辑"步骤面板，如图10-15所示。

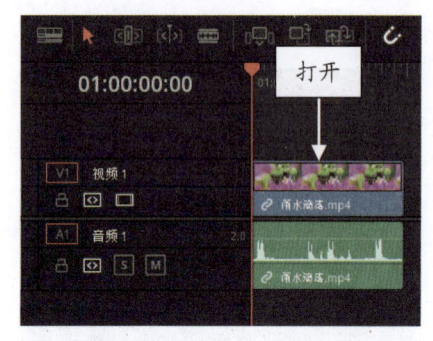

图10-15 打开一个项目文件

STEP 02 在预览窗口中可以查看打开的项目效果，如图10-16所示。

图10-16 查看打开的项目效果

STEP 03 在窗口下方单击Fairlight按钮，如图10-17所示，即可切换至Fairlight（音频）步骤面板。

STEP 04 在窗口右上角单击"音频表"按钮，如图10-18所示。

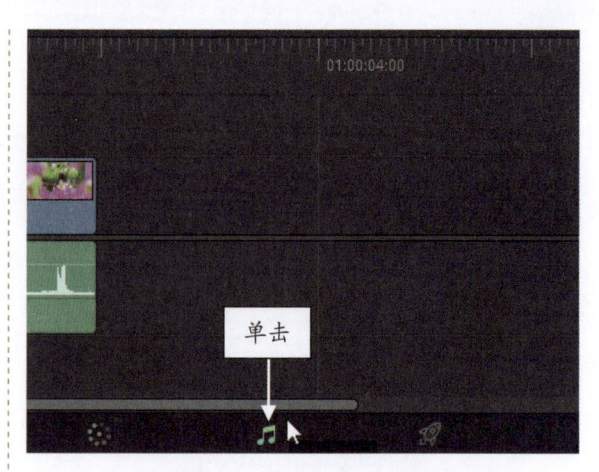

图10-17 单击Fairlight按钮

图10-18 单击"音频表"按钮

STEP 05 即可展开"音频表"面板。在"时间线"面板中，选择音频素材，如图10-19所示。

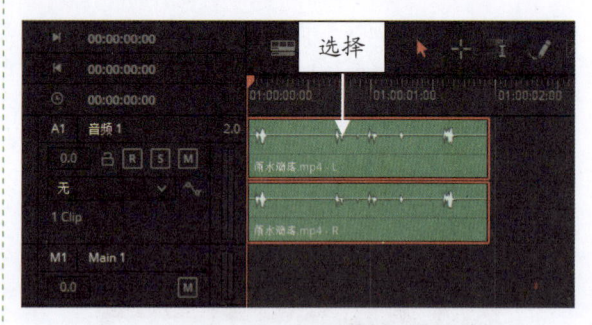

图10-19 选择音频素材

STEP 06 按空格键，即可播放音频素材。在"音频表"面板中即可查看音频播放状况，如图10-20所示。

第 10 章 》 后期：音频调整与渲染导出

图 10-20 查看音频播放状况

10.1.4 整体调节：调整整段音频音量

在 DaVinci Resolve 18 的 Fairlight（音频）步骤面板的"调音台"面板中，用户可以调整整段音频素材的音量大小，下面介绍具体的操作方法。

素材文件	素材\第 10 章\万家灯火 .drp
效果文件	效果\第 10 章\万家灯火 .drp
视频文件	视频\第 10 章\10.1.4　整体调节：调整整段音频音量 .mp4

【操练 + 视频】——整体调节：调整整段音频音量

STEP 01 打开一个项目文件，进入达芬奇 Fairlight（音频）步骤面板，如图 10-21 所示。

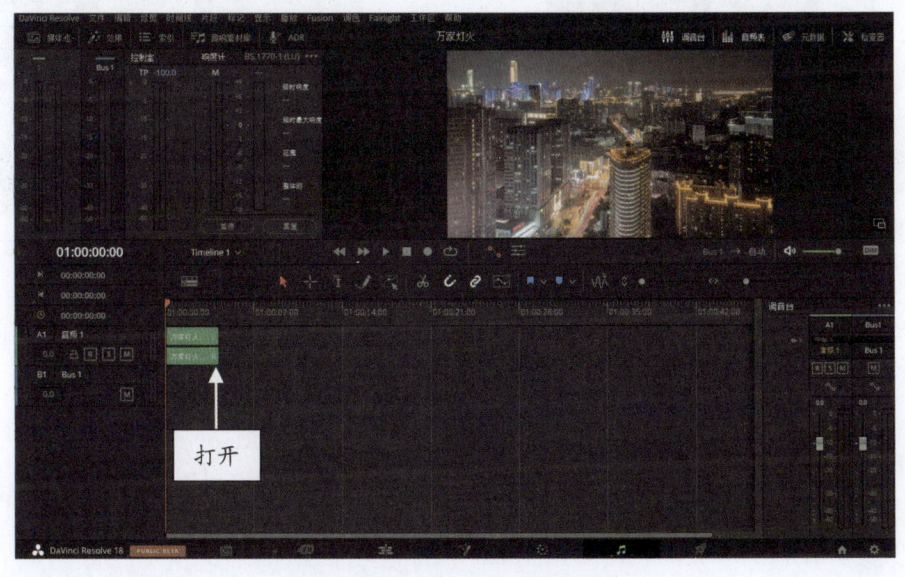

图 10-21 打开一个项目文件

STEP 02 在预览窗口中可以查看打开的项目效果，如图 10-22 所示。

181

图 10-22　查看打开的项目效果

STEP 03 在窗口右上角单击"调音台"按钮 ![icon]，如图 10-23 所示。

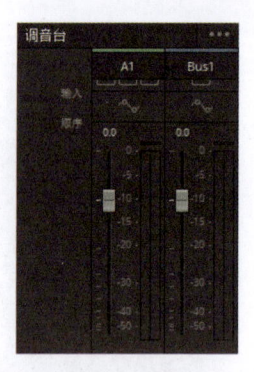

图 10-24　展开"调音台"面板

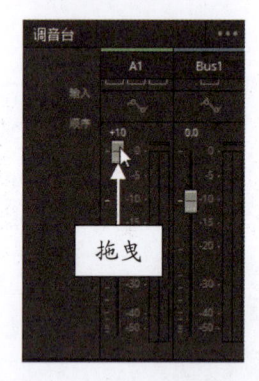

图 10-25　向上拖曳滑块至最顶端

图 10-23　单击"调音台"按钮

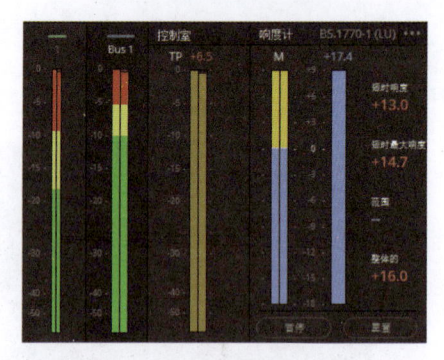

图 10-26　查看音频的音波状况

STEP 04 执行上述操作后，即可展开"调音台"面板，如图 10-24 所示。

STEP 05 在"调音台"面板的 A1 控制条上向上拖曳滑块至最顶端，如图 10-25 所示，即可调整音量为 +10。

STEP 06 按空格键播放音频素材，在"音频表"面板中可以查看音频的音波状况，如图 10-26 所示。

10.1.5　修改属性：将音频调为立体声

在 DaVinci Resolve 18 的 Fairlight（音频）步骤面板中，用户可以修改音频的属性，将单声道音频调整为立体声，并设置轨道以立体声模式显示音频。下面介绍具体的操作方法。

第 10 章 » 后期：音频调整与渲染导出

素材文件	素材 \ 第 10 章 \ 钢琴独奏 .drp
效果文件	效果 \ 第 10 章 \ 钢琴独奏 .drp
视频文件	视频 \ 第 10 章 \10.1.5　修改属性：将音频调为立体声 .mp4

【操练 + 视频】——修改属性：将音频调为立体声

STEP 01 打开一个项目文件，进入达芬奇 Fairlight（音频）步骤面板，如图 10-27 所示。

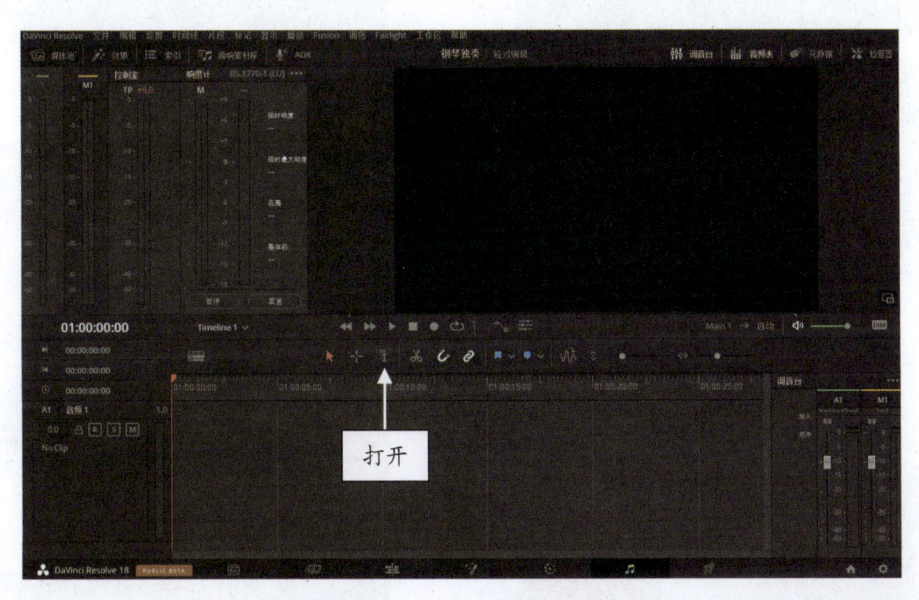

图 10-27　打开一个项目文件

STEP 02 在"媒体池"面板中，选择音频素材文件，如图 10-28 所示。

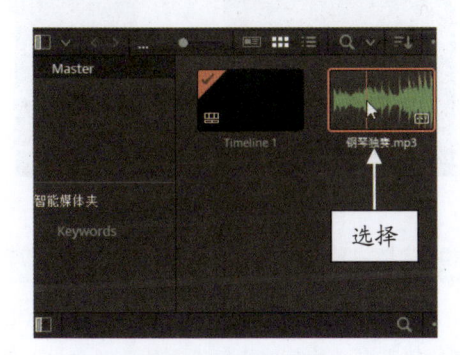

图 10-28　选择音频素材文件

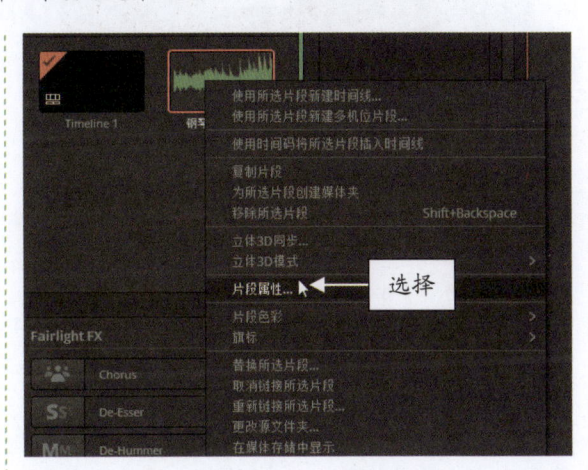

图 10-29　选择"片段属性"命令

STEP 03 单击鼠标右键，弹出快捷菜单，选择"片段属性"命令，如图 10-29 所示。

STEP 04 弹出"片段属性"对话框，如图 10-30 所示，在其中音频属性显示为"单声道"。

183

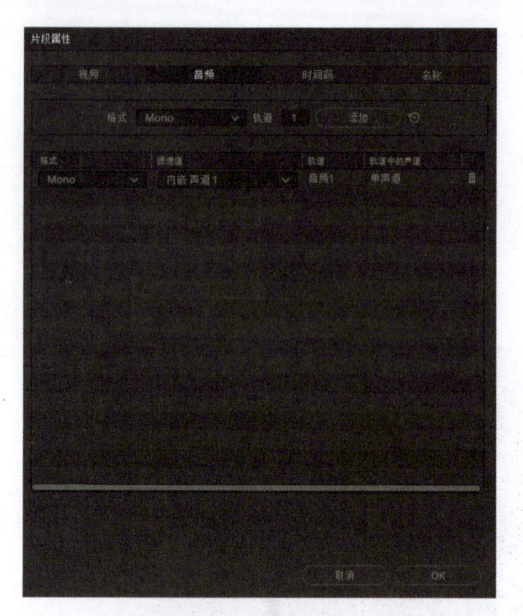

图 10-30 弹出"片段属性"对话框

STEP 05 单击"格式"下拉按钮,弹出下拉列表,选择 Stereo(立体声)选项,如图 10-31 所示。

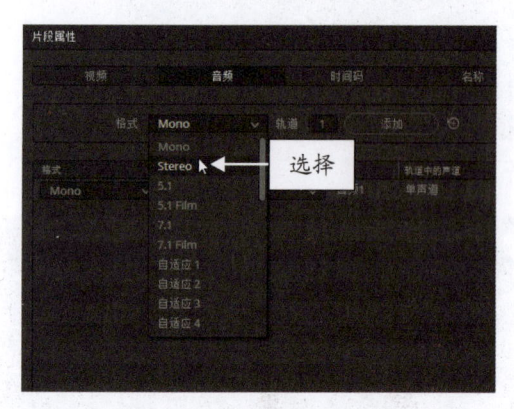

图 10-31 选择 Stereo 选项

STEP 06 在对话框下方单击 OK 按钮,如图 10-32 所示。

STEP 07 执行上述操作后,即可将音频属性由单声道修改为立体声。将"媒体池"面板中的音频拖曳至"时间线"面板的 A1 轨道上,并选中 A1 轨道,如图 10-33 所示。

STEP 08 在轨道面板的空白位置处单击鼠标右键,弹出快捷菜单,选择"将轨道类型更改为"|Stereo 选项,如图 10-34 所示。

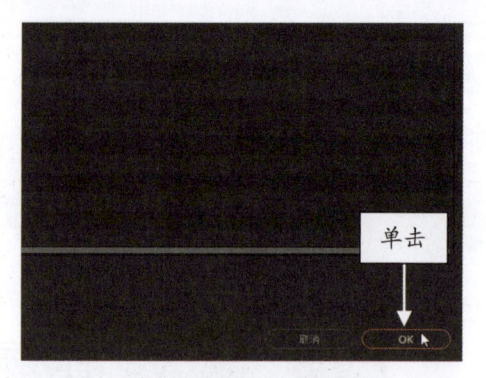

图 10-32 单击 OK 按钮

图 10-33 选中 A1 轨道

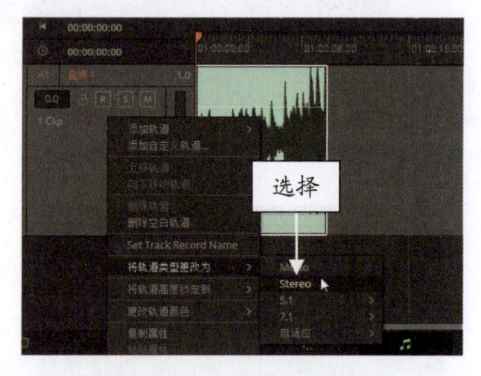

图 10-34 选择 Stereo 选项

> ▶ 温馨提示
>
> 用户也可以直接将单声道音频添加到"时间线"面板的轨道中,然后选择轨道上的音频素材,单击鼠标右键,在弹出的快捷菜单中选择"片段属性"命令,打开"片段属性"对话框,在其中将轨道上的音频属性由单声道修改为立体声。
>
> 另外,当轨道面板以左、右声道显示音频素材时,上面的声道为左声道,下面的声道为右声道。

第 10 章 » 后期：音频调整与渲染导出

STEP 09 执行上述操作后，即可使轨道面板以左、右声道显示音频素材，如图 10-35 所示。

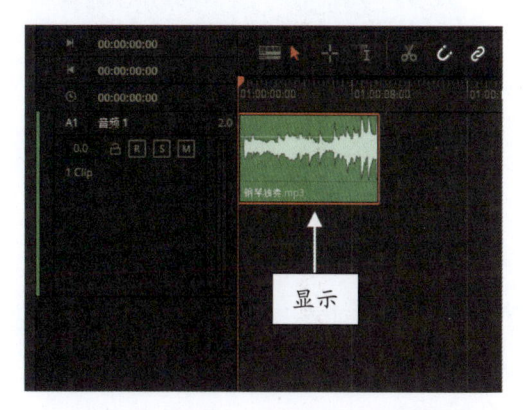

图 10-35 以左、右声道显示音频素材

STEP 10 按空格键播放音频素材，在"音频表"面板中可以查看音频的音波状况，如图 10-36 所示。

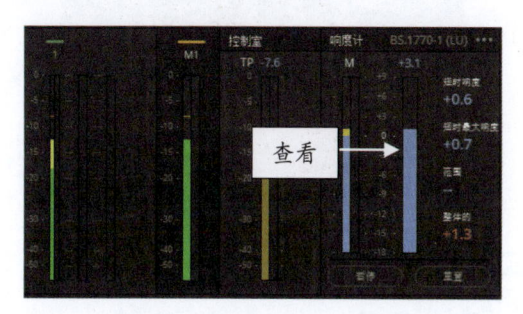

图 10-36 查看音频的音波状况

▶ 10.1.6 剪辑音频：应用范围选择模式修剪

在 DaVinci Resolve 18 的 Fairlight（音频）步骤面板的"时间线"工具栏上，用户可以应用"范围选择模式"工具修剪音频素材，删除不需要的音频片段，下面介绍具体的操作方法。

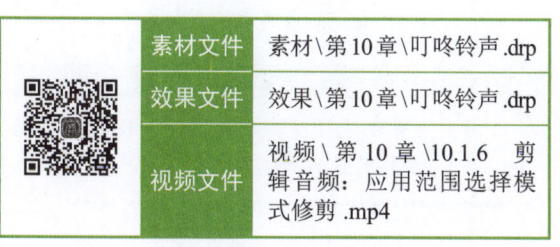

素材文件	素材\第 10 章\叮咚铃声.drp
效果文件	效果\第 10 章\叮咚铃声.drp
视频文件	视频\第 10 章\10.1.6 剪辑音频：应用范围选择模式修剪.mp4

【操练 + 视频】
——剪辑音频：应用范围选择模式修剪

STEP 01 打开一个项目文件，进入达芬奇 Fairlight（音频）步骤面板，如图 10-37 所示。

图 10-37 打开一个项目文件

STEP 02 将时间指示器拖曳至 01:00:02:05 位置处，如图 10-38 所示。

图 10-38 拖曳时间指示器

STEP 03 在"时间线"面板的工具栏上，单击"范围选择模式"按钮，如图 10-39 所示。

图 10-39 单击"范围选择模式"按钮

STEP 04 将光标移至时间指示器位置的音频素材上，如图 10-40 所示。

185

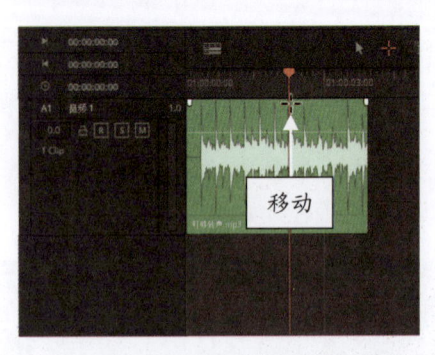

图 10-40　移动光标位置

STEP 05 按住鼠标左键的同时，拖曳光标至音频素材的末端，如图 10-41 所示。

图 10-41　拖曳光标至音频素材的末端

STEP 06 执行操作后，即可使用"范围选择模式"工具选取音频片段，选取的音频片段呈灰白色。将光标移至被选取的音频片段上，如图 10-42 所示，此时光标呈手掌形状 。

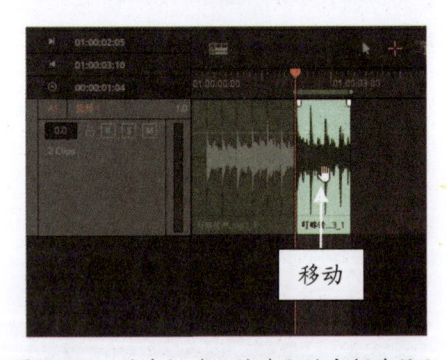

图 10-42　将光标移至被选取的音频片段上

STEP 07 按住鼠标左键，向右拖曳选取的音频片段，如图 10-43 所示，此时光标呈抓手形状 。至合适位置后释放鼠标左键，即可将音频素材分割并移动。

图 10-43　向右拖曳选取的音频片段

STEP 08 在选取的音频片段上单击鼠标右键，弹出快捷菜单，选择"删除所选"命令，如图 10-44 所示。

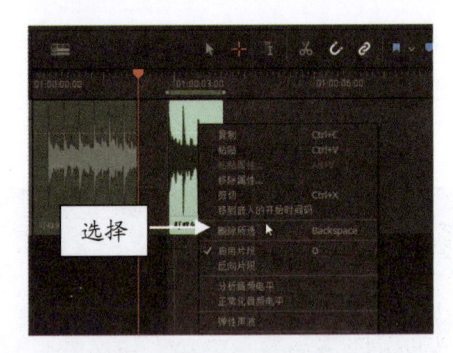

图 10-44　选择"删除所选"命令

STEP 09 执行操作后，即可删除所选片段，如图 10-45 所示。

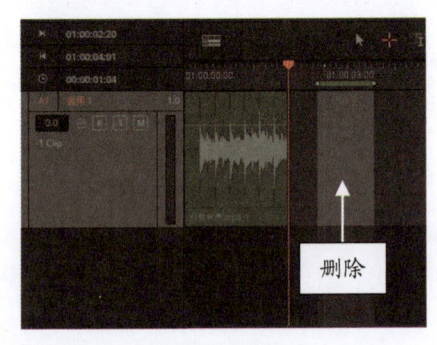

图 10-45　删除选取的音频片段

▶ 温馨提示

　　用户也可以选择剪辑后的音频片段，直接按 Delete 键，删除选取的音频片段。

10.1.7 分割音频：应用刀片工具分割音频

在 DaVinci Resolve 18 的 Fairlight（音频）步骤面板的"时间线"工具栏上，用户可以应用刀片工具将音频素材分割为多个音频片段，下面介绍具体的操作方法。

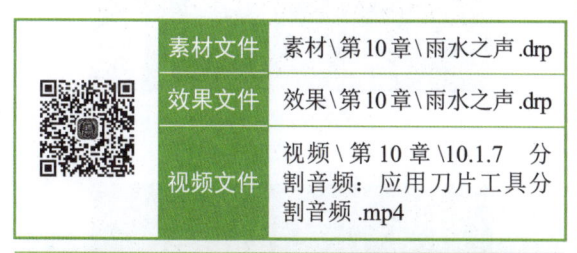

素材文件	素材\第10章\雨水之声.drp
效果文件	效果\第10章\雨水之声.drp
视频文件	视频\第 10 章\10.1.7 分割音频：应用刀片工具分割音频.mp4

【操练 + 视频】
——分割音频：应用刀片工具分割音频

STEP 01 打开一个项目文件，进入达芬奇 Fairlight（音频）步骤面板，如图 10-46 所示。按空格键可以聆听音频素材。

图 10-46　打开一个项目文件

STEP 02 将时间指示器拖曳至 01:00:02:16 的位置处，如图 10-47 所示。

STEP 03 在"时间线"面板的工具栏上，单击"刀片工具"按钮，如图 10-48 所示，即可将音频素材分割为两段。

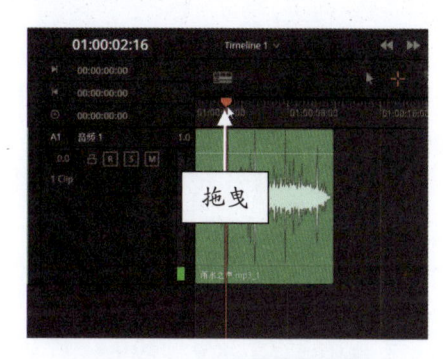

图 10-47　拖曳时间指示器

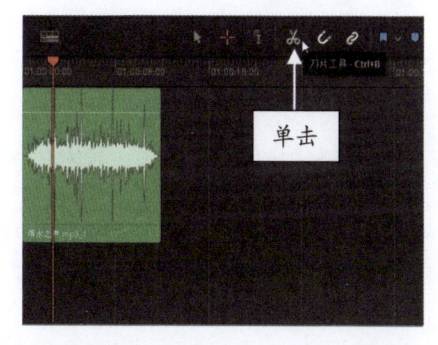

图 10-48　单击"刀片工具"按钮

STEP 04 用同样的方法，在 01:00:05:02 和 01:00:07:17 位置处将音频素材分割成多个音频片段，如图 10-49 所示。

图 10-49　分割成多个音频片段

10.2 为音频添加特效

在 DaVinci Resolve 18 中，可以将音频滤镜添加到音频轨的音频素材上，如淡入淡出、回声、去除杂音、混响等。本节主要介绍为音频添加特效的操作方法。

10.2.1 淡入淡出：制作淡入淡出声音特效

为音频添加淡入淡出的效果，可以避免音乐的突然出现和突然消失，使音乐获得一种自然的过渡效果。下面介绍制作淡入淡出声音特效的操作方法。

素材文件	素材\第10章\紧张气氛.drp
效果文件	效果\第10章\紧张气氛.drp
视频文件	视频\第10章\10.2.1 淡入淡出：制作淡入淡出声音特效.mp4

【操练 + 视频】
——淡入淡出：制作淡入淡出声音特效

STEP 01 打开一个项目文件，进入达芬奇 Fairlight（音频）步骤面板，如图 10-50 所示。按空格键可以试听音频素材。

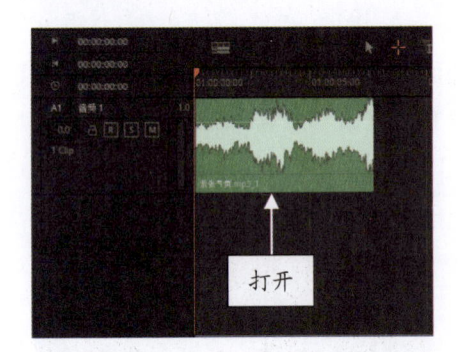

图 10-50 打开一个项目文件

STEP 02 将光标移至音频素材上方，此时音频素材的左上角和右上角分别出现了两个白色标记，如图 10-51 所示。

STEP 03 选中左上角的标记，按住鼠标左键并向右拖曳，如图 10-52 所示，至合适位置释放鼠标左键，即可为音频素材添加淡入特效。

STEP 04 用同样的方法向左拖曳音频右上角的标记，至合适位置释放鼠标左键，为音频素材添加淡出特效，如图 10-53 所示。按空格键聆听制作的淡入淡出声音特效。

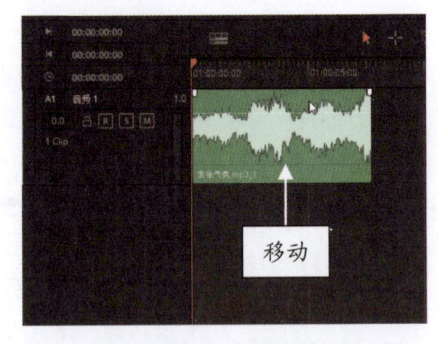

图 10-51 将光标移至音频素材上方

图 10-52 拖曳左上角的标记

图 10-53 添加淡出特效

10.2.2 回声特效：制作背景声音的回音效果

在 DaVinci Resolve 18 中，使用回声音频滤镜样式可以为音频文件添加回音效果，该滤镜样式适合用于唯美梦幻的视频素材当中。下面介绍制作背景声音回声效果的具体操作方法。

第 10 章 » 后期：音频调整与渲染导出

素材文件	素材\第10章\水珠涟漪.drp
效果文件	效果\第10章\水珠涟漪.drp
视频文件	视频\第10章\10.2.2 回声特效：制作背景声音的回音效果.mp4

【操练 + 视频】
——回声特效：制作背景声音的回音效果

STEP 01 打开一个项目文件，进入达芬奇 Fairlight（音频）步骤面板，如图 10-54 所示。

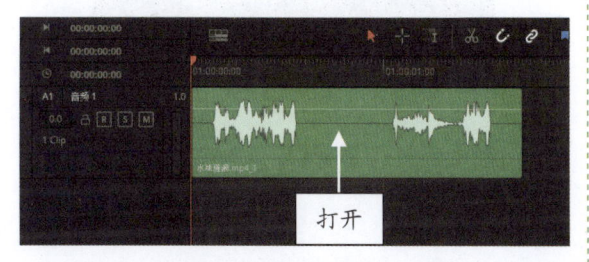

图 10-54 打开一个项目文件

STEP 02 按空格键播放音频，聆听背景音乐并查看视频画面，如图 10-55 所示。

图 10-55 聆听背景音乐并查看视频画面

STEP 03 在界面左上角单击"效果"按钮，如图 10-56 所示。

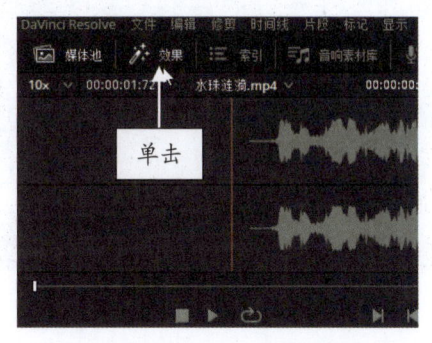

图 10-56 单击"效果"按钮

STEP 04 展开"音频特效"选项卡，选择 Echo（回声）选项，如图 10-57 所示。

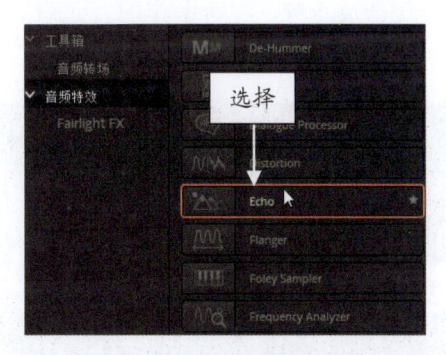

图 10-57 选择 Echo 选项

STEP 05 按住鼠标左键，将选择的音频特效拖曳至 A1 轨道的音频素材上，如图 10-58 所示。

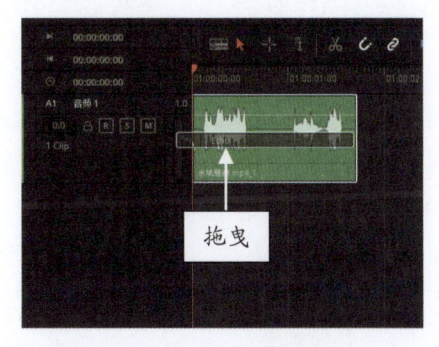

图 10-58 拖曳选择的音频特效

STEP 06 释放鼠标左键，自动弹出相应对话框，如图 10-59 所示，在其中可以设置 Echo 特效的属性参数。

图 10-59　弹出相应对话框

STEP 07 单击对话框左上角的关闭按钮 ✕，返回步骤面板，此时 A1 轨道中的音频素材上显示了特效图标，如图 10-60 所示，表示已添加音频特效。按空格键播放音频，聆听制作的背景声音回声特效。

图 10-60　显示音频特效图标

10.2.3 去除杂音：清除声音中的咝咝声

在 DaVinci Resolve 18 中，使用 De-Esser（咝声消除器）音频特效可以对音频文件中的杂音进行处理，该特效适合用在有杂音的音频文件中。下面向读者介绍清除声音中的咝咝声的操作方法。

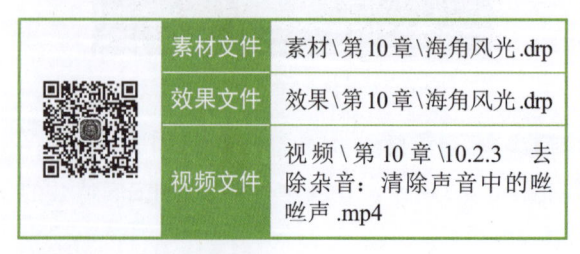

素材文件	素材\第 10 章\海角风光.drp
效果文件	效果\第 10 章\海角风光.drp
视频文件	视频\第 10 章\10.2.3 去除杂音：清除声音中的咝咝声.mp4

【操练 + 视频】
——去除杂音：清除声音中的咝咝声

STEP 01 打开一个项目文件，进入达芬奇 Fairlight（音频）步骤面板，如图 10-61 所示。

图 10-61　打开一个项目文件

STEP 02 按空格键播放音频，聆听背景音乐并查看视频画面，如图 10-62 所示。

图 10-62　聆听背景音乐并查看视频画面

STEP 03 单击"效果"按钮，展开"音频特效"选项卡，选择 De-Esser（咝声消除器）选项，如图 10-63 所示。

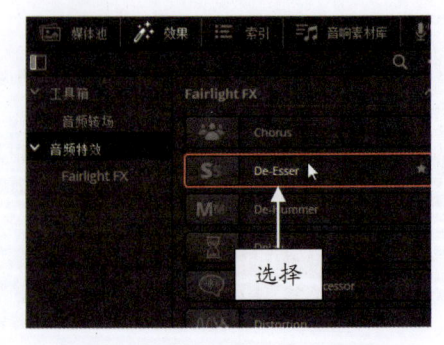

图 10-63　选择 De-Esser 选项

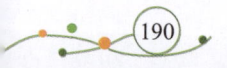

第 10 章 》后期：音频调整与渲染导出

STEP 04 按住鼠标左键，将选择的音频特效拖曳至 A1 轨道的音频素材上，如图 10-64 所示。

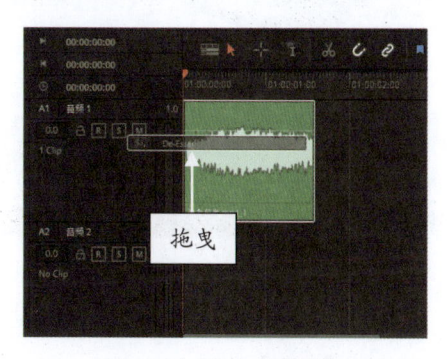

图 10-64 拖曳音频特效

STEP 05 释放鼠标左键，自动弹出相应对话框，如图 10-65 所示。

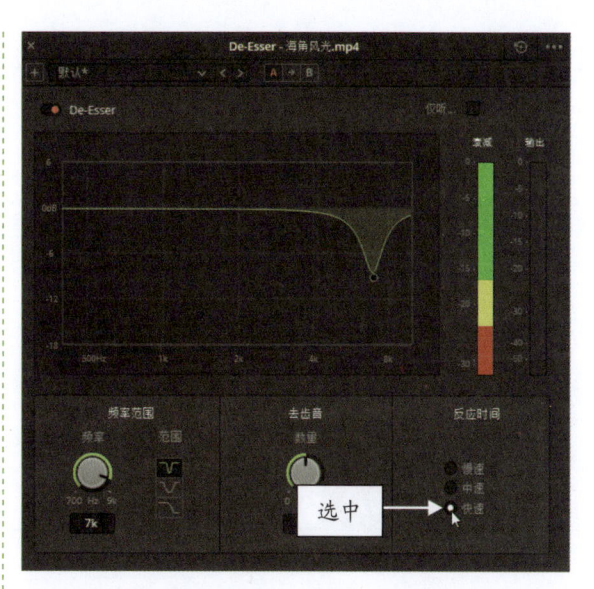

图 10-66 选中"快速"单选按钮

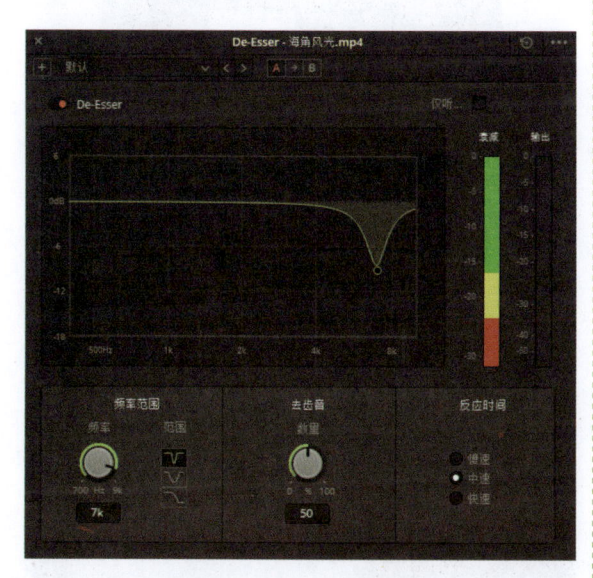

图 10-65 弹出相应对话框

STEP 06 在对话框下方的"反应时间"选项区中，选中"快速"单选按钮，如图 10-66 所示，即可提高去除杂音的反应速度。

STEP 07 单击对话框左上角的关闭按钮，返回步骤面板，此时 A1 轨道中的音频素材上显示了特效图标，表示已添加音频特效，如图 10-67 所示。按空格键播放音频，聆听去除嗞嗞背景杂声后的声音。

图 10-67 显示音频特效图标

10.2.4 混响特效：制作 KTV 声音效果

在 DaVinci Resolve 18 中，使用 Reverb（混响）音频特效可以为音频文件添加混响效果，该特效适合放在 KTV 的音效中。下面介绍应用 Reverb 音频特效的操作方法。

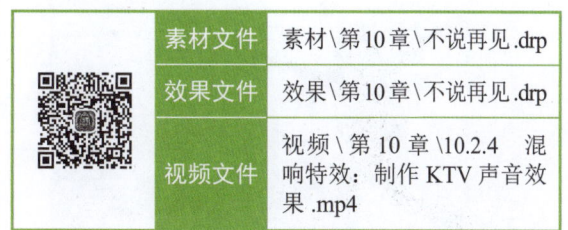

素材文件	素材\第10章\不说再见.drp
效果文件	效果\第10章\不说再见.drp
视频文件	视频\第 10 章 \10.2.4　混响特效：制作 KTV 声音效果 .mp4

191

【操练 + 视频】
——混响特效：制作 KTV 声音效果

STEP 01 打开一个项目文件，进入达芬奇 Fairlight（音频）步骤面板，如图 10-68 所示。

图 10-68 打开一个项目文件

STEP 02 按空格键播放音频，聆听背景音乐并查看视频画面，如图 10-69 所示。

图 10-69 聆听背景音乐并查看视频画面

图 10-69 聆听背景音乐并查看视频画面（续）

STEP 03 展开"音频特效"选项卡，选择 Reverb（混响）选项，如图 10-70 所示。

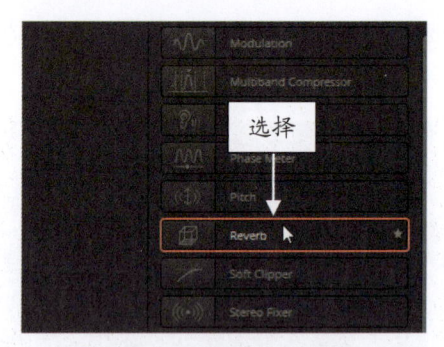

图 10-70 选择 Reverb 选项

STEP 04 按住鼠标左键，将选择的音频特效拖曳至 A1 轨道的音频素材上，如图 10-71 所示。

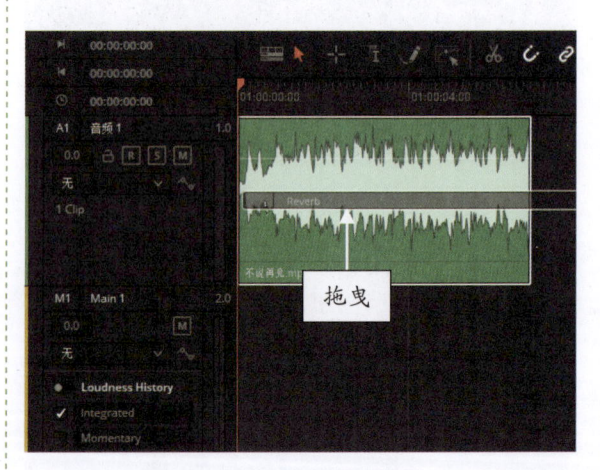

图 10-71 拖曳音频特效

STEP 05 释放鼠标左键，即可自动弹出相应对话框，如图 10-72 所示。

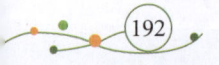

第 10 章 » 后期：音频调整与渲染导出

STEP 06 单击对话框左上角的关闭按钮 ⊠，返回步骤面板，此时 A1 轨道中的音频素材上显示了特效图标，如图 10-73 所示，表示已添加音频特效。按空格键播放音频，聆听制作的 KTV 混响声音特效。

图 10-72　弹出相应对话框

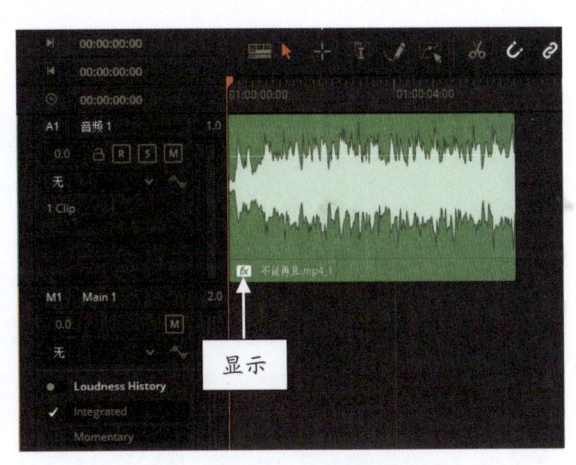

图 10-73　显示音频特效图标

10.3　渲染与导出成品视频

在 DaVinci Resolve 18 中，视频素材编辑完成后，可以切换至"交付"步骤面板，然后在"渲染设置"面板中将成品视频渲染输出为不同格式的视频文件。本节将介绍在 DaVinci Resolve 18 的"交付"步骤面板中渲染与输出视频文件的操作方法。

10.3.1　单个导出：将视频渲染成一个对象

在 DaVinci Resolve 18 的"交付"步骤面板中，用户可以将编辑的一个或多个素材片段渲染输出为一个完整的视频文件。下面介绍将视频渲染成单个片段的操作方法。

素材文件	素材 \ 第 10 章 \ 城市繁华 .drp
效果文件	效果 \ 第 10 章 \ 城市繁华 .mov
视频文件	视频 \ 第 10 章 \10.3.1　单个导出：将视频渲染成一个对象 .mp4

【操练 + 视频】——单个导出：将视频渲染成一个对象

STEP 01 打开一个项目文件，进入达芬奇"剪辑"步骤面板，如图 10-74 所示。

图 10-74　打开一个项目文件

193

STEP 02 在预览窗口中，可以查看打开的项目效果，如图10-75所示。

图10-75 查看打开的项目效果

STEP 03 在下方单击"交付"按钮🚀，如图10-76所示，切换至"交付"步骤面板。

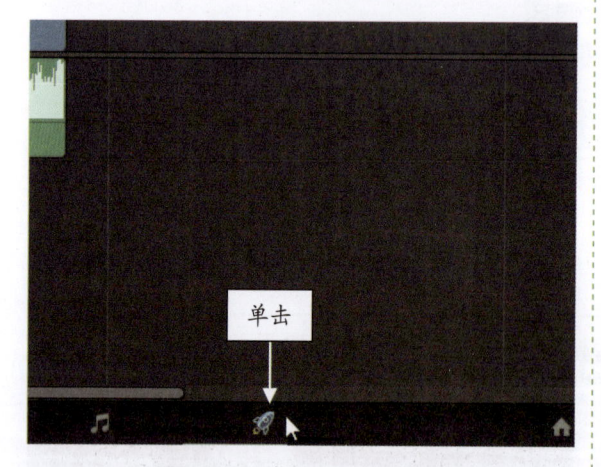

图10-76 单击"交付"按钮

STEP 04 在左上角的"渲染设置"|"渲染设置-Custom Export"选项面板的File Name（文件名）文本框中输入内容"城市繁华"，如图10-77所示，设置渲染的文件名称。

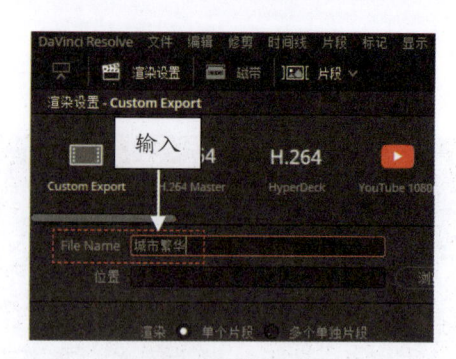

图10-77 输入内容

STEP 05 单击"位置"右侧的"浏览"按钮，如图10-78所示。

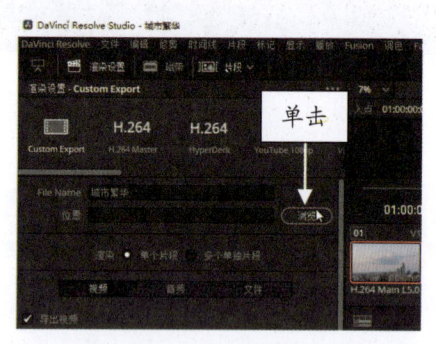

图10-78 单击"浏览"按钮

STEP 06 弹出"文件目标"对话框，在其中设置文件的保存位置，单击"保存"按钮，即可在"位置"文本框中显示保存路径，如图10-79所示。

图10-79 单击"保存"按钮

STEP 07 在下方选中"单个片段"单选按钮，如图10-80所示，表示将所选时间线范围渲染为单

第 10 章 » 后期：音频调整与渲染导出

个片段。

图 10-80 选中"单个片段"单选按钮

STEP 08 单击"添加到渲染队列"按钮，如图 10-81 所示。

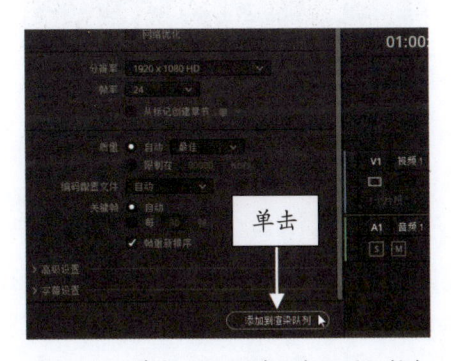

图 10-81 单击"添加到渲染队列"按钮

STEP 09 即可将视频文件添加到右上角的"渲染队列"面板中。单击面板下方的"渲染所有"按钮，如图 10-82 所示。

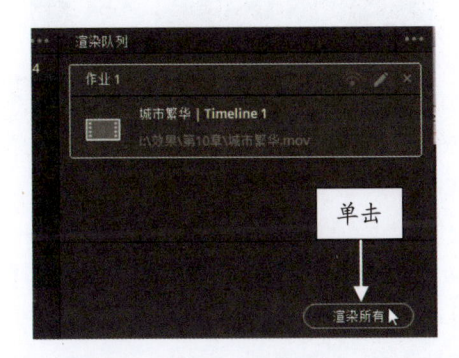

图 10-82 单击"渲染所有"按钮

STEP 10 开始渲染视频文件，并显示视频渲染进度，如图 10-83 所示。待渲染完成，在渲染列表上会显示渲染用时，表示渲染成功。在视频渲染

保存的文件夹中，可以查看渲染输出的视频。

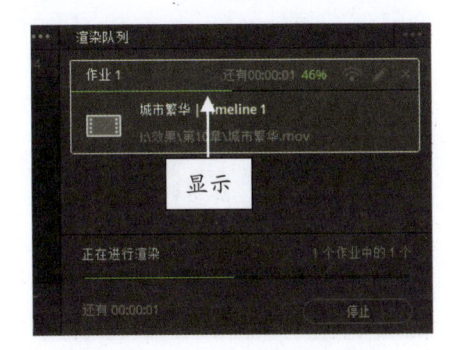

图 10-83 显示视频渲染进度

10.3.2 多个导出：将多个视频片段单独渲染

在 DaVinci Resolve 18 的"交付"步骤面板中，用户可以将编辑的一段视频素材分割为多段素材，然后渲染输出为多个单独的视频文件。下面介绍将多个视频片段单独渲染的操作方法。

素材文件	素材\第 10 章\向日葵 .drp
效果文件	效果\第 10 章\两个向日葵视频
视频文件	视频\第 10 章\10.3.2 多个导出：将多个视频片段单独渲染 .mp4

【操练 + 视频】
——多个导出：将多个视频片段单独渲染

STEP 01 打开一个项目文件，进入达芬奇"剪辑"步骤面板，在"时间线"面板的工具栏中单击"刀片编辑模式"按钮，如图 10-84 所示。

图 10-84 单击"刀片编辑模式"按钮

195

STEP 02 使用刀片工具将视频素材在 01:00:01:00 和 01:00:02:00 位置处分割,如图 10-85 所示。

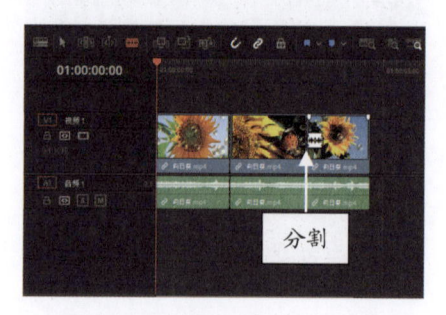

图 10-85 将视频素材分割为三段

STEP 03 在预览窗口中,可以查看分割后的效果,如图 10-86 所示。

图 10-86 查看分割后的效果

STEP 04 切换至"交付"步骤面板,在"渲染设置"|"渲染设置-Custom Export"选项卡中设置文件名称和保存位置,如图 10-87 所示。

STEP 05 在"渲染"右侧选中"多个单独片段"单选按钮,如图 10-88 所示。

图 10-87 设置文件名称和保存位置

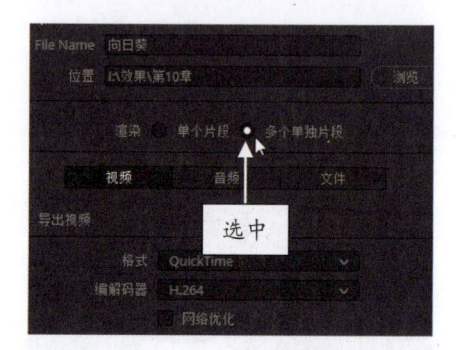

图 10-88 选中"多个单独片段"单选按钮

STEP 06 单击"添加到渲染队列"按钮,如图 10-89 所示。

图 10-89 单击"添加到渲染队列"按钮

STEP 07 将视频文件添加到右上角的"渲染队列"面板中。单击面板下方的"渲染所有"按钮,如图 10-90 所示。

STEP 08 开始渲染视频文件,并显示视频渲染进度,如图 10-91 所示。

STEP 09 待渲染完成,在渲染列表上会显示渲染用时,表示渲染成功。在保存渲染视频的文件夹中,可以查看渲染输出的视频,如图 10-92 所示。

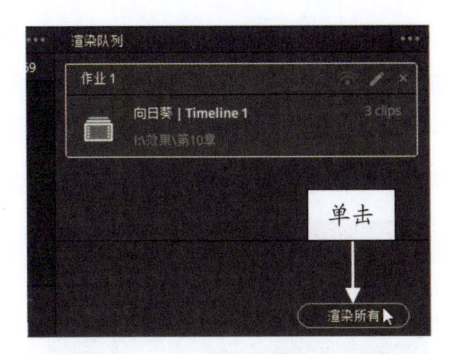

第 10 章 » 后期：音频调整与渲染导出

图 10-90 单击"渲染所有"按钮

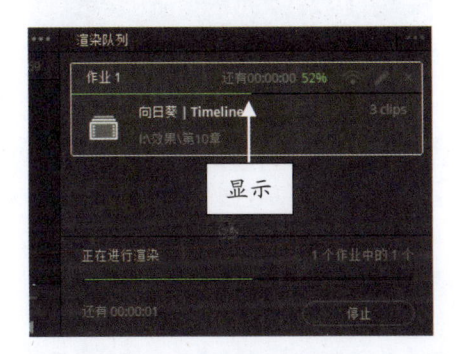

图 10-91 显示视频渲染进度

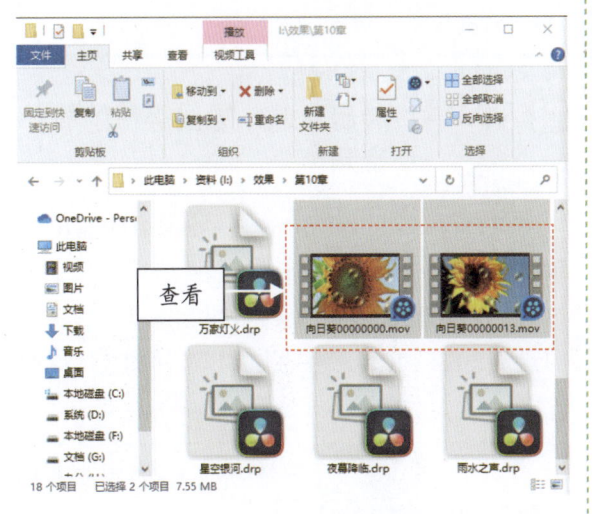

图 10-92 查看渲染输出的视频

10.3.3 导出 MP4：导出田园风光视频

MP4 全称为 MPEG-4 Part 14，是一种使用 MPEG-4 的多媒体电脑档案格式，文件后缀名为 .mp4。MP4 格式的优点是应用广泛，在大多数播放软件、非线性编辑软件以及智能手机中都能播放。下面介绍导出 MP4 视频文件的操作方法。

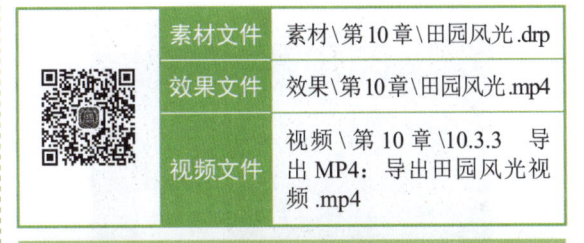

素材文件	素材\第10章\田园风光.drp
效果文件	效果\第10章\田园风光.mp4
视频文件	视频\第10章\10.3.3 导出 MP4：导出田园风光视频.mp4

【操练 + 视频】
——导出 MP4：导出田园风光视频

STEP 01 打开一个项目文件，进入达芬奇"剪辑"步骤面板，在预览窗口中，可以查看打开的项目效果，如图 10-93 所示。

图 10-93 查看打开的项目效果

STEP 02 切换至"交付"步骤面板，在"渲染设置"|"渲染设置-Custom Export"选项卡中设置文件名称和保存位置，如图 10-94 所示。

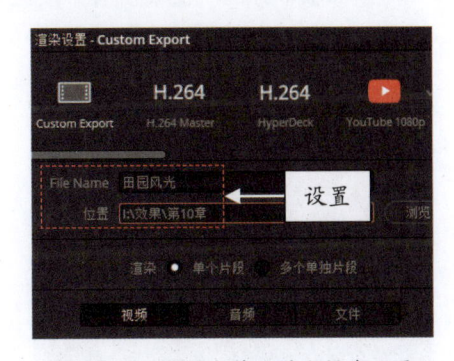

图 10-94 设置文件名称和保存位置

197

STEP 03 在"导出视频"选项区中,单击"格式"下拉按钮,在弹出的下拉列表中选择MP4选项,如图10-95所示。

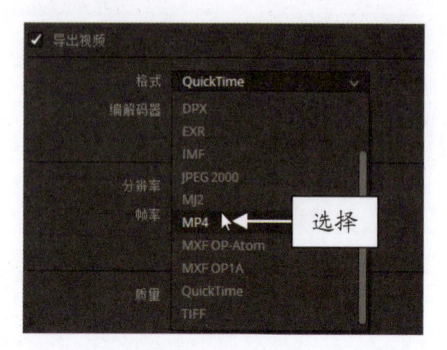

图10-95 选择MP4选项

STEP 04 单击"添加到渲染队列"按钮,如图10-96所示。

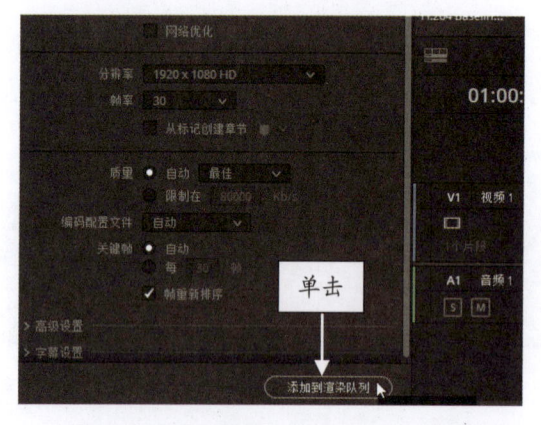

图10-96 单击"添加到渲染队列"按钮

STEP 05 将视频文件添加到右上角的"渲染队列"面板中。单击面板下方的"渲染所有"按钮,如图10-97所示。

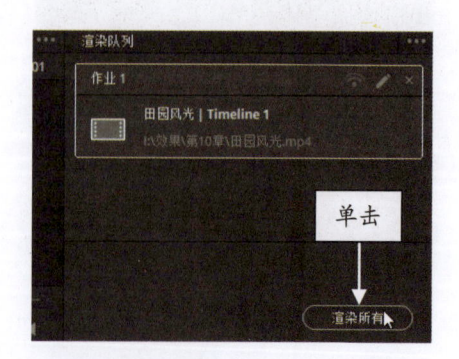

图10-97 单击"渲染所有"按钮

STEP 06 开始渲染视频文件,并显示视频渲染进度。待渲染完成后,在渲染列表上会显示渲染用时,如图10-98所示,表示渲染成功。在保存渲染视频的文件夹中,可以查看渲染输出的视频。

图10-98 显示渲染用时

> **温馨提示**
>
> 当取消选中"导出视频"复选框时,"导出视频"选项区中的设置会呈灰色不可用状态,此时需要重新选中"导出视频"复选框,才可以继续进行相关选项的设置。
>
> 如果第一次渲染MP4视频失败,用户可以先切换成其他视频格式,然后再重新设置"格式"为MP4视频格式。

10.3.4 导出音频:导出等待绽放音频

在 DaVinci Resolve 18 中,除了渲染输出视频文件外,用户还可以在"交付"步骤面板中通过设置渲染输出选项,单独导出与视频文件链接的音频文件。下面介绍导出音频文件的具体操作方法。

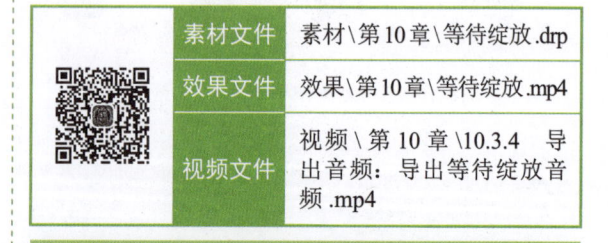

素材文件	素材\第10章\等待绽放.drp
效果文件	效果\第10章\等待绽放.mp4
视频文件	视频\第10章\10.3.4 导出音频:导出等待绽放音频.mp4

【操练 + 视频】
——导出音频:导出等待绽放音频

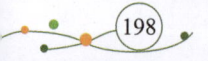

第 10 章 » 后期：音频调整与渲染导出

STEP 01 打开一个项目文件，进入"剪辑"步骤面板，在预览窗口中，可以查看打开的项目效果，如图 10-99 所示。

图 10-99　查看打开的项目效果

STEP 02 切换至"交付"步骤面板，在"渲染设置"|"渲染设置 -Custom Export"面板中，设置文件名称和保存位置，如图 10-100 所示。

图 10-100　设置文件名称和保存位置

STEP 03 在下方的"视频"选项卡中，取消选中"导出视频"复选框，如图 10-101 所示。

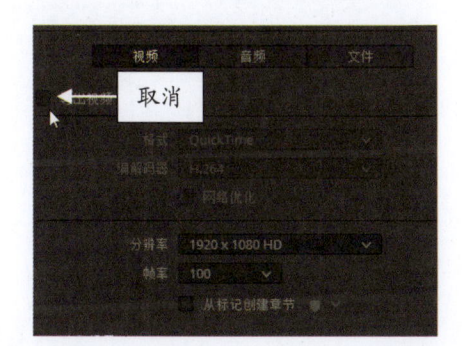

图 10-101　取消选中"导出视频"复选框

STEP 04 单击"音频"按钮，如图 10-102 所示，切换至"音频"选项卡。

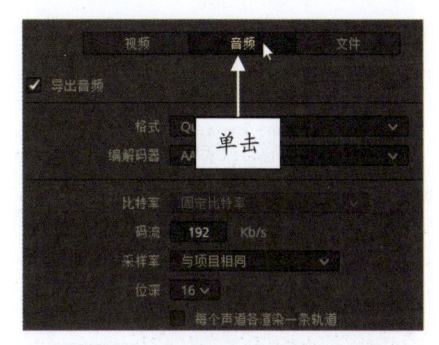

图 10-102　单击"音频"按钮

STEP 05 在"导出音频"选项区中，单击"格式"下拉按钮，在弹出的下拉列表中选择 MP4 选项，如图 10-103 所示。

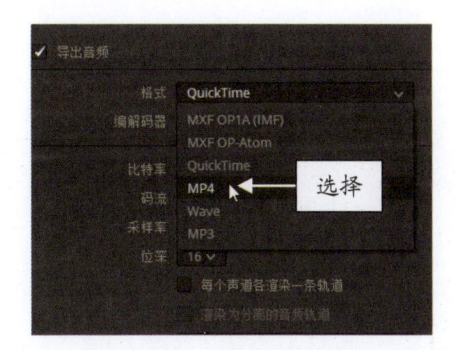

图 10-103　选择 MP4 选项

STEP 06 单击"添加到渲染队列"按钮，如图 10-104 所示。

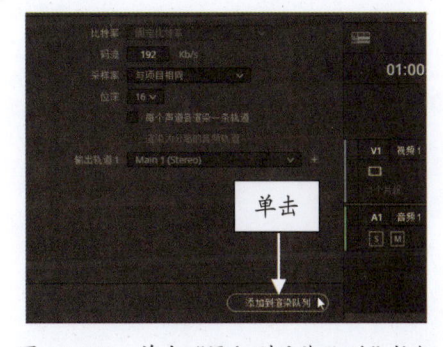

图 10-104　单击"添加到渲染队列"按钮

STEP 07 将渲染文件添加到右上角的"渲染队列"面板中。单击面板下方的"渲染所有"按钮，如图 10-105 所示。

STEP 08 开始渲染音频文件，并显示音频渲染进度。待渲染完成，在渲染列表上会显示渲染用时，

199

表示渲染成功。在渲染文件夹中，可以查看渲染输出的音频文件，如图 10-106 所示。

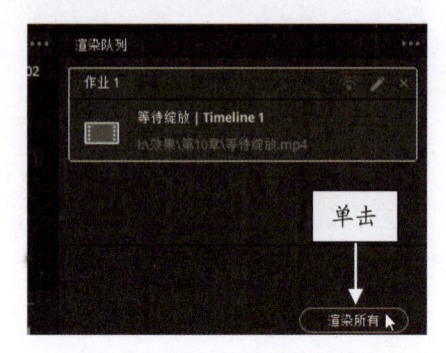

图 10-105　单击"渲染所有"按钮

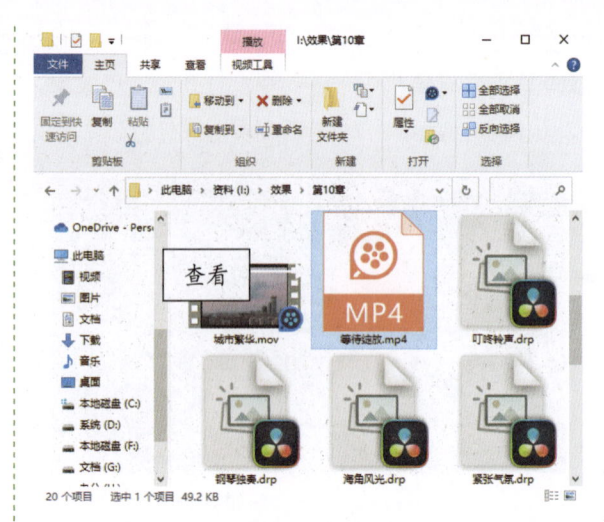

图 10-106　查看渲染输出的音频文件

第 11 章

人像视频调色——《花季少女》

章前知识导读

拍摄人像照片或视频时，通常情况下都会在拍摄前期通过妆容、服饰、场景、角度、构图等过程，以达到最好的人像拍摄效果，这样拍摄出来的素材后期处理也更容易。在 DaVinci Resolve 18 中，用户可以根据需要对人像视频进行肤色调整、祛痘祛斑、磨皮等操作。

新手重点索引

- 欣赏视频效果
- 剪辑输出视频
- 视频调色过程

效果图片欣赏

11.1 欣赏视频效果

很多年轻人都喜欢去影楼拍摄个人写真。对于每个人来说，个人写真是值得回忆的美好瞬间，所以都不愿意在个人写真相册以及写真视频上留有瑕疵。因此，在前期拍摄完成后，不能立刻输出成品文件，而是需要对写真相册和写真视频进行后期调色处理，为人像调整肤色、去除痘印和痣等。在介绍人像视频调色方法之前，本节首先预览《花季少女》项目效果，并了解项目技术提炼等内容。

11.1.1 效果赏析

本实例制作的是人像视频调色——《花季少女》，下面预览视频进行后期调色前后的效果对比，如图 11-1 所示。

图 11-1　人像视频调色——《花季少女》素材与效果欣赏

第 11 章 ≫ 人像视频调色——《花季少女》

▶ 11.1.2 技术提炼

首先新建一个项目文件，进入 DaVinci Resolve 18 "剪辑"步骤面板，在"媒体池"面板中依次导入人像视频素材，并将其添加至"时间线"面板中；然后调整视频的色彩基调，对人物肤色进行调整，为人物去除痘印、痣和斑点，并为人物磨皮；最后为人像视频添加转场、字幕、背景音乐，将成品交付输出。

11.2 视频调色过程

本节主要介绍《花季少女》视频文件的制作过程，如导入多段视频素材，调整视频的色彩基调，对人物肤色进行调整，去除痘印和斑点，以及为人物制作磨皮特效等，希望读者能熟练掌握人像视频调色的各种制作方法。

▶ 11.2.1 导入多段视频素材

在为人像视频调色之前，首先需要导入多段人像视频素材。下面介绍通过"媒体池"面板导入视频素材的操作方法。

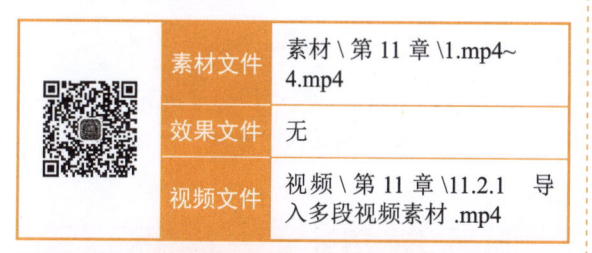

素材文件	素材\第 11 章\1.mp4~4.mp4
效果文件	无
视频文件	视频\第 11 章\11.2.1 导入多段视频素材.mp4

【操练+视频】——导入多段视频素材

STEP 01 进入达芬奇"剪辑"步骤面板，在"媒体池"面板中单击鼠标右键，弹出快捷菜单，选择"导入媒体"命令，如图 11-2 所示。

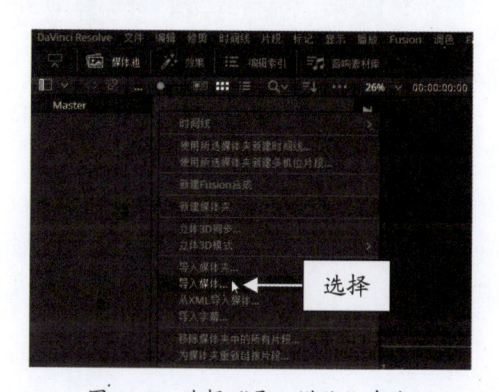

图 11-2 选择"导入媒体"命令

STEP 02 弹出"导入媒体"对话框，在文件夹中选择需要导入的视频素材，如图 11-3 所示。

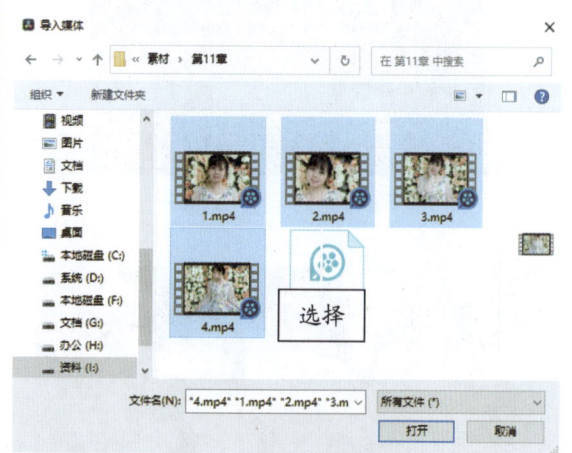

图 11-3 选择视频素材

STEP 03 单击"打开"按钮，即可将选择的视频素材导入"媒体池"面板中，如图 11-4 所示。

STEP 04 选择"媒体池"面板中的视频素材，按住鼠标左键将其拖曳至"时间线"面板的视频轨中，如图 11-5 所示。

STEP 05 执行上述操作后，按空格键即可在预览窗口中预览添加的视频素材，如图 11-6 所示。

203

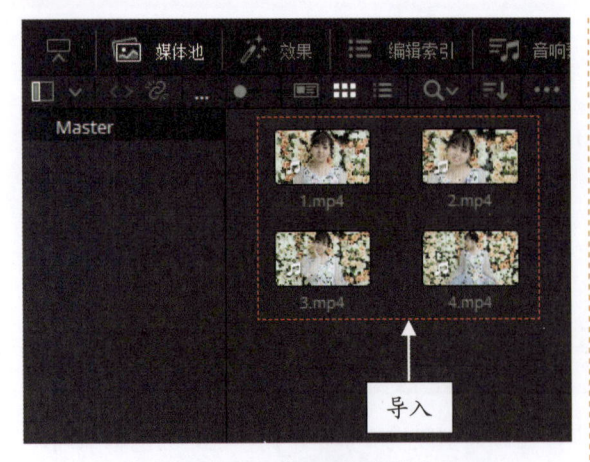

图 11-4　导入视频素材

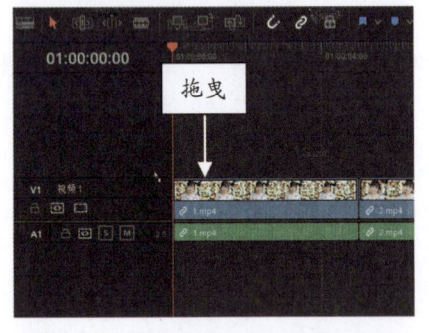

图 11-5　拖曳视频至"时间线"面板

图 11-6　预览视频素材效果

图 11-6　预览视频素材效果（续）

11.2.2　调整视频的色彩基调

导入视频素材后，即可切换至达芬奇"调色"步骤面板中为视频调整色彩基调，下面介绍具体的操作方法。

素材文件	无
效果文件	无
视频文件	视频\第 11 章\11.2.2　调整视频的色彩基调 .mp4

【操练 + 视频】——调整视频的色彩基调

STEP 01 切换至达芬奇"调色"步骤面板，在"节点"面板中选中 01 节点。展开"色轮"面板，设置"暗部"色轮参数均为 -0.04，"中灰"色轮参数均为 0.04，"亮部"色轮参数均为 1.06，如图 11-7 所示，即可提升画面的亮度，使画面更有质感。

第 11 章 » 人像视频调色——《花季少女》

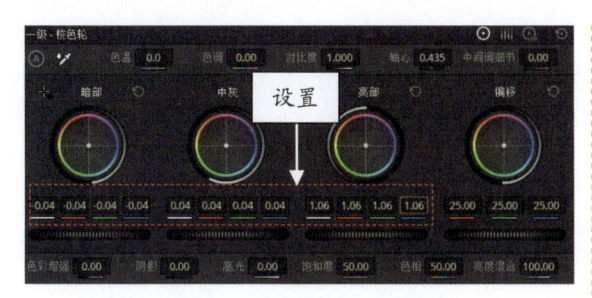

图 11-7 设置"色轮"参数

STEP 02 在"色轮"面板中，设置"对比度"参数为 1.082，"饱和度"参数为 58.20，如图 11-8 所示，即可提升整体画面，使画面偏暖色调。

图 11-8 设置"对比度"和"饱和度"参数

STEP 03 在"色轮"面板中，设置"色温"参数为 370.0，如图 11-9 所示。

图 11-9 设置"色温"参数

STEP 04 执行上述操作后，即可将视频调为暖色调，效果如图 11-10 所示。

STEP 05 在"片段"面板中，选择第 2 个视频片段，如图 11-11 所示。

图 11-10 将视频调为暖色调

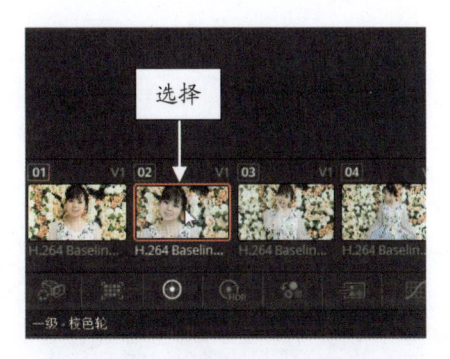

图 11-11 选择第 2 个视频片段

STEP 06 在第 1 个视频片段上单击鼠标右键，弹出快捷菜单，选择"与此片段进行镜头匹配"命令，如图 11-12 所示。

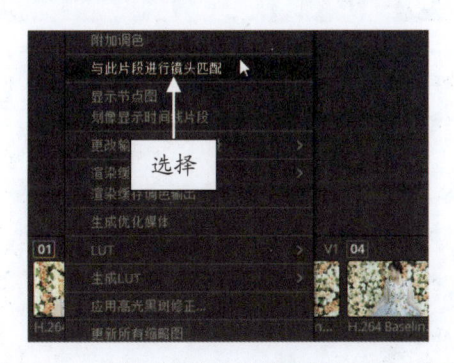

图 11-12 选择"与此片段进行镜头匹配"命令

STEP 07 在预览窗口中预览第 2 段视频镜头匹配后的画面效果，如图 11-13 所示。

STEP 08 用同样的方法为第 3 段和第 4 段视频进行镜头匹配操作，调整视频的色彩基调，效果如图 11-14 所示。

205

图 11-13　预览第 2 段视频匹配后的效果

> **温馨提示**
>
> 应用镜头匹配，可以使 4 段视频的色彩基调保持一致。

图 11-14　调整第 3 段和第 4 段视频的色彩基调效果

11.2.3　对人物肤色进行调整

对视频的色彩色调调整完成后，即可对人物肤色进行校正调整。校正人物肤色需要应用矢量图示波器进行辅助调色，下面介绍具体的操作方法。

素材文件	无
效果文件	无
视频文件	视频\第 11 章\11.2.3　对人物肤色进行调整 .mp4

【操练＋视频】——对人物肤色进行调整

STEP 01 选择第 1 段视频，在"节点"面板中的 01 节点上单击鼠标右键，弹出快捷菜单，选择"添加节点"｜"添加串行节点"命令，如图 11-15 所示。

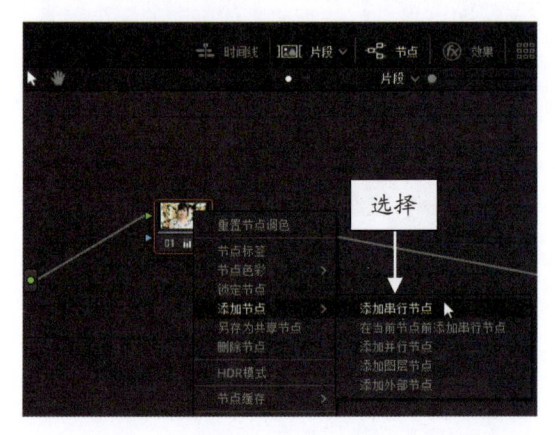

图 11-15　选择"添加串行节点"命令

STEP 02 执行操作后，即可添加一个编号为 02 的串行节点，如图 11-16 所示。

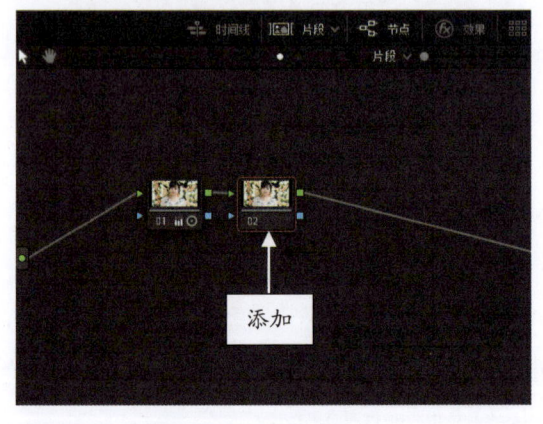

图 11-16　添加 02 节点

STEP 03 展开"示波器"面板，在示波器窗口的右上角单击下拉按钮，在弹出的下拉列表中选择"矢量图"选项，如图 11-17 所示。

第 11 章 » 人像视频调色——《花季少女》

"矢量图"示波器面板中显示肤色指示线，效果如图 11-20 所示。

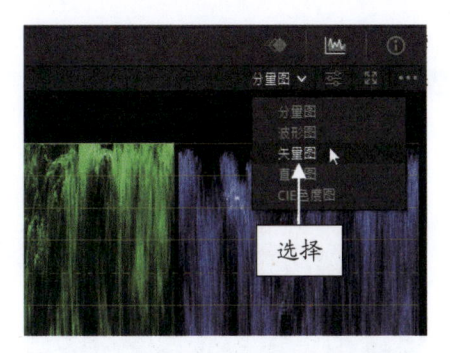

图 11-17 选择"矢量图"选项

STEP 04 执行操作后，即可打开"矢量图"示波器面板，在右上角单击"设置"按钮，如图 11-18 所示。

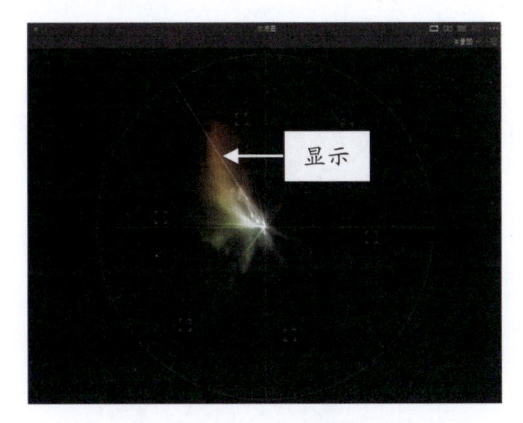

图 11-20 显示肤色指示线

STEP 07 展开"窗口"面板，单击曲线"窗口激活"按钮，如图 11-21 所示。

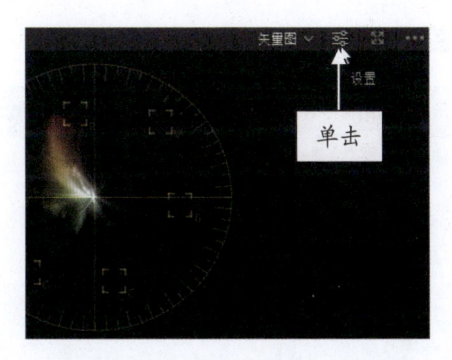

图 11-18 单击"设置"按钮

STEP 05 弹出相应面板，在其中选中"显示肤色指示线"复选框，如图 11-19 所示。

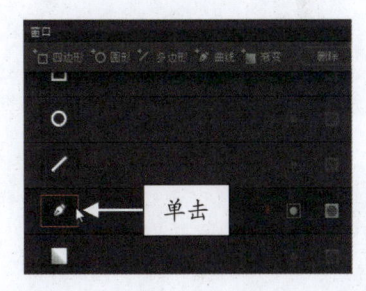

图 11-21 单击曲线"窗口激活"按钮

STEP 08 在预览面板中，将时间滑块拖曳至最左端，在图像上绘制一个窗口蒙版，如图 11-22 所示。

图 11-19 选中"显示肤色指示线"复选框

STEP 06 单击空白处，关闭弹出的面板，即可在

图 11-22 绘制一个窗口蒙版

207

STEP 09 展开"跟踪器"面板，在下方选中"交互模式"复选框，如图11-23所示，即可在预览窗口的窗口蒙版中插入特征跟踪点。

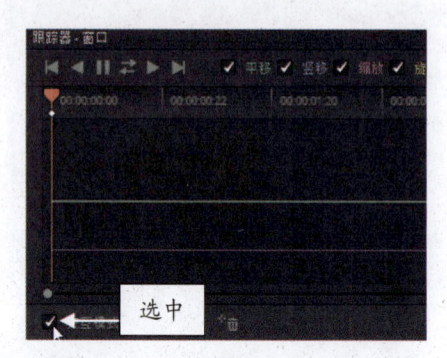

图11-23 选中"交互模式"复选框

STEP 10 单击"反向跟踪"按钮◀，如图11-24所示。

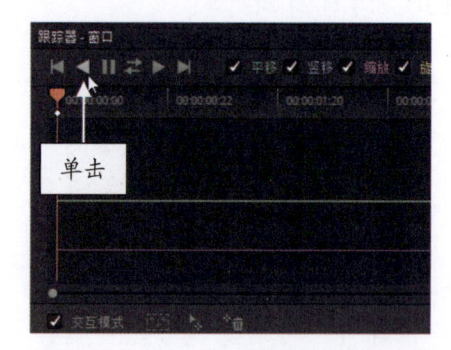

图11-24 单击"反向跟踪"按钮

STEP 11 执行操作后，即可运动跟踪绘制的窗口，如图11-25所示。

图11-25 运动跟踪绘制的窗口

STEP 12 展开"限定器"面板，单击"拾取器"按钮，如图11-26所示。

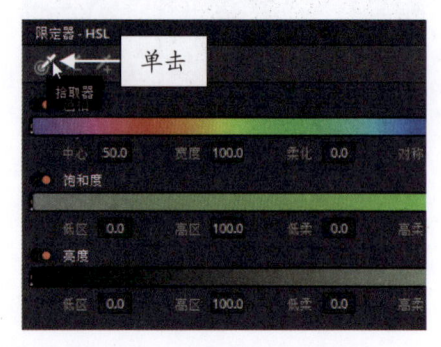

图11-26 单击"拾取器"按钮

STEP 13 在"检视器"面板上方单击"突出显示"按钮，如图11-27所示。

图11-27 单击"突出显示"按钮

STEP 14 在预览窗口中，按住鼠标左键拖曳光标选取人物皮肤，如图11-28所示。

图11-28 选取人物皮肤

第 11 章 » 人像视频调色——《花季少女》

STEP 15 切换至"限定器"面板,在"蒙版优化 2"选项区中,设置"降噪"参数为 10.1,如图 11-29 所示,即可降低皮肤上的噪点,让皮肤更加干净、光滑。

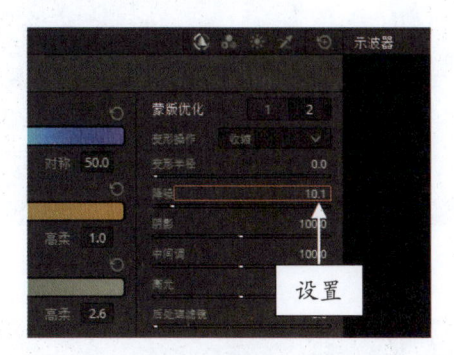

图 11-29 设置"降噪"参数

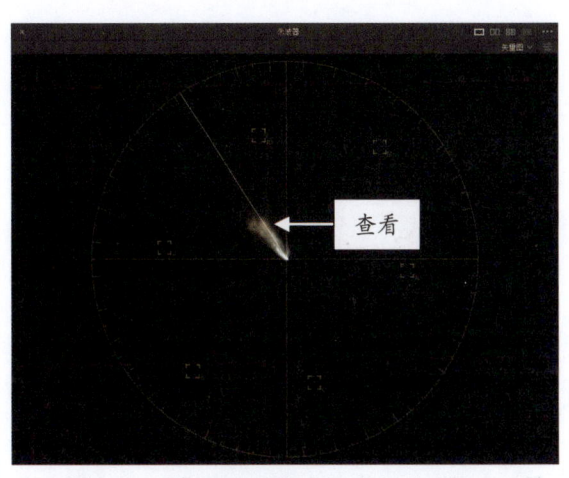

图 11-31 色彩矢量波形已与肤色指示线重叠

STEP 16 在"矢量图"示波器面板中查看色彩矢量波形变换的同时,在"色轮"面板中拖曳"亮部"色轮中心的白色圆圈,直至参数显示为 1.00、0.96、1.01、1.05,如图 11-30 所示,即可提升皮肤的亮度,使皮肤更加有质感。

图 11-32 查看人物肤色调整效果

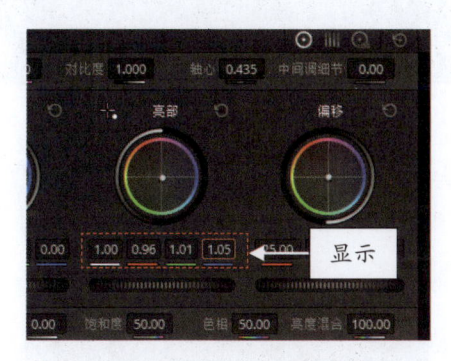

图 11-30 设置"亮部"色轮参数

图 11-33 选中第 2 段视频

STEP 17 此时"矢量图"示波器面板中的色彩矢量波形与肤色指示线重叠,如图 11-31 所示。

STEP 18 在预览窗口中查看人物肤色调整效果,如图 11-32 所示。

STEP 19 在"片段"面板中,选中第 2 段视频,如图 11-33 所示。

STEP 20 用同样的方法,对第 2 段人像视频调整肤色,效果如图 11-34 所示。

图 11-34 第 2 段人像视频肤色调整效果

209

STEP 21 继续执行同样的操作，对第3段和第4段人像视频调整肤色，效果如图11-35所示。

图11-35 第3段和第4段人像视频肤色调整效果

11.2.4 去除痣、痘印和斑点

人物肤色调整后，即可为人物去除脸上的痘印和脖子上的痣、斑点等。在DaVinci Resolve 18中，去除痘印可以应用"局部替换工具"特效，下面介绍具体的操作方法。

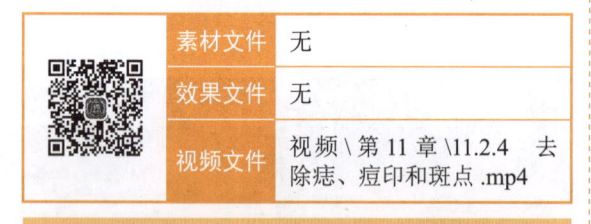

素材文件	无
效果文件	无
视频文件	视频\第11章\11.2.4 去除痣、痘印和斑点.mp4

【操练+视频】——去除痣、痘印和斑点

STEP 01 选择第1段视频，在"节点"面板中的02节点上，单击鼠标右键，弹出快捷菜单，选择"添加节点"|"添加串行节点"命令，如图11-36所示。

STEP 02 执行操作后，即可添加一个编号为03的串行节点，如图11-37所示。

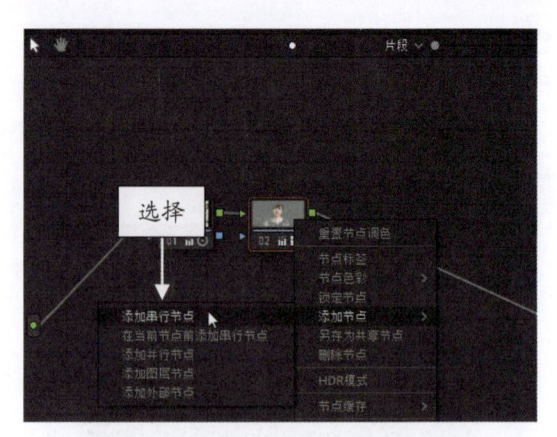

图11-36 选择"添加串行节点"命令

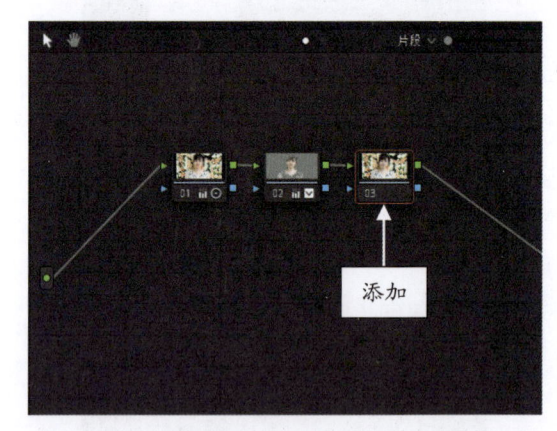

图11-37 添加03节点

STEP 03 打开"效果"面板，在"素材库"选项面板中选择"局部替换工具"效果，如图11-38所示。

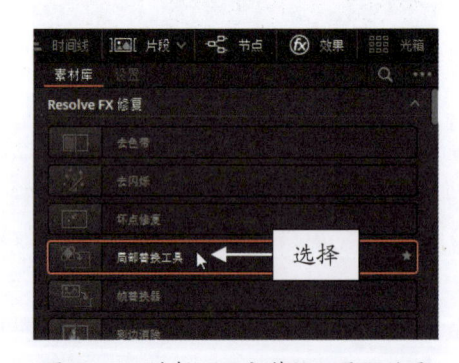

图11-38 选择"局部替换工具"效果

STEP 04 按住鼠标左键，将其拖曳至"节点"面板的03节点上，添加"局部替换工具"效果，如图11-39所示。

210

第 11 章 » 人像视频调色——《花季少女》

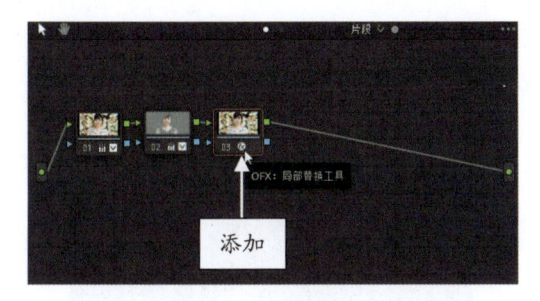

图 11-39 添加"局部替换工具"效果

STEP 07 滚动鼠标滚轮，放大预览窗口中的图像画面，可以看到人物嘴唇上有一个痘印，在人物脖子上也有 3 颗痣，如图 11-42 所示。

图 11-42 放大预览窗口中的图像画面

> **温馨提示**
>
> 放大预览窗口中的图像画面后，按住 Ctrl 键的同时上下滚动鼠标滚轮，可以使预览窗口中的图像向上或向下移动位置。

STEP 05 此时，预览窗口中会出现两个圆圈标记，如图 11-40 所示。右边外围有 4 个控制柄的圆圈为补丁目标，左边无控制柄的圆圈为补丁位置。拖曳补丁目标圆圈的控制柄，可以放大或缩小补丁范围，补丁位置圆圈也会等比例放大或缩小；而补丁位置所覆盖的区域，则会同步复制反射到补丁目标圆圈所覆盖的区域上，形成画面局部替换。

STEP 08 拖曳补丁目标圆圈四周的控制柄，将圆圈缩小并将其拖曳至人物嘴唇上方，遮盖住痘印，如图 11-43 所示。

图 11-43 拖曳补丁目标圆圈

STEP 09 拖曳补丁位置圆圈至人物脸颊无痘印、无斑点的皮肤区域上，即可将完好的皮肤反射至补丁目标圆圈覆盖的痘印上，如图 11-44 所示。

图 11-40 出现两个圆圈标记

STEP 06 在"检视器"面板上方单击 图标，即可扩大预览窗口，如图 11-41 所示。

图 11-41 单击相应图标

图 11-44 拖曳补丁位置圆圈

STEP 10 在"导览"面板的左下角单击 下拉按钮,在弹出的下拉列表中选择"关闭"选项,如图 11-45 所示。

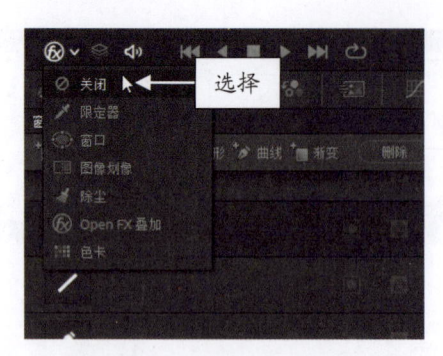

图 11-45 选择"关闭"选项

STEP 11 执行操作后,即可关闭显示预览窗口中的蒙版、标记等。在预览窗口中查看去除痘印后的画面效果,如图 11-46 所示。

图 11-46 查看去除痘印后的画面效果

STEP 12 再次在"导览"面板的左下角单击 下拉按钮,在弹出的下拉列表中选择"Open FX 叠加"选项,如图 11-47 所示,即可重新显示预览窗口中的效果标记。

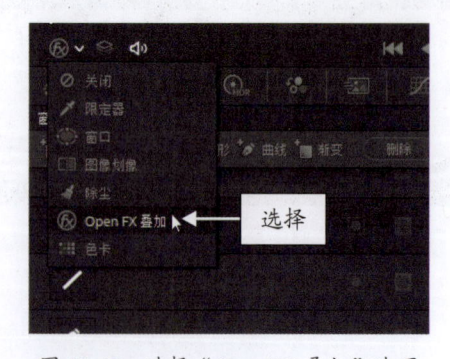

图 11-47 选择"Open FX 叠加"选项

STEP 13 展开"跟踪器"面板,单击右上角的"特效 FX"按钮,如图 11-48 所示。

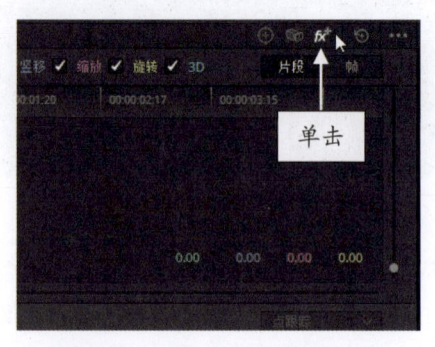

图 11-48 单击"特效 FX"按钮

STEP 14 切换至"跟踪器 - 特效 FX"面板中,在下方单击"添加跟踪点"按钮,如图 11-49 所示。

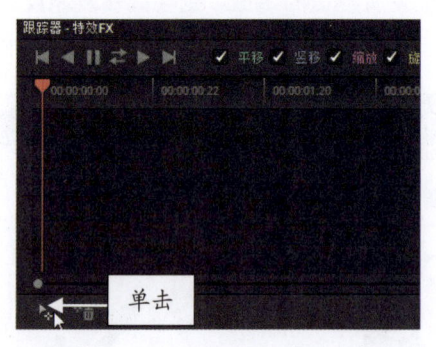

图 11-49 单击"添加跟踪点"按钮

STEP 15 执行操作后,即可在预览窗口中添加一个跟踪点,如图 11-50 所示。

图 11-50 添加一个跟踪点

STEP 16 拖曳跟踪点至补丁目标圆圈的位置,如图 11-51 所示。

第 11 章 》人像视频调色——《花季少女》

图 11-51 拖曳第 1 个跟踪点

图 11-54 跟踪预览窗口中的特效标记

STEP 17 用同样的方法，在预览窗口中添加第 2 个跟踪点，并拖曳第 2 个跟踪点至补丁位置圆圈处，如图 11-52 所示。

图 11-52 拖曳第 2 个跟踪点

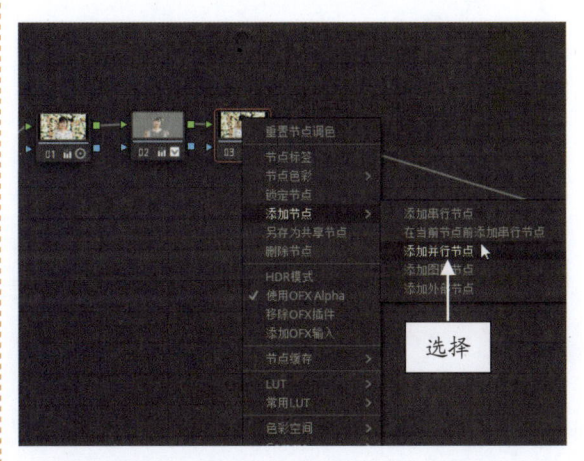

图 11-55 选择"添加并行节点"命令

STEP 18 切换至"跟踪器 - 特效 FX"面板，单击"正向跟踪"按钮 ▶，如图 11-53 所示。

STEP 21 执行操作后，即可添加一个编号为 04 的并行节点，如图 11-56 所示。

图 11-53 单击"正向跟踪"按钮

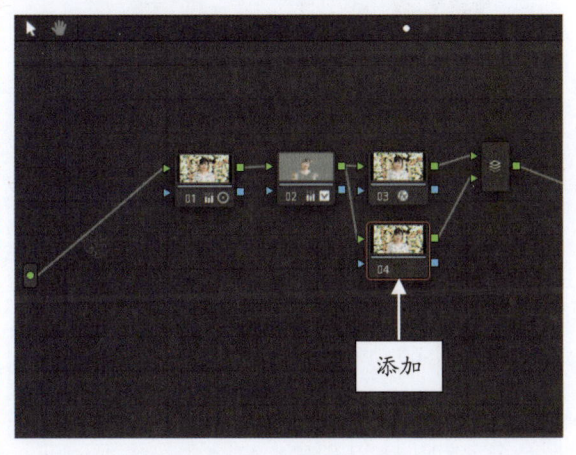

图 11-56 添加 04 节点

STEP 19 执行操作后，即可跟踪预览窗口中的效果标记，如图 11-54 所示。

STEP 20 在"节点"面板的 03 节点上，单击鼠标右键，弹出快捷菜单，选择"添加节点"|"添加并行节点"命令，如图 11-55 所示。

STEP 22 在 04 节点上添加一个"局部替换工具"效果，如图 11-57 所示。

213

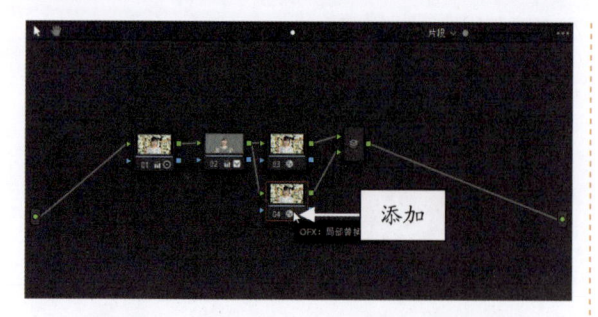

图 11-57 添加一个"局部替换工具"效果

STEP 23 扩大预览窗口，并放大画面图像，如图 11-58 所示。

图 11-58 放大画面图像

STEP 24 调整补丁目标圆圈和补丁位置圆圈的大小和位置，如图 11-59 所示。

图 11-59 调整圆圈大小和位置

STEP 25 展开"跟踪器 - 特效 FX"面板，在预览窗口中添加两个跟踪点，并移动跟踪点至合适位置，如图 11-60 所示。

STEP 26 在预览窗口中查看第 1 颗痣去除后的画面效果，如图 11-61 所示。

STEP 27 在"节点"面板中添加一个编号为 05 的并行节点，并在 05 节点上添加"局部替换工具"效果，如图 11-62 所示。

图 11-60 移动跟踪点位置

图 11-61 查看第 1 颗痣去除后的画面效果

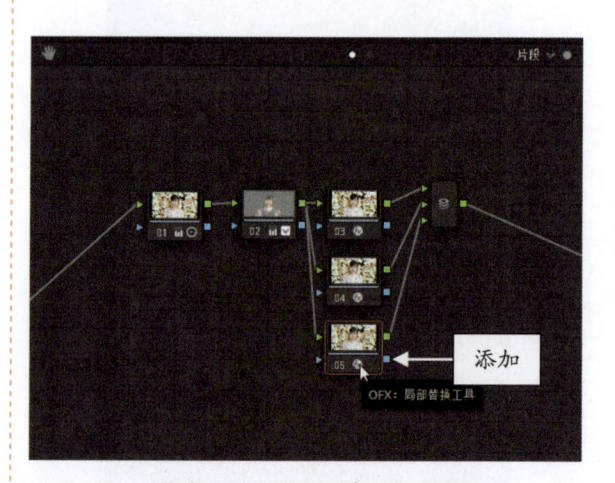

图 11-62 添加 05 节点与效果

STEP 28 在预览窗口中，调整补丁目标圆圈和补丁位置圆圈的大小和位置，将第 2 颗痣覆盖，如图 11-63 所示。

STEP 29 在预览窗口中添加两个跟踪点，执行跟踪操作，跟踪添加的效果标记，如图 11-64 所示。

STEP 30 执行操作后，即可查看第 2 颗痣的去除效果，如图 11-65 所示。

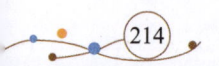

第 11 章 » 人像视频调色——《花季少女》

图 11-63　将第 2 颗痣覆盖

图 11-64　跟踪添加的效果标记

图 11-65　查看第 2 颗痣的去除效果

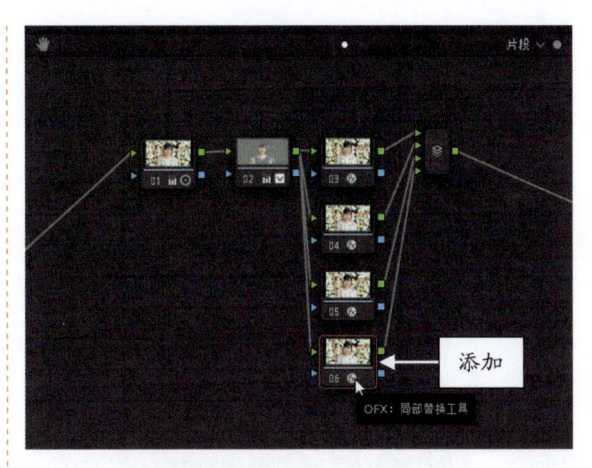

图 11-66　添加 06 节点与效果

图 11-67　将第 3 颗痣覆盖

图 11-68　跟踪添加的效果标记

STEP 31 继续在"节点"面板中添加编号为 06 的并行节点，并在 06 节点上添加"局部替换工具"效果，如图 11-66 所示。

STEP 32 在预览窗口中，调整补丁目标圆圈和补丁位置圆圈的大小和位置，将第 3 颗痣覆盖，如图 11-67 所示。

STEP 33 在预览窗口中添加两个跟踪点，执行跟踪操作，跟踪添加的效果标记，如图 11-68 所示。

STEP 34 关闭预览窗口中的效果标记，查看第 3 颗痣的去除效果，如图 11-69 所示。

STEP 35 在"片段"面板中，选择第 2 段视频，用同样的方法为其去除痣和痘印，"节点"面板及去除效果如图 11-70 所示。

215

图 11-69　查看第 3 颗痣的去除效果

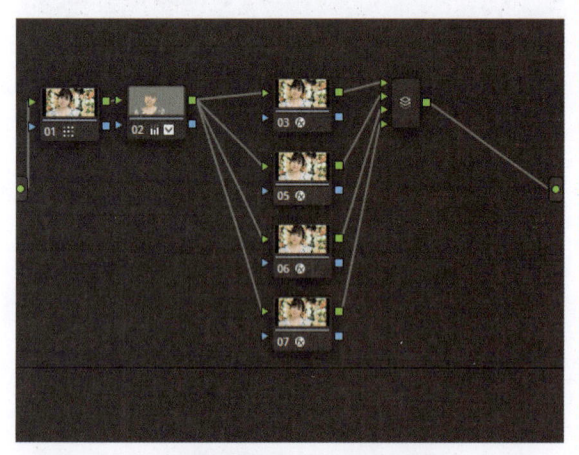

图 11-70　第 2 段视频去除痣、痘印后的"节点"
面板及效果

STEP 36 在"片段"面板中，选择第 3 段视频，画面人物的手挡住了脖子上的一颗痣，因此第 3 段视频只需要执行 3 次去除痘印和痣的操作。用同样的方法为其去除痣和痘印，"节点"面板及去除效果如图 11-71 所示。

STEP 37 在"片段"面板中，选择第 4 段视频，画面人物将头扭向了另一个方向，此时画面中嘴唇上没有了痘印，且脖子上两颗痣的距离很近，可以将两颗痣一起去除。因此，第 4 段视频中只需要执行两次去除痣的操作，"节点"面板及去除效果如图 11-72 所示。

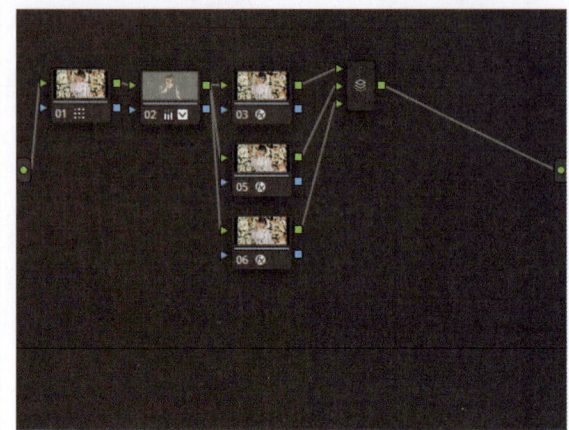

图 11-71　第 3 段视频去除痣、痘印后的"节点"
面板及效果

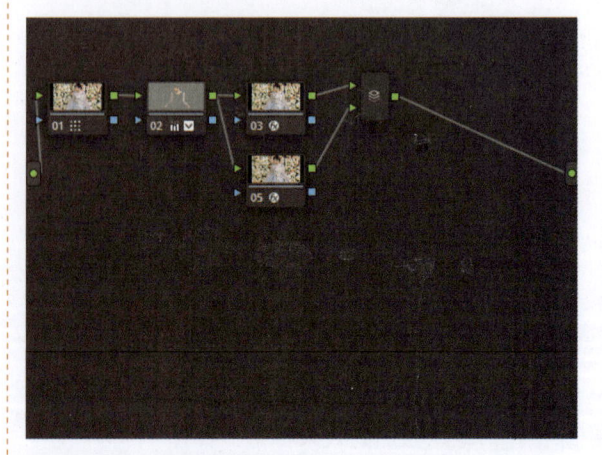

图 11-72　第 4 段视频去除痣、痘印后的"节点"
面板及效果

第 11 章 » 人像视频调色——《花季少女》

图 11-72 第 4 段视频去除痣、痘印后的"节点"
面板及效果（续）

11.2.5 为人物制作磨皮效果

在 DaVinci Resolve 18 中，为人像视频去除痘印和痣以后，即可为人物制作磨皮效果，使人物皮肤更加光洁细腻，无瑕疵，下面介绍具体的操作方法。

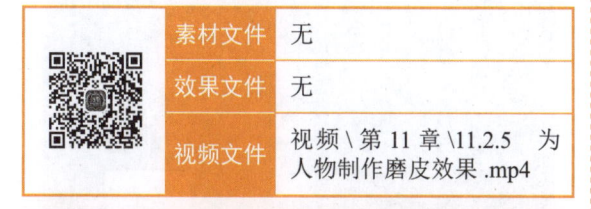

素材文件	无
效果文件	无
视频文件	视频\第 11 章\11.2.5 为人物制作磨皮效果.mp4

【操练 + 视频】——为人物制作磨皮效果

STEP 01 选择第 1 段视频，在"节点"面板中的并行混合器上单击鼠标右键，弹出快捷菜单，选择"添加节点"|"添加串行节点"命令，如图 11-73 所示。

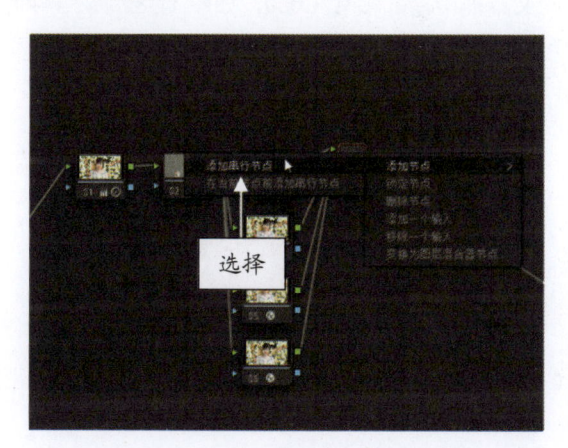

图 11-73 选择"添加串行节点"命令

STEP 02 执行操作后，即可添加一个编号为 08 的串行节点，如图 11-74 所示。

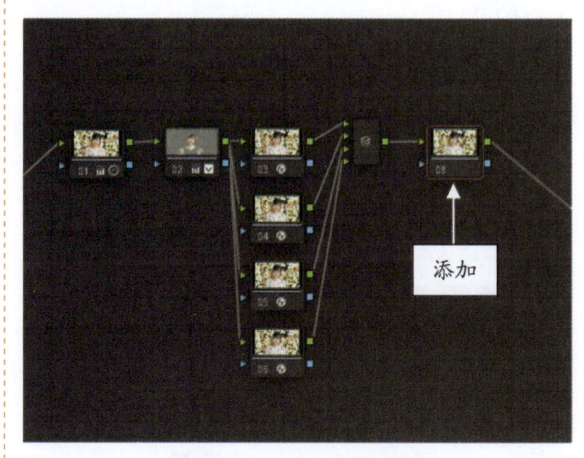

图 11-74 添加 08 节点

STEP 03 展开"窗口"面板，单击圆形"窗口激活"按钮 ◯，如图 11-75 所示。

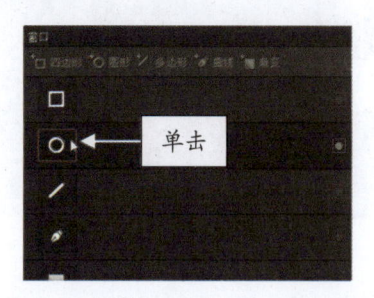

图 11-75 单击圆形"窗口激活"按钮

STEP 04 在预览窗口中，绘制一个圆形窗口蒙版，如图 11-76 所示。

图 11-76 绘制一个圆形窗口蒙版

217

STEP 05 展开"跟踪器"面板，在下方选中"交互模式"复选框，如图11-77所示，即可在预览窗口的窗口蒙版中插入特征跟踪点。

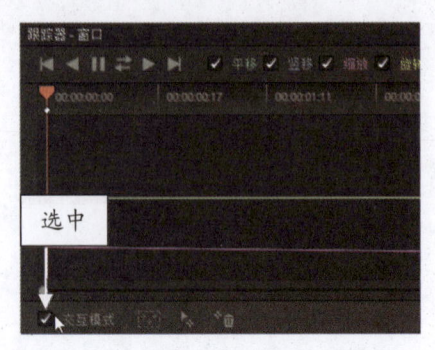

图11-77 选中"交互模式"复选框

STEP 06 单击"正向跟踪"按钮▶，如图11-78所示。

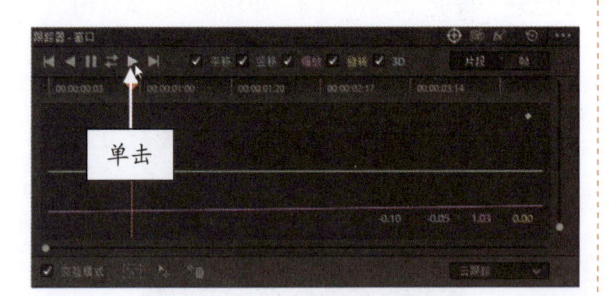

图11-78 单击"正向跟踪"按钮

STEP 07 执行操作后，即可跟踪绘制的窗口蒙版，如图11-79所示。

图11-79 跟踪绘制的窗口蒙版

STEP 08 展开"效果"|"素材库"选项卡，在"ResolveFX优化"滤镜组中选择"美颜"效果，如图11-80所示。

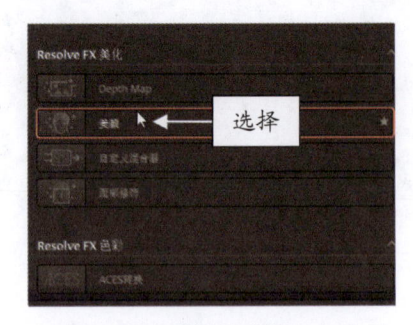

图11-80 选择"美颜"效果

STEP 09 按住鼠标左键将其拖曳至"节点"面板的08节点上，释放鼠标左键，即可在调色提示区显示一个滤镜图标，如图11-81所示。

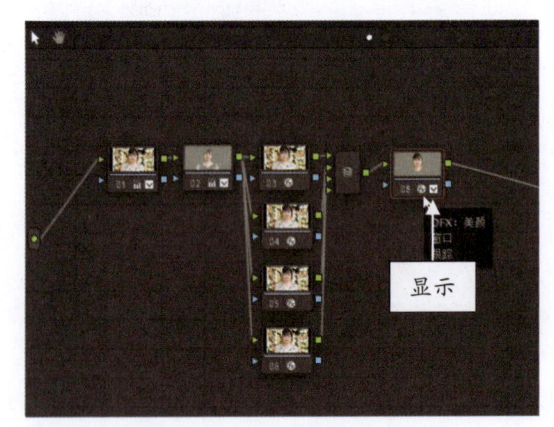

图11-81 显示一个滤镜图标

STEP 10 切换至"设置"选项卡，在Levels右侧的文本框中输入参数1.000，如图11-82所示，即可对人像进行磨皮处理。

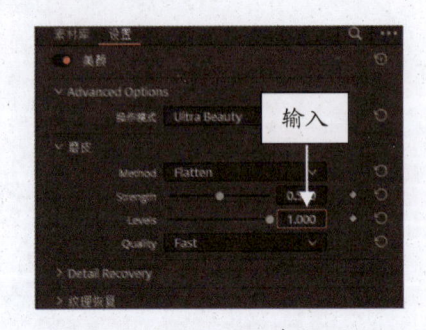

图11-82 输入参数

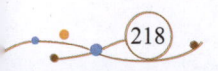

第 11 章 》人像视频调色——《花季少女》

STEP 11 在预览窗口中，查看第 1 段视频的磨皮效果，如图 11-83 所示。

图 11-83 查看第 1 段视频制作的磨皮效果

STEP 12 在"片段"面板中，选择第 2 段视频，用同样的方法在人像视频上绘制窗口蒙版，并制作磨皮效果，绘制的窗口蒙版及磨皮效果如图 11-84 所示。

图 11-84 第 2 段视频绘制的窗口蒙版及磨皮效果

STEP 13 在"片段"面板中，选择第 3 段视频，用同样的方法在人像视频上绘制窗口蒙版，并制作磨皮效果，绘制的窗口蒙版及磨皮效果如图 11-85 所示。

图 11-85 第 3 段视频绘制的窗口蒙版及磨皮效果

STEP 14 在"片段"面板中，选择第 4 段视频，用同样的方法在人像视频上绘制窗口蒙版，并制作磨皮效果，绘制的窗口蒙版及磨皮效果如图 11-86 所示。

图 11-86　第 4 段视频绘制的窗口蒙版及磨皮效果

11.3　剪辑输出视频

为视频素材完成调色后，可以切换至"剪辑"步骤面板，在其中对视频进行后期剪辑及输出操作，包括添加转场、添加字幕、添加背景音乐以及交付输出成品视频等内容。

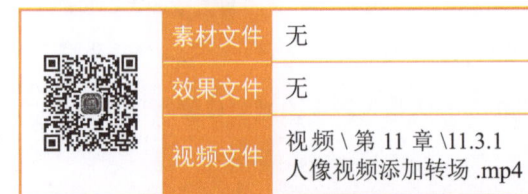

11.3.1　为人像视频添加转场

为人像视频添加转场效果，可以使视频与视频之间的过渡更加自然、顺畅，下面介绍具体的操作方法。

素材文件	无
效果文件	无
视频文件	视频\第 11 章\11.3.1　为人像视频添加转场.mp4

【操练 + 视频】——为人像视频添加转场

STEP 01　切换至达芬奇"剪辑"步骤面板，如图 11-87 所示。

图 11-87　切换至"剪辑"步骤面板

STEP 02　在"时间线"面板上方的工具栏中，单击"刀片编辑模式"按钮 ▦，如图 11-88 所示。

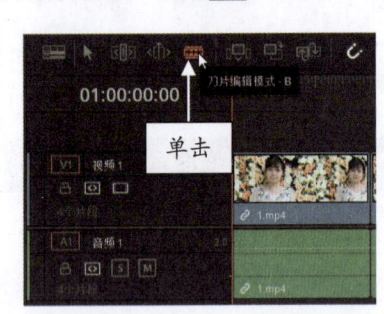

图 11-88　单击"刀片编辑模式"按钮

STEP 03　在视频轨的视频素材上 01:00:03:18 位置处单击鼠标左键，即可将第 1 段视频素材分割成两段，如图 11-89 所示。

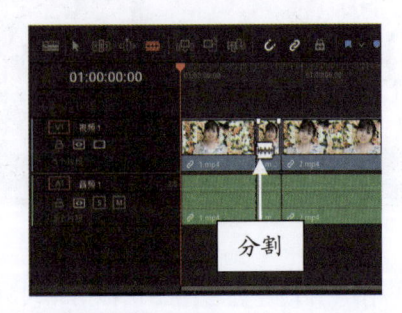

图 11-89　将第 1 段视频素材分割成两段

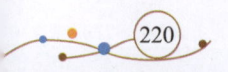

第 11 章 ▶ 人像视频调色——《花季少女》

STEP 04 使用同样的方法，在 01:00:05:15、01:00:09:09、01:00:10:15、01:00:14:09 以及 01:00:16:06 位置处，对视频轨中的素材进行分割，如图 11-90 所示。

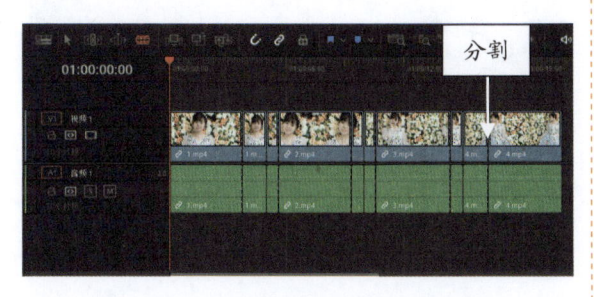

图 11-90 对视频轨中的素材进行分割

STEP 05 执行上述操作后，将分割出来的小段视频删除，效果如图 11-91 所示。

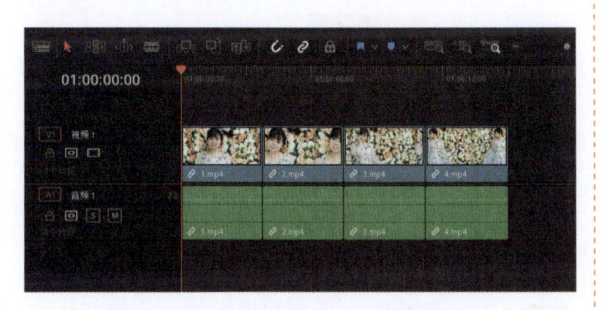

图 11-91 将分割出来的小段视频删除

STEP 06 在"剪辑"步骤面板的左上角单击"效果"按钮，如图 11-92 所示。

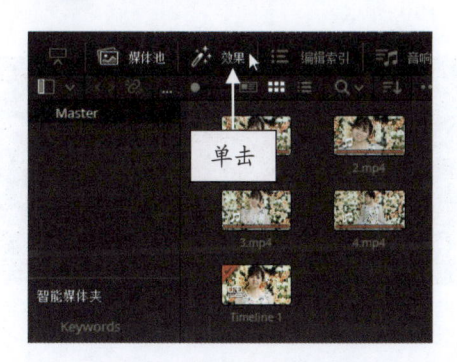

图 11-92 单击"效果"按钮

STEP 07 在"媒体池"面板下方展开"效果"面板，单击"工具箱"下拉按钮，如图 11-93 所示。

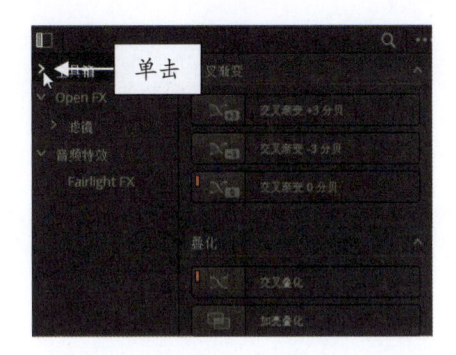

图 11-93 单击"工具箱"下拉按钮

STEP 08 展开"工具箱"选项列表，选择"视频转场"选项，如图 11-94 所示，展开"视频转场"选项卡。

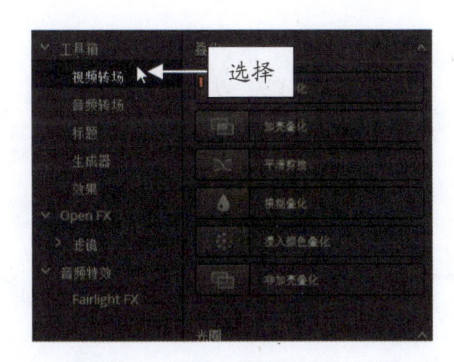

图 11-94 选择"视频转场"选项

STEP 09 在"叠化"转场组中，选择"交叉叠化"转场效果，如图 11-95 所示。

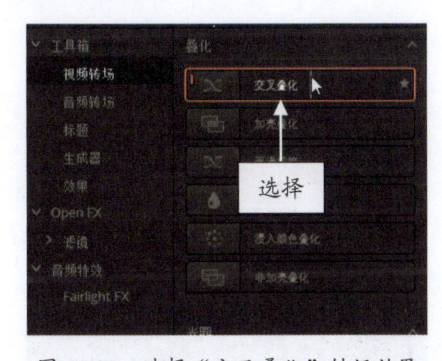

图 11-95 选择"交叉叠化"转场效果

STEP 10 按住鼠标左键，将选择的转场效果拖曳至"时间线"面板的两个视频素材中间，如图 11-96 所示。

221

图 11-96 拖曳转场效果

STEP 11 释放鼠标左键，即可添加转场效果。在预览窗口中查看添加的转场效果，如图 11-97 所示。

图 11-97 查看替换后的转场效果

STEP 12 用同样的方法在视频轨上的视频素材之间添加"交叉叠化"转场效果，"时间线"面板如图 11-98 所示。

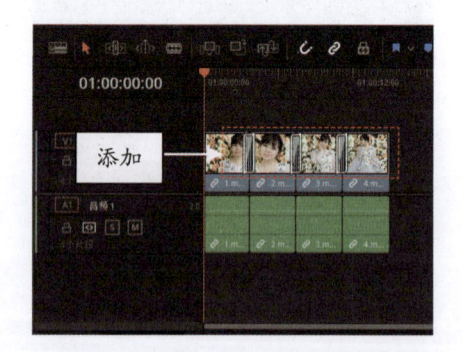

图 11-98 添加"交叉叠化"转场效果

STEP 13 执行上述操作后，按空格键播放视频，即可在预览窗口中查看再次添加的转场效果，如图 11-99 所示。

图 11-99 查看再次添加的转场效果

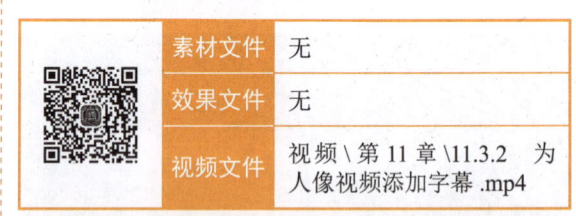

11.3.2 为人像视频添加字幕

为人像视频添加转场后，接下来还需要为人像视频添加字幕文件，以增强视频的艺术效果。下面介绍具体的操作方法。

素材文件	无
效果文件	无
视频文件	视频\第 11 章\11.3.2 为人像视频添加字幕.mp4

【操练+视频】——为人像视频添加字幕

STEP 01 在"剪辑"步骤面板中展开"效果"面板，在"工具箱"选项列表中选择"标题"选项，展开"标题"选项卡，选择"文本"选项，如图 11-100 所示。

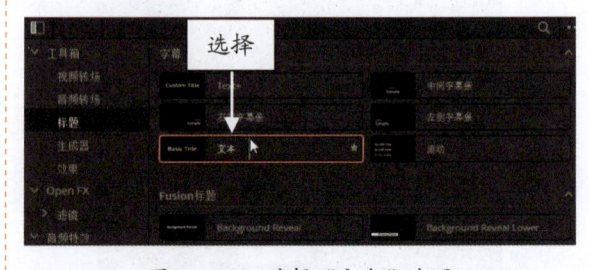

图 11-100 选择"文本"选项

STEP 02 按住鼠标左键，将"文本"字幕样式拖曳至 V1 轨道上方，"时间线"面板会自动添加一条 V2 轨道。在合适位置处释放鼠标左键，即可在 V2 轨道上添加一个字幕文件，如图 11-101 所示。

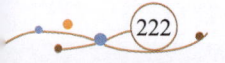

第 11 章 ▶▶ 人像视频调色——《花季少女》

字体，如图 11-104 所示。

图 11-101　添加一个字幕文件

STEP 03 选中 V2 轨道中的字幕文件，将光标移至字幕文件的末端，按住鼠标左键并向左拖曳，至合适位置后释放鼠标左键，即可调整字幕区间时长，如图 11-102 所示。

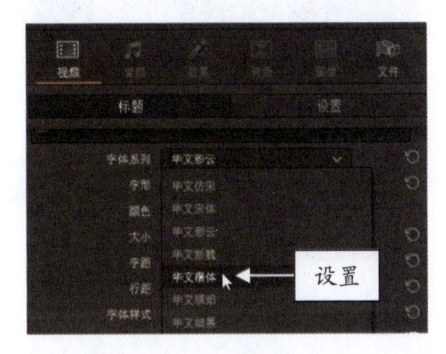

图 11-104　设置相应字体

STEP 06 单击"颜色"色块，如图 11-105 所示。

图 11-102　调整字幕区间时长

STEP 04 双击添加的"文本"字幕，展开"检查器"|"视频"|"标题"选项卡，在"多信息文本"下方的编辑框中输入文字"花容月貌"，如图 11-103 所示。

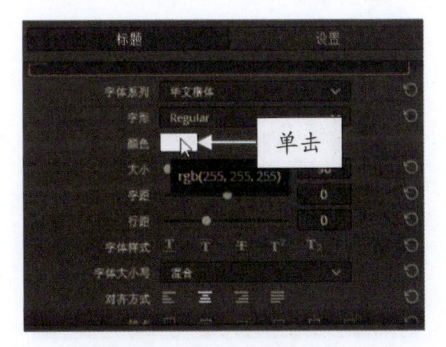

图 11-105　单击"颜色"色块

STEP 07 弹出"选择颜色"对话框，在"基本颜色"选项区中选择黄色色块，如图 11-106 所示。

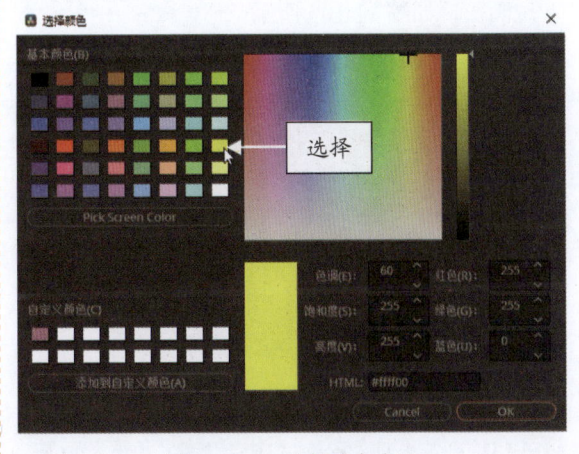

图 11-106　选择黄色色块

图 11-103　输入文字

STEP 05 单击"字体系列"下拉按钮，设置相应

STEP 08 单击 OK 按钮，返回"检查器"|"标题"选项卡，在"大小"右侧的文本框中输入参数 159，如图 11-107 所示。

223

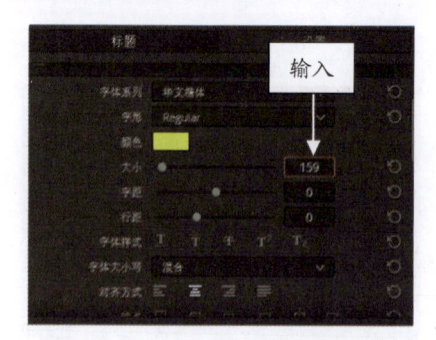

图 11-107 输入"大小"参数

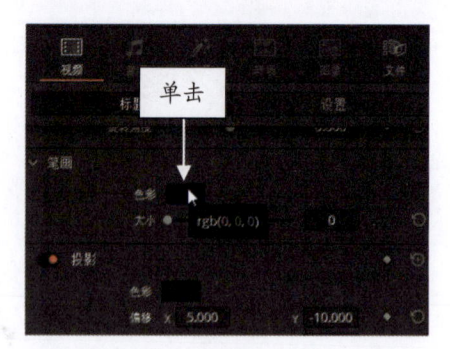

图 11-110 单击"色彩"色块

STEP 09 在下方设置"位置"的 X 参数为 1600.000，Y 参数为 520.000，调整字幕的位置，如图 11-108 所示。

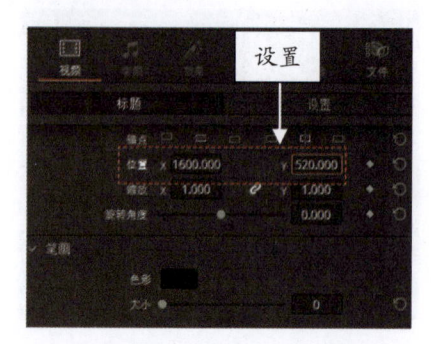

图 11-108 设置"位置"参数

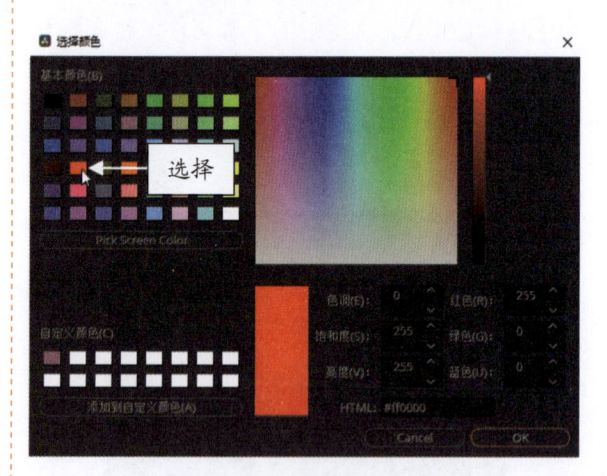

图 11-111 选择红色色块

STEP 10 在"投影"选项区中，设置"偏移"的 X 参数为 5.000，Y 参数为 -10.000，为字幕添加下拉阴影，如图 11-109 所示。

STEP 13 在"笔画"选项区中，设置"大小"参数为 3，如图 11-112 所示。

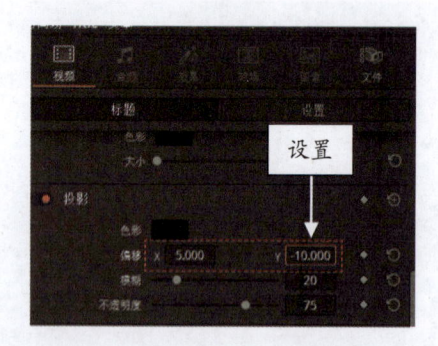

图 11-109 设置"偏移"参数

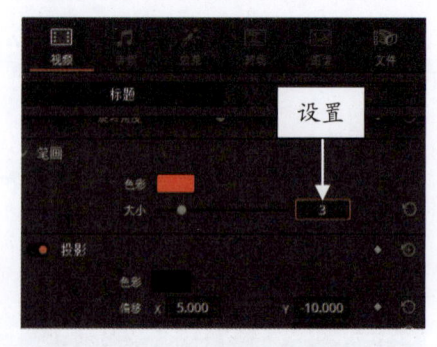

图 11-112 设置"大小"参数

STEP 11 在"笔画"选项区中，单击"色彩"色块，如图 11-110 所示。

STEP 14 在预览窗口中查看制作的字幕效果，如图 11-113 所示。

STEP 12 弹出"选择颜色"对话框，在"基本颜色"选项区中，选择红色色块，如图 11-111 所示，单击 OK 按钮，返回上一个面板。

STEP 15 展开"检查器"|"视频"|"设置"选项卡，在"裁切"选项区中，设置"裁切底部"参数为 960.000，如图 11-114 所示。

第 11 章 》 人像视频调色——《花季少女》

图 11-113 查看制作的字幕效果

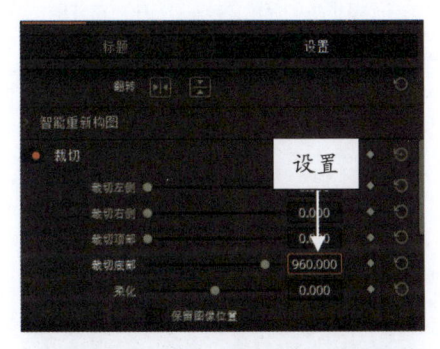

图 11-114 设置"裁切底部"参数

STEP 16 单击"裁切底部"关键帧按钮◆，如图 11-115 所示，添加一个关键帧。

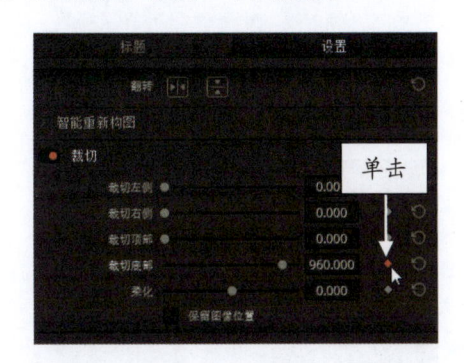

图 11-115 单击"裁切底部"关键帧按钮

STEP 17 在"时间线"面板中，拖曳时间指示器至 01:00:02:20 位置，如图 11-116 所示。

STEP 18 切换至"检查器"面板的"裁切"选项区，设置"裁切底部"参数为 0.000，如图 11-117 所示，即可自动添加一个"裁切底部"关键帧。

STEP 19 在"合成"选项区中，单击"不透明度"关键帧按钮◆，如图 11-118 所示。

图 11-116 拖曳时间指示器至相应位置

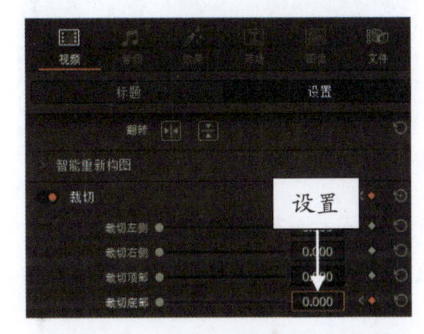

图 11-117 设置"裁切底部"参数

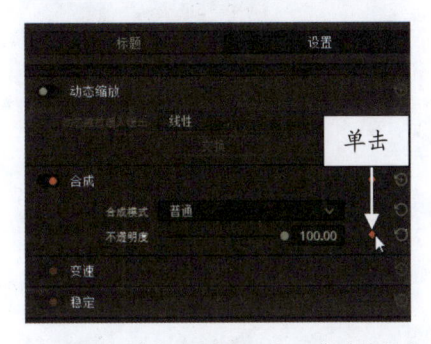

图 11-118 单击"不透明度"关键帧按钮

STEP 20 在"时间线"面板中，拖曳时间指示器至 01:00:03:18 位置，如图 11-119 所示。

图 11-119 拖曳时间指示器至相应位置

225

STEP 21 切换至"检查器"面板的"合成"选项区，设置"不透明度"参数为 0.00，如图 11-120 所示，此时可以自动添加一个"不透明度"关键帧。

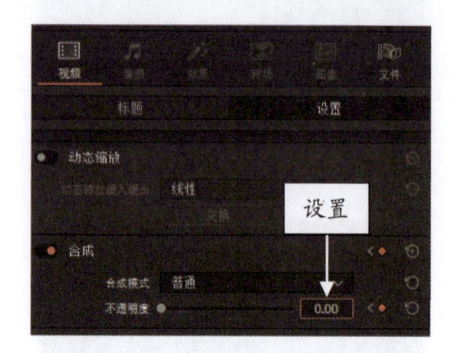

图 11-120 设置"不透明度"参数

STEP 22 执行上述操作后，即可为字幕文件添加运动效果。在预览窗口中可以查看该字幕运动效果，如图 11-121 所示。

图 11-121 查看字幕运动效果

STEP 23 在"时间线"面板中，选择制作的第 1 个字幕文件，单击鼠标右键，弹出快捷菜单，选择"复制"命令，如图 11-122 所示。

图 11-122 选择"复制"命令

STEP 24 拖曳时间指示器至 01:00:03:18 位置，如图 11-123 所示。

图 11-123 拖曳时间指示器至相应位置

STEP 25 在 V2 轨道右侧的空白处单击鼠标右键，弹出快捷菜单，选择"粘贴"命令，如图 11-124 所示。

图 11-124 选择"粘贴"命令

STEP 26 执行上述操作后，即可在时间指示器位置处粘贴复制的字幕文件，如图 11-125 所示。双击粘贴的字幕文件，展开"检查器"|"视频"|"标题"选项卡。

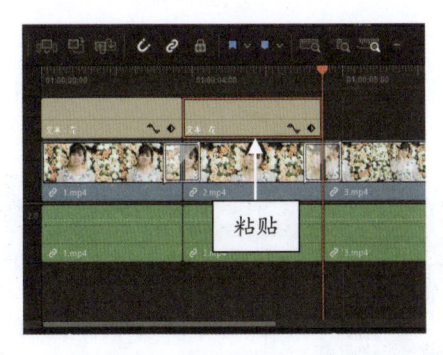

第 11 章 » 人像视频调色——《花季少女》

图 11-125 粘贴复制的字幕文件

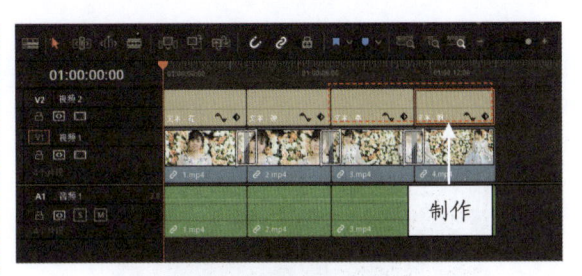

图 11-128 继续制作两个字幕文件

STEP 27 在"多信息文本"下方的编辑框中，将文字内容修改为"钟灵毓秀"，如图 11-126 所示。

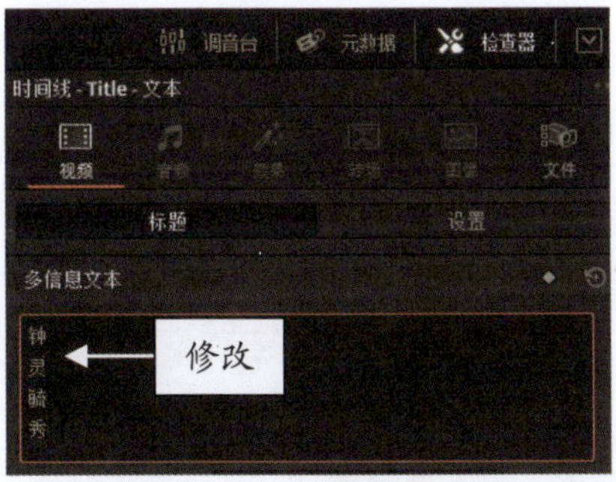

图 11-126 修改文字内容

STEP 28 执行操作后，即可在预览窗口中查看制作的第 2 个字幕效果，如图 11-127 所示。

图 11-129 查看第 3 个和第 4 个字幕效果

11.3.3 为视频匹配背景音乐

字幕制作完成后，可以为视频匹配一个完整的背景音乐，使影片更加具有感染力。下面介绍具体的操作方法。

图 11-127 查看制作的第 2 个字幕效果

STEP 29 用同样的方法继续制作两个字幕文件，"时间线"面板如图 11-128 所示。

STEP 30 在预览窗口中查看第 3 个和第 4 个字幕效果，如图 11-129 所示。

素材文件	素材\第 11 章\背景音乐.mp3
效果文件	无
视频文件	视频\第 11 章\11.3.3 为视频匹配背景音乐.mp4

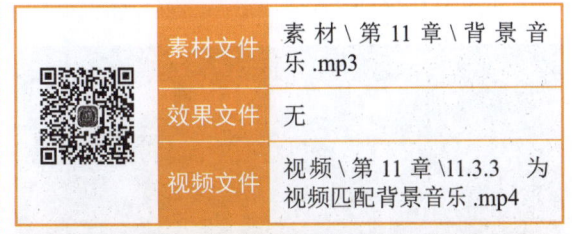

【操练+视频】——为视频匹配背景音乐

227

STEP 01 在"媒体池"面板的空白处单击鼠标右键，弹出快捷菜单，选择"导入媒体"命令，如图 11-130 所示。

图 11-130 选择"导入媒体"命令

STEP 02 弹出"导入媒体"对话框，在其中选择需要导入的音频素材，如图 11-131 所示。

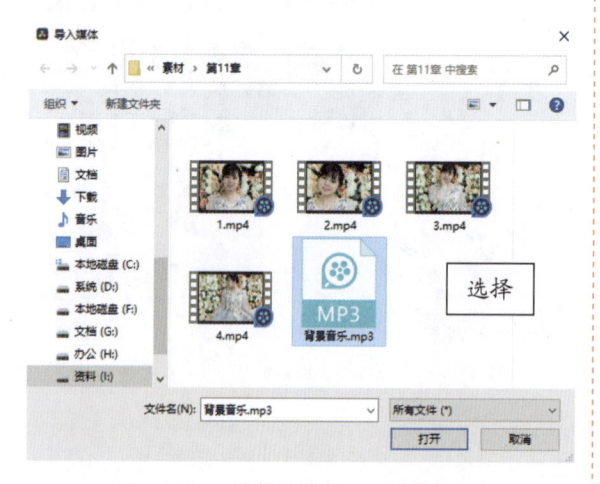

图 11-131 选择需要导入的音频素材

STEP 03 单击"打开"按钮，即可将选择的音频素材导入"媒体池"面板中。选择导入的音频素材，如图 11-132 所示。

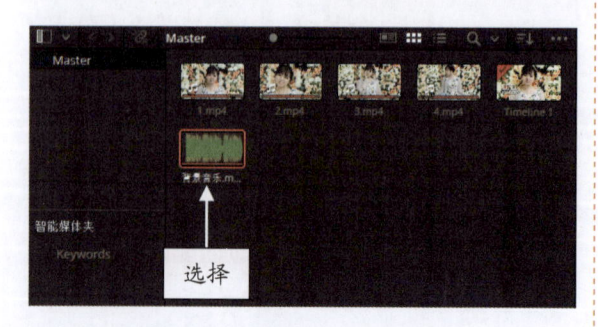

图 11-132 选择导入的音频素材

STEP 04 按住鼠标左键将其拖曳至 A1 轨道上，释放鼠标左键即可为视频匹配背景音乐，如图 11-133 所示。

图 11-133 添加背景音乐

11.3.4 交付输出制作的视频

视频文件剪辑完成后，即可将制作的成品项目文件交付输出为完整的视频，下面介绍具体的操作方法。

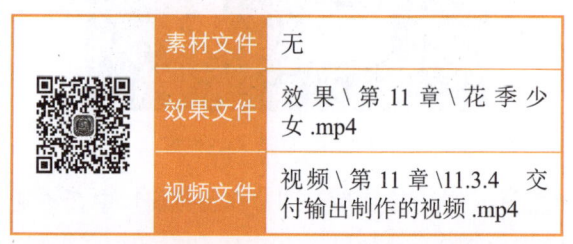

素材文件	无
效果文件	效果\第 11 章\花季少女.mp4
视频文件	视频\第 11 章\11.3.4 交付输出制作的视频.mp4

【操练+视频】——交付输出制作的视频

STEP 01 切换至达芬奇"交付"步骤面板，在"渲染设置"|"渲染设置-Custom Export"选项面板中设置文件名称和保存位置，如图 11-134 所示。

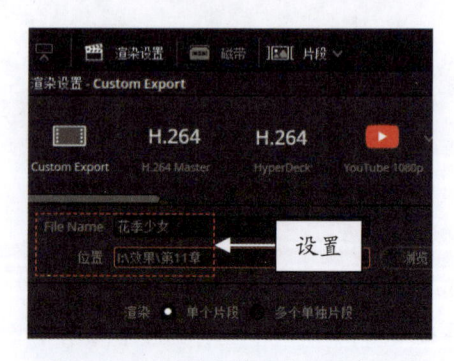

图 11-134 设置文件名称和保存位置

第 11 章 》人像视频调色——《花季少女》

STEP 02 在"导出视频"选项区中，单击"格式"下拉按钮，在弹出的下拉列表中选择 MP4 选项，如图 11-135 所示。

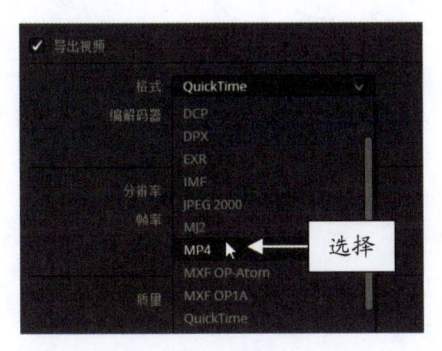

图 11-135　选择 MP4 选项

STEP 03 单击"添加到渲染队列"按钮，如图 11-136 所示。

图 11-136　单击"添加到渲染队列"按钮

STEP 04 将视频文件添加到右上角的"渲染队列"面板后，单击"渲染所有"按钮，如图 11-137 所示。

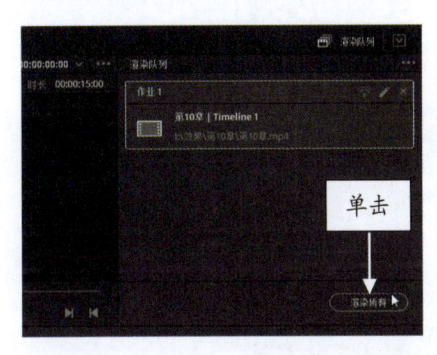

图 11-137　单击"渲染所有"按钮

STEP 05 执行操作后，开始渲染视频文件，并显示视频渲染进度。待渲染完成，在渲染列表上会显示渲染用时，表示渲染成功，如图 11-138 所示。在保存渲染视频的文件夹中，可以查看渲染输出的视频。

图 11-138　显示渲染用时

第 12 章

夜景视频汇总——《夜景之美》

章前知识导读

在很多影视作品中，我们都能看到夜晚的场景，这些夜景其实可能是在白天拍摄的，经过后期剪辑调色，将视频中的日景调成夜景。本章主要介绍在 DaVinci Resolve 18 中制作夜景视频的操作方法。

新手重点索引

- 欣赏视频效果
- 剪辑输出视频
- 视频调色过程

效果图片欣赏

第 12 章 » 夜景视频汇总——《夜景之美》

12.1 欣赏视频效果

本章涉及的夜景视频是由多个视频片段组合在一起的长视频，因此在制作时要挑选素材，定好视频片段，在制作时还要根据视频的逻辑和分类进行排序，之后再导出制作效果。在介绍制作方法之前，本节先欣赏一下视频的效果，然后再导入素材。下面展示效果赏析和技术提炼内容。

12.1.1 效果赏析

这个夜景视频是由 8 个地点的延时视频组合在一起的，因此在视频开头要介绍视频的主题，内容是每个视频的拍摄地点，结尾则主要起着承上启下的作用，如图 12-1 所示。

图 12-1 夜景视频汇总——《夜景之美》效果欣赏

231

▶ 12.1.2 技术提炼

在 DaVinci Resolve 18 中，先建立一个项目文件，然后在达芬奇"剪辑"步骤面板中将视频素材导入"时间线"面板，根据需要在"时间线"面板中对素材文件进行时长剪辑；切换至"调色"步骤面板，依次对"时间线"面板中的视频片段进行调色，待画面色调调整完成后，为视频添加标题字幕以及背景音乐，并将制作好的成品交付输出。

12.2 视频调色过程

本节主要介绍夜景视频的制作过程，包括导入夜景视频素材，制作片头片尾，为视频添加字幕等内容，希望读者熟练掌握夜景视频的各种制作方法。

▶ 12.2.1 导入素材文件

在为视频调色之前，首先需要导入夜景视频素材。下面介绍通过"媒体池"面板导入视频素材的操作方法。

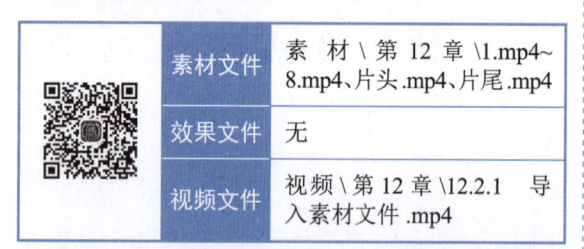

素材文件	素材 \ 第 12 章 \1.mp4~8.mp4、片头 .mp4、片尾 .mp4
效果文件	无
视频文件	视频 \ 第 12 章 \12.2.1 导入素材文件 .mp4

【操练＋视频】——导入素材文件

STEP 01 进入达芬奇"剪辑"步骤面板，在"媒体池"面板中单击鼠标右键，弹出快捷菜单，选择"导入媒体"命令，如图 12-2 所示。

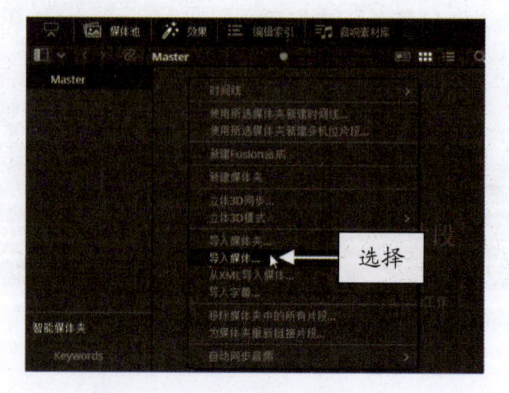

图 12-2　选择"导入媒体"命令

STEP 02 弹出"导入媒体"对话框，在文件夹中保存了多段夜景视频素材，选择需要导入的视频素材，如图 12-3 所示。

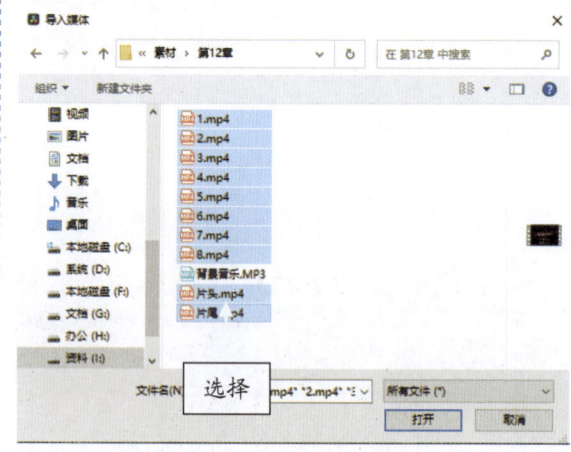

图 12-3　选择视频素材

STEP 03 单击"打开"按钮，即可将选择的多段视频素材导入"媒体池"面板中，如图 12-4 所示。

STEP 04 选择"媒体池"面板中的"片头"视频素材，将其拖曳至"时间线"面板中的视频轨上，释放鼠标左键，即可添加"片头"视频素材，如图 12-5 所示。这里的片头是已经做好的，直接采用即可。

第 12 章 » 夜景视频汇总——《夜景之美》

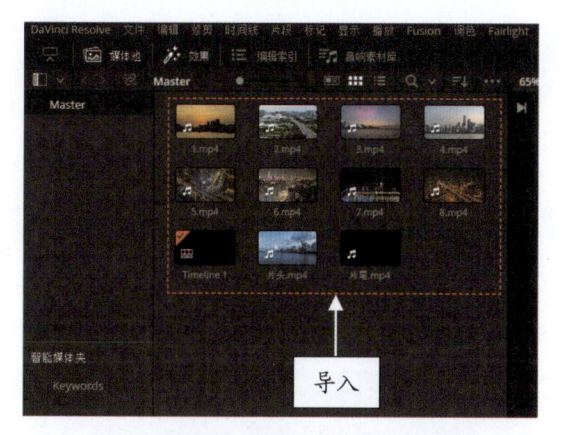

图 12-4 导入视频素材

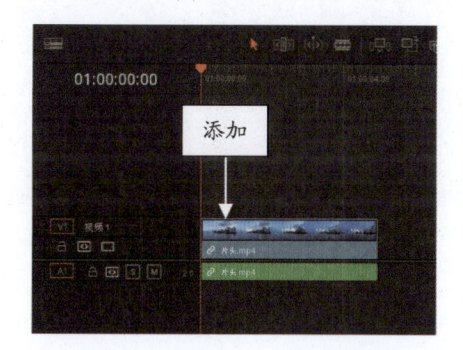

图 12-5 添加"片头"视频素材

STEP 05 在预览窗口中，可以查看导入的片头视频素材，效果如图 12-6 所示。

图 12-6 导入的片头视频素材

STEP 06 将时间指示器移至 01:00:04:02 位置处，如图 12-7 所示。

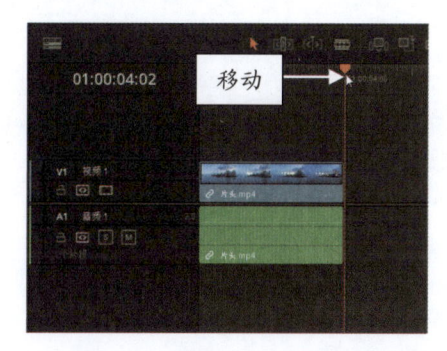

图 12-7 移动时间指示器位置

STEP 07 选择"媒体池"面板中的视频素材，将其拖曳至"时间线"面板中的视频轨上，释放鼠标左键，即可添加视频素材，如图 12-8 所示。

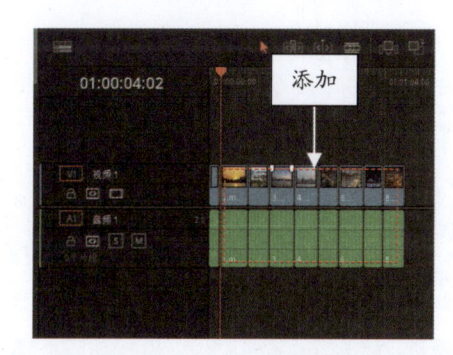

图 12-8 添加视频素材

STEP 08 在预览窗口中，可以查看导入的视频素材，如图 12-9 所示。

图 12-9 预览视频素材效果

图 12-9 预览视频素材效果（续）

12.2.2 对视频进行剪辑操作

导入视频素材后，需要对视频素材进行剪辑，方便后续调色操作，下面介绍具体的操作方法。

素材文件	无
效果文件	无
视频文件	视频\第 12 章\12.2.2 对视频进行剪辑操作.mp4

【操练+视频】——对视频进行剪辑操作

STEP 01 在达芬奇"时间线"面板上方的工具栏中，单击"刀片编辑模式"按钮，如图 12-10 所示。

STEP 02 将时间指示器移至 01:00:07:07 位置处，如图 12-11 所示。

STEP 03 在时间指示器所在的位置对第 1 段素材进行分割，如图 12-12 所示。

STEP 04 用选择工具选择分割出的后半段素材，如图 12-13 所示，按 Shift + Delete 组合键

图 12-9 预览视频素材效果（续）

第 12 章 》夜景视频汇总——《夜景之美》

将其删除，并自动吸附后面的素材。

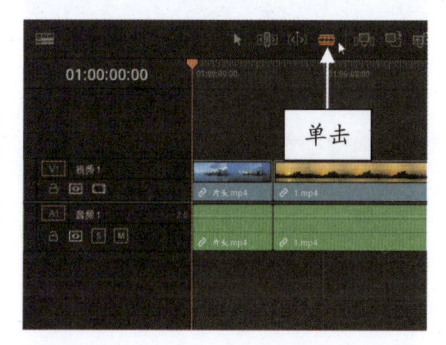

图 12-10　单击"刀片编辑模式"按钮

图 12-11　移动时间指示器

图 12-12　分割第 1 段素材

图 12-13　选择分割出的后半段素材

STEP 05 用同样的方法，继续在合适的位置分割和删除素材，并调整素材的时长，效果如图 12-14 所示。

图 12-14　调整素材的时长

12.2.3　调整视频画面的色彩与风格

视频素材完成剪辑后，即可在达芬奇"调色"步骤面板中调整视频画面的色彩风格、色调等，下面介绍具体的操作方法。

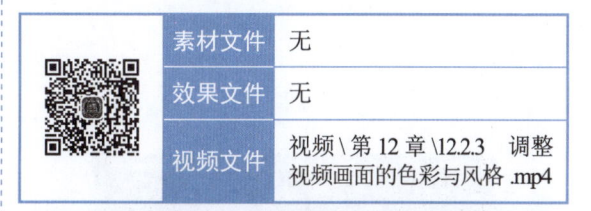

素材文件	无
效果文件	无
视频文件	视频\第 12 章\12.2.3　调整视频画面的色彩与风格.mp4

【操练+视频】——调整视频画面的色彩与风格

STEP 01 切换至"调色"步骤面板，在"片段"面板中选中"素材 1"视频片段，如图 12-15 所示。

图 12-15　选中"素材 1"视频片段

STEP 02 在"示波器"面板中，可以查看素材分量图效果，如图 12-16 所示。

STEP 03 在预览窗口的图像素材上单击鼠标右键，弹出快捷菜单，选择"抓取静帧"命令，如图 12-17 所示。

235

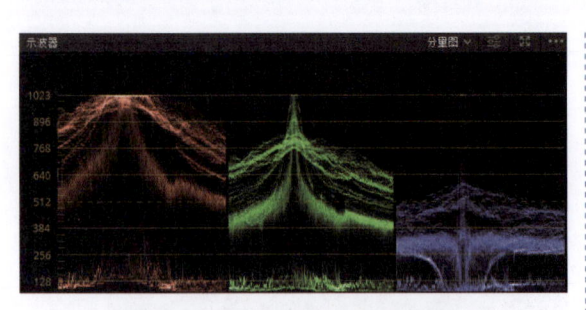

图 12-16 查看素材分量图效果

图 12-17 选择"抓取静帧"命令

STEP 04 在"画廊"面板中，可以查看抓取的静帧缩略图，如图 12-18 所示。

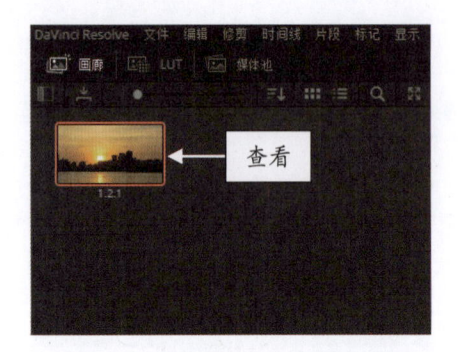

图 12-18 查看抓取的静帧缩略图

STEP 05 展开"一级-校色轮"面板，拖曳"暗部"轮盘上的滑块，设置参数均为 -0.07，如图 12-19 所示，即可降低画面中的黑色部分，使画面色彩更加突出。

STEP 06 拖曳"中灰"轮盘上的滑块，设置参数均为 -0.05，如图 12-20 所示，即可减少画面中的白色部分，使画面更加清晰。

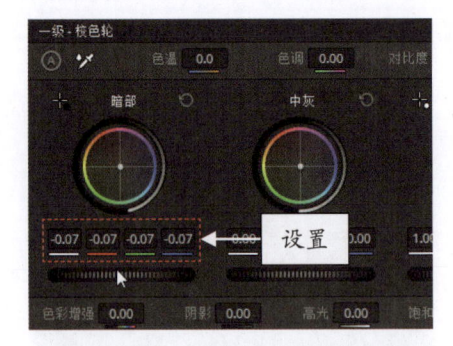

图 12-19 设置"暗部"参数

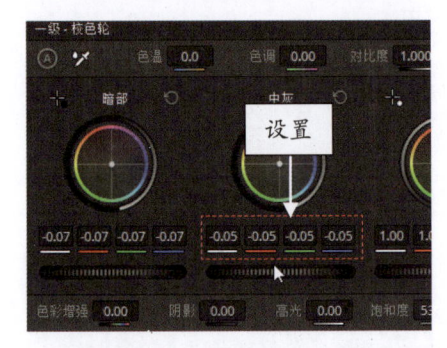

图 12-20 设置"中灰"参数

STEP 07 拖曳"亮部"轮盘上的滑块，设置参数均为 1.03，如图 12-21 所示，即可提升画面中的亮度。

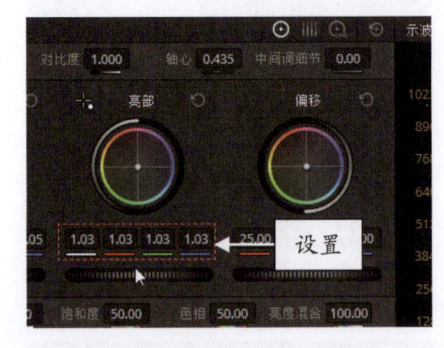

图 12-21 设置"亮部"参数

STEP 08 设置"饱和度"参数为 55.00，如图 12-22 所示，即可提高画面的整体饱和度，让画面更有质感。

STEP 09 在"示波器"面板中查看分量图效果，如图 12-23 所示。

第 12 章 》夜景视频汇总——《夜景之美》

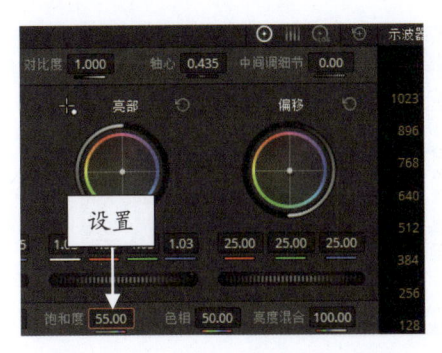

图 12-22 设置"饱和度"参数

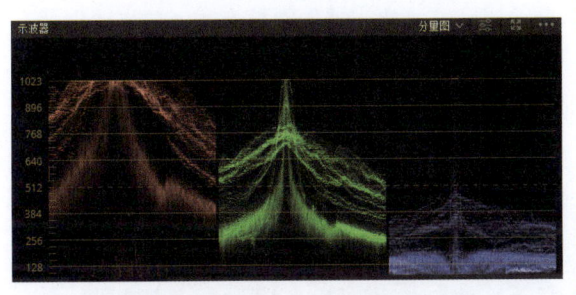

图 12-23 查看分量图效果

STEP 10 在"检视器"面板上方单击"划像"按钮，如图 12-24 所示。

图 12-24 单击"划像"按钮

STEP 11 在预览窗口中，可以划像查看静帧与调色后的对比效果，如图 12-25 所示。

STEP 12 取消划像对比，在"片段"面板中选中"素材 2"视频片段，如图 12-26 所示。

STEP 13 在"示波器"面板中可以查看"素材 2"分量图。在预览窗口中右击，弹出快捷菜单，选择"抓取静帧"命令。展开"画廊"面板，在其中查看抓取的"素材 2"静帧图像缩略图，如图 12-27 所示。

图 12-25 划像查看静帧与调色后的对比效果

图 12-26 选中"素材 2"视频片段

图 12-27 查看"素材 2"静帧图像缩略图

STEP 14 在"色轮"面板下方，拖曳"暗部"轮盘上的滑块，设置参数均为 -0.03；拖曳"中灰"轮盘上的滑块，设置参数均为 0.04，如图 12-28 所示，即可调整画面中暗部，提升画面的中灰，使画面更加有质感。

STEP 15 设置"亮部"参数均为 1.05，设置"饱和度"参数为 55.00，如图 12-29 所示，即可提升画面亮度和饱和度。

237

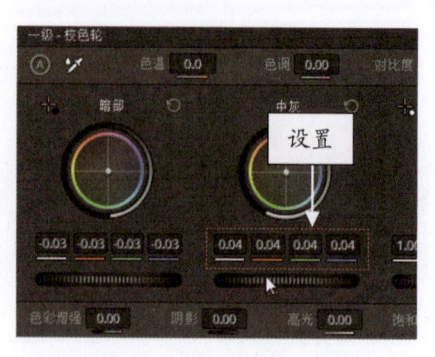

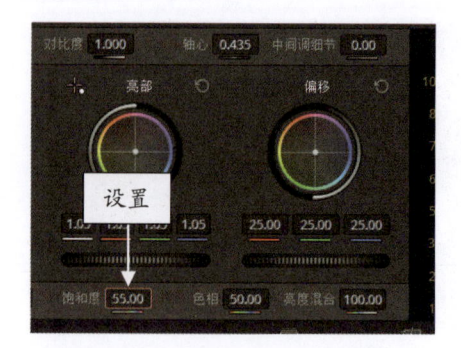

图 12-28　设置"暗部"参数　　　　图 12-29　设置"饱和度"参数

STEP 16 在"示波器"面板中，查看"素材 2"分量图效果。在"检视器"面板上方，单击"划像"按钮，如图 12-30 所示。

STEP 17 在预览窗口中，划像查看静帧与调色后的对比效果，如图 12-31 所示。

图 12-30　单击"划像"按钮　　　　图 12-31　划像查看静帧与调色后的对比效果

STEP 18 用同样的方法，对其他视频进行划像查看静帧与调色后的对比效果，如图 12-32 所示。

图 12-32　划像查看静帧与调色后的对比效果

238

图 12-32 划像查看静帧与调色后的对比效果（续）

12.2.4 为夜景视频添加字幕

夜景视频调色后，接下来还需要为夜景视频添加标题字幕，增强视频的艺术效果。下面介绍具体的操作方法。

素材文件	无
效果文件	无
视频文件	视频\第 12 章\12.2.4 为夜景视频添加字幕.mp4

【操练+视频】——为夜景视频添加字幕

STEP 01 在"剪辑"步骤面板中，拖曳时间指示器至 01:00:04:02 位置处，如图 12-33 所示。

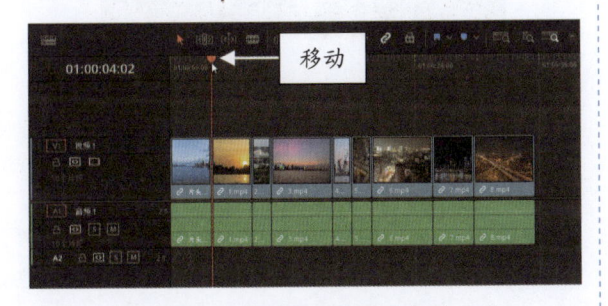

图 12-33 移动时间指示器至合适位置

STEP 02 展开"效果"面板，在"工具箱"选项列表中选择"标题"选项，如图 12-34 所示。

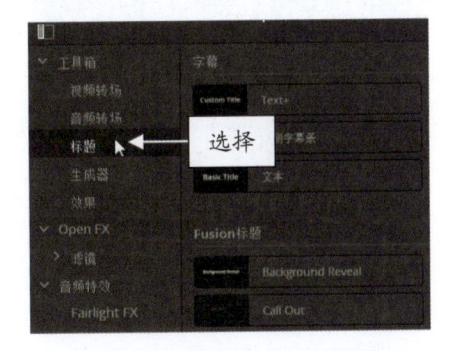

图 12-34 选择"标题"选项

STEP 03 展开"标题"选项卡，在"字幕"选项区选择"文本"选项，如图 12-35 所示。

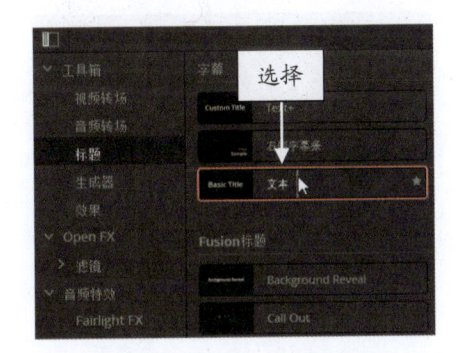

图 12-35 选择"文本"选项

STEP 04 按住鼠标左键，将"文本"字幕样式拖曳至视频 1 轨道上方，如图 12-36 所示。释放鼠标左键，"时间线"面板会自动添加视频 2 轨道。

图 12-36 添加视频 2 轨道

STEP 05 在视频 2 轨道上添加一个标题字幕，调整字幕的时长为与视频素材一致，如图 12-37 所示。

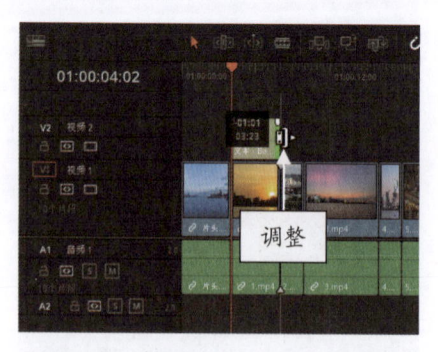

图12-37 调整文本时长与视频素材一致

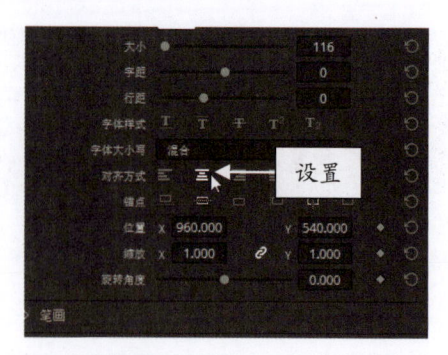

图12-40 设置"对齐方式"为"居中"

STEP 06 双击字幕文本,展开"检查器"|"视频"|"标题"选项面板,在"多信息文本"下方的编辑框中输入文字内容"西湖公园",如图12-38所示。

STEP 09 设置"位置"的X参数为955.000,Y参数为93.000,如图12-41所示,即可移动字幕文本的位置,使画面更加有美感。

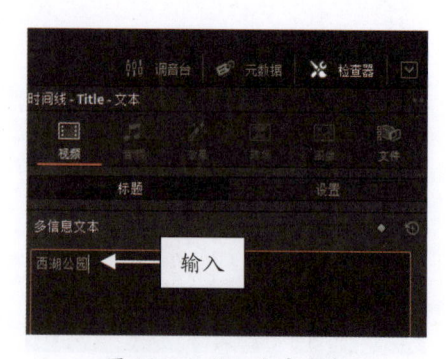

图12-38 输入文字内容

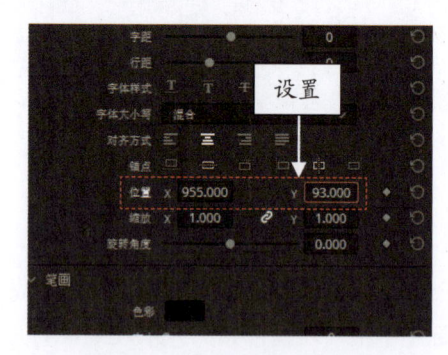

图12-41 设置"位置"参数

STEP 07 设置相应字体,设置"大小"参数为86,如图12-39所示。

STEP 10 在"检查器"面板中切换至"设置"选项卡,如图12-42所示。

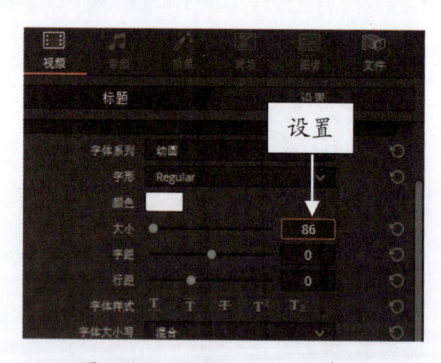

图12-39 设置"大小"参数

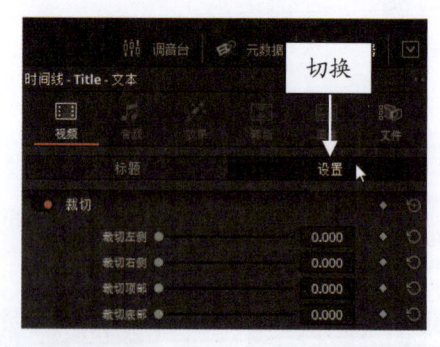

图12-42 切换至"设置"选项卡

STEP 08 设置"对齐方式"为"居中",如图12-40所示。

STEP 11 确认时间指示器在01:00:04:02位置,在"检查器"|"视频"|"设置"选项面板中设置"不透明度"参数为0.00,如图12-43所示。

第 12 章 » 夜景视频汇总——《夜景之美》

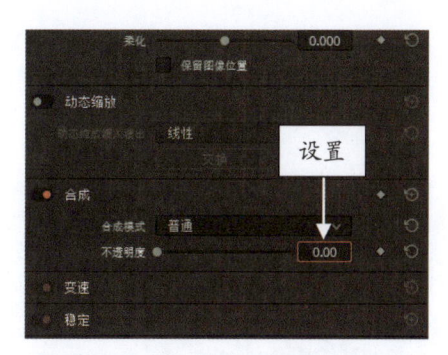

图 12-43 设置"不透明度"参数

STEP 12 单击"不透明度"关键帧按钮 ◆，添加第 1 个字幕关键帧，如图 12-44 所示。

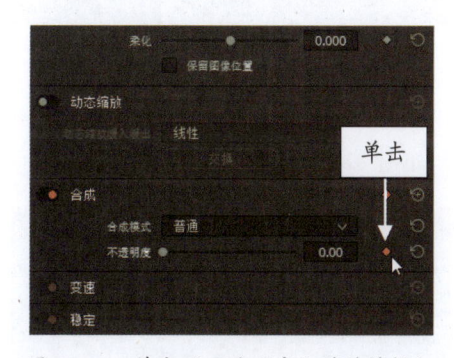

图 12-44 单击"不透明度"关键帧按钮

STEP 13 拖曳时间指示器至 01:00:06:14 位置，如图 12-45 所示。

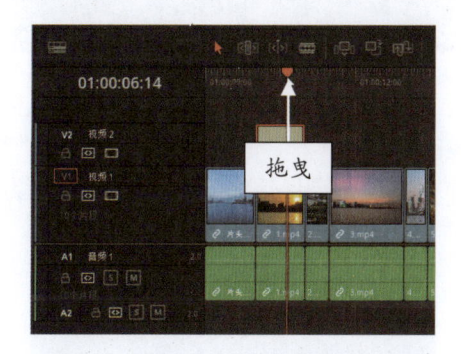

图 12-45 拖曳时间指示器至相应位置

STEP 14 设置"不透明度"参数为 100.00，如图 12-46 所示，即可自动添加第 2 个字幕关键帧。

STEP 15 拖曳时间指示器至 01:00:07:15 位置，如图 12-47 所示。

STEP 16 再次单击"不透明度"关键帧按钮 ◆，如图 12-48 所示，即可添加第 3 个字幕关键帧。

图 12-46 设置"不透明度"参数

图 12-47 拖曳时间指示器至相应位置

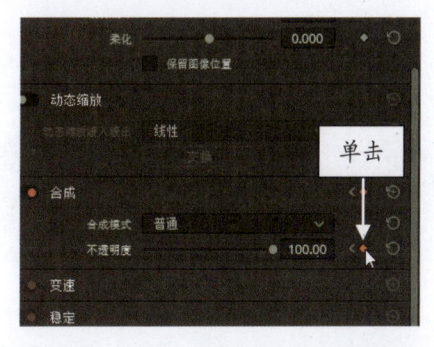

图 12-48 单击"不透明度"关键帧按钮

STEP 17 拖曳时间指示器至 01:00:08:01 位置，如图 12-49 所示。

图 12-49 拖曳时间指示器至相应位置

241

STEP 18 设置"不透明度"参数为0.00，如图12-50所示，即可自动添加第4个字幕关键帧。

图12-50 设置"不透明度"参数

STEP 19 在预览窗口中，查看添加的第1个字幕效果，如图12-51所示。

图12-51 查看添加的第1个字幕效果

STEP 20 选中添加的第1个字幕文件，单击鼠标右键，弹出快捷菜单，选择"复制"命令，如图12-52所示。

图12-52 选择"复制"命令

STEP 21 拖曳时间指示器至01:00:08:01位置，单击鼠标右键，弹出快捷菜单，选择"粘贴"命令，如图12-53所示。

图12-53 选择"粘贴"命令

STEP 22 调整第2个字幕时长为与视频素材时长一致，如图12-54所示。

图12-54 调整第2个字幕时长

STEP 23 双击第2个字幕文本，切换至"检查器"|"视频"|"标题"选项卡，修改文本内容为"梅溪湖"，如图12-55所示。

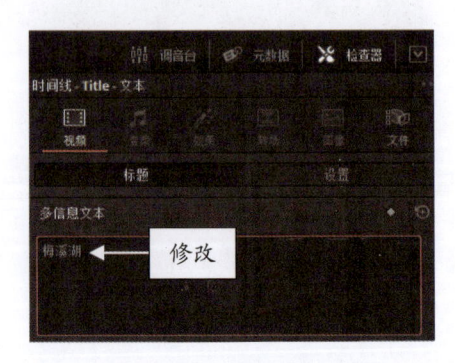

图12-55 修改文本内容

第 12 章 » 夜景视频汇总——《夜景之美》

STEP 24 设置"位置"的 X 参数为 954.000，Y 参数为 109.000，如图 12-56 所示，即可将字幕移至自己喜欢的地方。

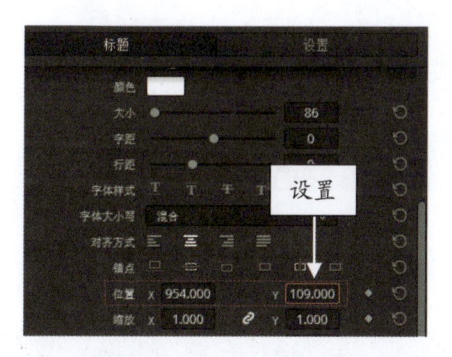

图 12-56 设置"位置"参数

STEP 25 在预览窗口中查看添加的第 2 个字幕效果，如图 12-57 所示。

图 12-57 查看添加的第 2 个字幕效果

STEP 26 用同样的方法，设置其余的字幕效果，如图 12-58 所示。

图 12-58 设置其余字幕效果

STEP 27 在预览窗口中查看字幕效果，如图 12-59 所示。

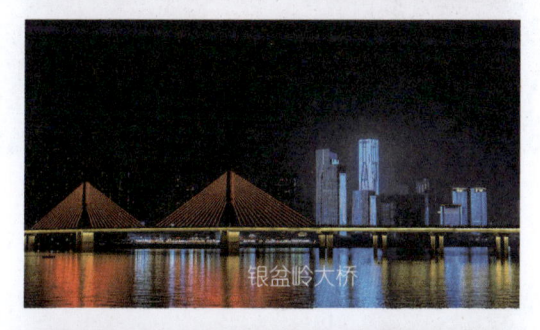

图 12-59 查看字幕效果

STEP 28 在"媒体池"面板中，选择导入的片尾素材，如图 12-60 所示。

STEP 29 按住鼠标左键将其拖曳至视频 1 轨道上，释放鼠标左键即可添加片尾视频，如图 12-61 所示。这里的片尾是做好的，可以直接使用，也可以制作自己喜欢的片尾。

243

图 12-60　选择导入的片尾素材　　　　　图 12-61　添加片尾视频

STEP 30 在预览窗口中查看片尾效果，如图 12-62 所示。

图 12-62　添加片尾视频

12.3　剪辑输出视频

视频调色完成后，即可在达芬奇"剪辑"步骤面板中添加背景音乐，并在达芬奇"交付"步骤面板中将制作的成品项目交付输出。

12.3.1　为视频匹配背景音乐

标题字幕制作完成后，为视频匹配一段好听的背景音乐，可以使制作的文件更加完整，下面介绍具体的操作方法。

素材文件	素材\第 12 章\背景音乐.mp3
效果文件	无
视频文件	视频\第 12 章\12.3.1　为视频匹配背景音乐.mp4

【操练+视频】——为视频匹配背景音乐

STEP 01 在"媒体池"面板中的空白处单击鼠标右键，弹出快捷菜单，选择"导入媒体"命令，如图 12-63 所示。

第 12 章 » 夜景视频汇总——《夜景之美》

图 12-63 选择"导入媒体"命令

STEP 02 弹出"导入媒体"对话框,在其中选择需要导入的音频素材,如图 12-64 所示。

图 12-64 选择需要导入的音频素材

STEP 03 单击"打开"按钮,即可将选择的音频素材导入"媒体池"面板中,如图 12-65 所示。

图 12-65 将素材导入"媒体池"面板中

STEP 04 选择背景音乐,按住鼠标左键将其向右拖曳至合适位置,释放鼠标左键。将时间指示器移至 01:00:42:02 位置处,在"时间线"面板上方的工具栏中单击"刀片编辑模式"按钮,如图 12-66 所示。

图 12-66 单击"刀片编辑模式"按钮

STEP 05 在音频 1 轨道上单击鼠标左键,将音频分割为两段。选择多余的音频,单击鼠标右键,弹出快捷菜单,选择"删除所选"命令,即可删除多余的音频,如图 12-67 所示。

图 12-67 删除多余的音频

12.3.2 交付输出制作的视频

为视频添加背景音乐后,即可切换至达芬奇"交付"步骤面板,将制作的项目文件输出为 MP4 格式的视频,下面介绍具体的操作方法。

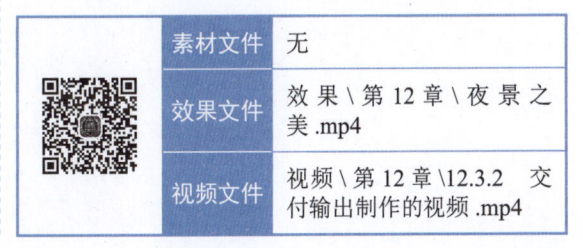

素材文件	无
效果文件	效果\第 12 章\夜景之美 .mp4
视频文件	视频\第 12 章\12.3.2 交付输出制作的视频 .mp4

【操练+视频】——交付输出制作的视频

STEP 01 切换至"交付"步骤面板，在"渲染设置"|"渲染设置-Custom Export"选项面板中，设置文件名称和保存位置，如图 12-68 所示。

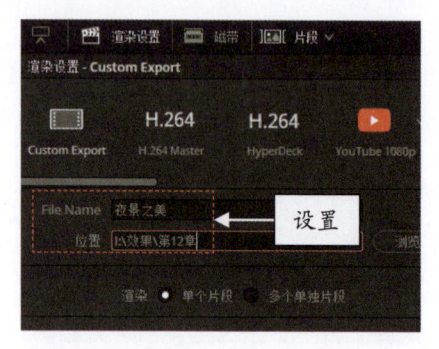

图 12-68 设置文件名称和保存位置

STEP 02 在"导出视频"选项区中，单击"格式"下拉按钮，在弹出的下拉列表中选择 MP4 选项，如图 12-69 所示。

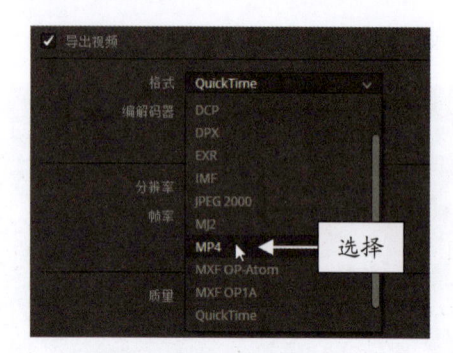

图 12-69 选择 MP4 选项

STEP 03 单击"添加到渲染队列"按钮，如图 12-70 所示。

STEP 04 将视频文件添加到右上角的"渲染队列"面板中，单击下方的"渲染所有"按钮，如图 12-71 所示。

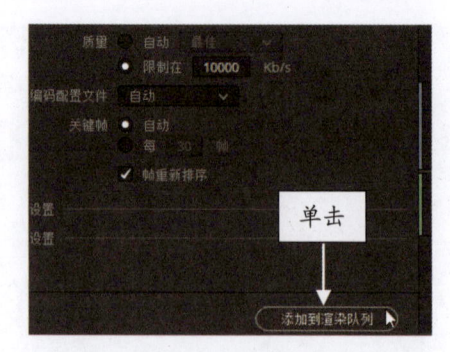

图 12-70 单击"添加到渲染队列"按钮

图 12-71 单击"渲染所有"按钮

STEP 05 开始渲染视频文件，并显示视频渲染进度。待渲染完成，在渲染列表上会显示渲染用时，表示渲染成功，如图 12-72 所示。

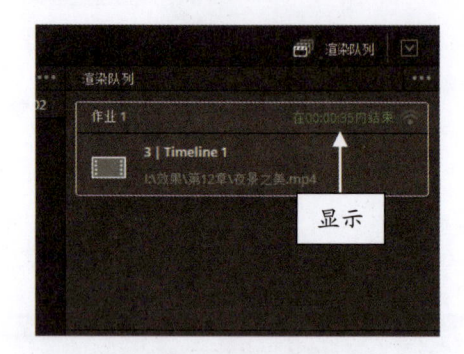

图 12-72 显示渲染用时

第 13 章

延时视频汇总——《银河星空》

章前知识导读

在达芬奇软件中可以制作出延时视频,不仅操作简单,而且上手难度低,只要熟悉达芬奇软件,就能轻松制作出精美的延时视频。本章主要介绍通过达芬奇制作《银河星空》延时视频的操作方法。

新手重点索引

- 欣赏视频效果
- 剪辑输出视频
- 视频调色过程

效果图片欣赏

13.1 欣赏视频效果

本章延时视频是由多个照片组合在一起的长视频，因此在制作时需要到 Photoshop 中进行调色，导出 .jpg 格式文件；然后在达芬奇软件中进行相应的处理。在介绍制作方法之前，本节先欣赏一下视频的效果。下面展示效果赏析和技术提炼内容。

13.1.1 效果赏析

这个延时视频是由 307 张照片组合而成的，制作出 10 秒多的《银河星空》延时视频，方法也非常简单，效果如图 13-1 所示。

图 13-1 延时视频汇总——《银河星空》效果欣赏

13.1.2 技术提炼

在 DaVinci Resolve 18 中，用户可以先建立一个项目文件，然后在"剪辑"步骤面板中将银河星空视频素材导入"时间线"面板中，根据需要在"时间线"面板中对素材文件进行时长剪辑；切换至"调色"步骤面板，对"时间线"面板中的延时视频进行调色；待画面色调调整完成后，为延时视频添加背景音乐，并将制作好的成品交付输出。

13.2 视频调色过程

本节主要介绍延时视频的制作过程，包括导入延时视频素材，对视频进行变速处理，对视频进行调色处理等内容，希望读者可以熟练掌握风景视频的各种制作方法。

13.2.1 导入延时视频素材

在为视频调色之前，首先需要导入素材。下面介绍通过"媒体池"面板导入素材的操作方法。

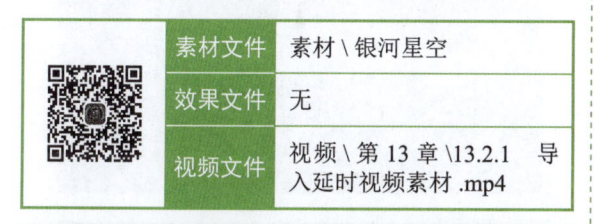

素材文件	素材\银河星空
效果文件	无
视频文件	视频\第 13 章\13.2.1 导入延时视频素材.mp4

【操练+视频】——导入延时视频素材

STEP 01 进入达芬奇"剪辑"步骤面板，选择"文件"|"项目设置"命令，如图 13-2 所示。

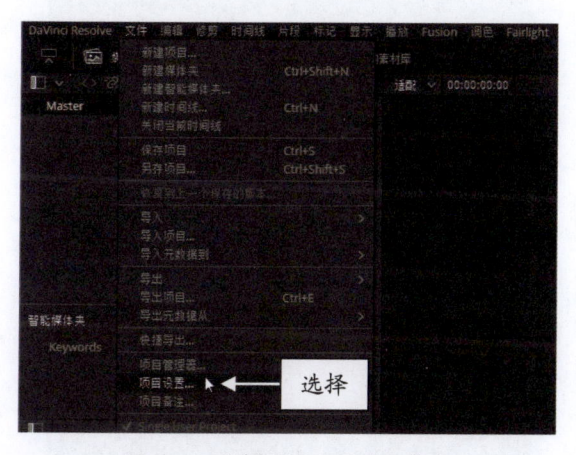

图 13-2 选择"项目设置"命令

STEP 02 弹出"项目设置：银河星空"对话框，在"主设置"选项卡中，❶设置相应时间线分辨率；❷单击"保存"按钮，如图 13-3 所示。

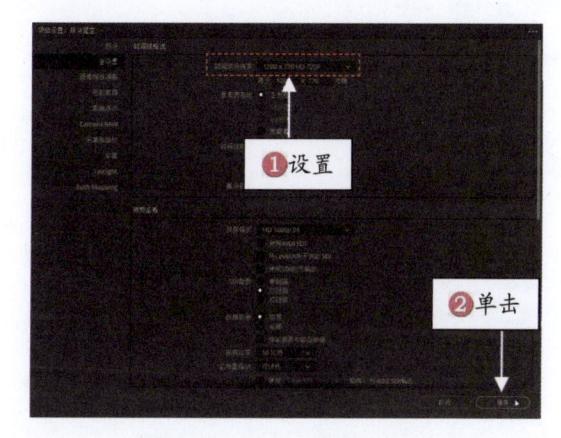

图 13-3 单击"保存"按钮

STEP 03 切换至"媒体"步骤面板，单击"媒体存储"按钮，如图 13-4 所示。

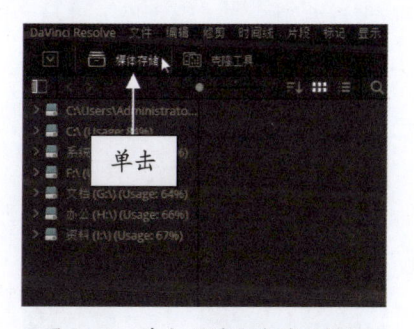

图 13-4 单击"媒体存储"按钮

STEP 04 ❶在下方单击 ▬▬ 按钮，弹出列表框；❷选择"帧显示模式"|"序列"选项，如图13-5所示。

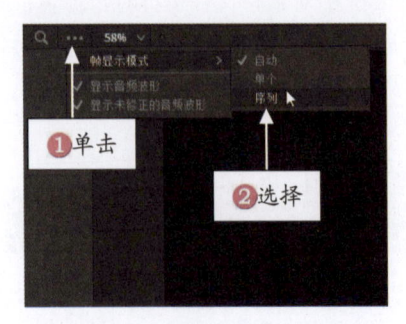

图13-5 选择"序列"选项

STEP 05 在计算机中选择素材所在的文件夹，如图13-6所示。

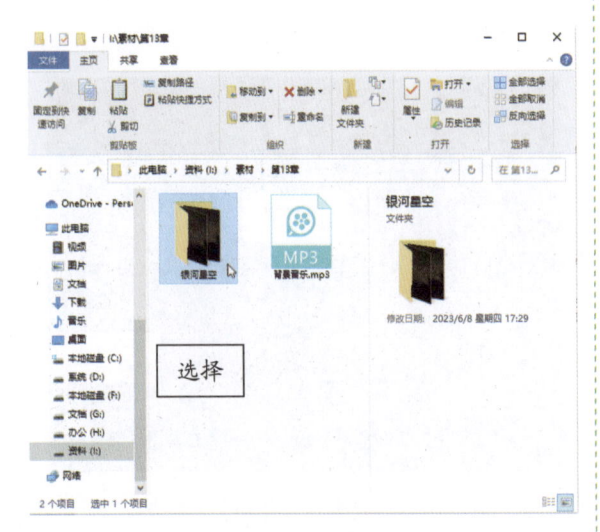

图13-6 选择素材所在的文件夹

STEP 06 按住鼠标左键将其拖曳至"媒体"面板中，释放鼠标左键，即可完成导入素材的操作，如图13-7所示。

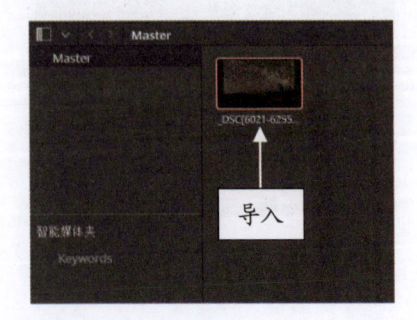

图13-7 导入素材

STEP 07 切换至"剪辑"步骤面板，在"时间线"面板中插入一段素材，如图13-8所示。

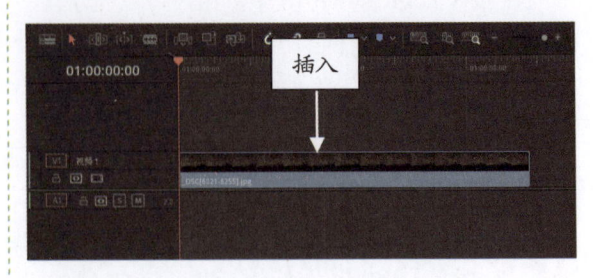

图13-8 插入一段素材

STEP 08 在预览窗口中查看导入的素材，如图13-9所示。

图13-9 预览素材效果

第 13 章 » 延时视频汇总——《银河星空》

图 13-9 预览素材效果（续）

13.2.2 对视频进行变速处理

导入素材后，接下来还需要对视频进行变速处理，延长视频的时长，下面介绍具体的操作方法。

素材文件	无
效果文件	无
视频文件	视频\第 13 章\13.2.2 对视频进行变速处理.mp4

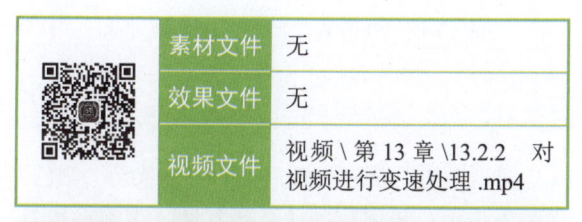

【操练 + 视频】——对视频进行变速处理

STEP 01 选中素材，单击鼠标右键，在弹出的快捷菜单中选择"变速控制"命令，如图 13-10 所示。

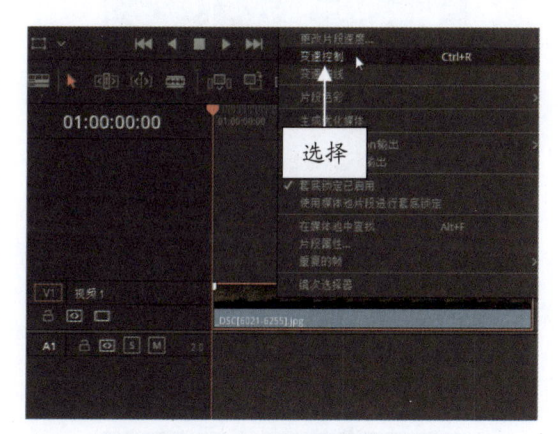

图 13-10 选择"变速控制"命令

STEP 02 拖曳素材至 01:00:09:15 的位置，如图 13-11 所示。

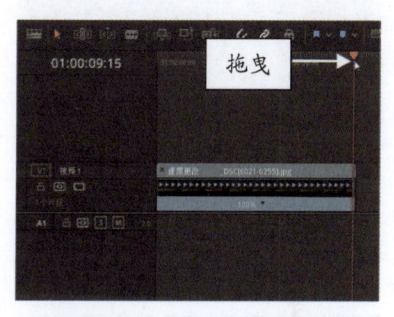

图 13-11 拖曳素材至合适位置

STEP 03 单击▼图标，弹出下拉列表，选择"添加速度点"选项，如图 13-12 所示，即可选择需要更改视频时长的位置。

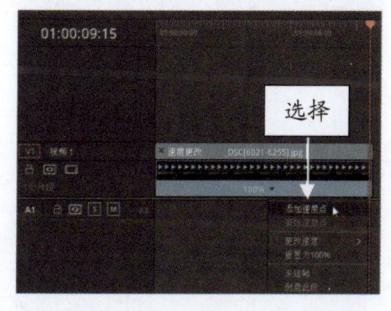

图 13-12 选择"添加速度点"选项

STEP 04 再次拖曳素材至 01:00:09:16 的位置，如图 13-13 所示。

251

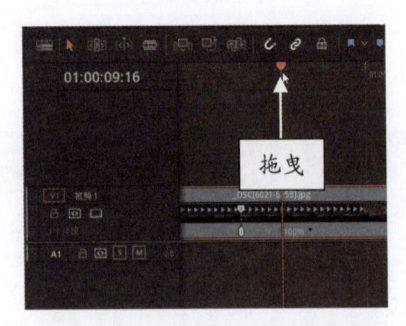

图 13-13 拖曳素材至合适位置

STEP 05 再次单击▼图标，弹出下拉列表，选择"添加速度点"选项，如图 13-14 所示，即可添加一个速度点。

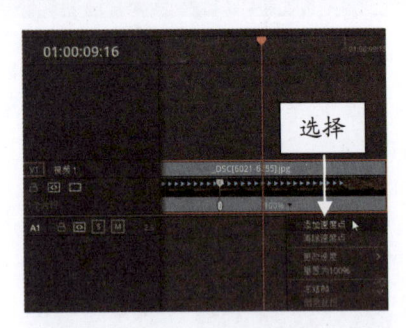

图 13-14 选择"添加速度点"选项

STEP 06 单击▼图标，弹出下拉列表，选择"更改速度" | 10% 选项，如图 13-15 所示。

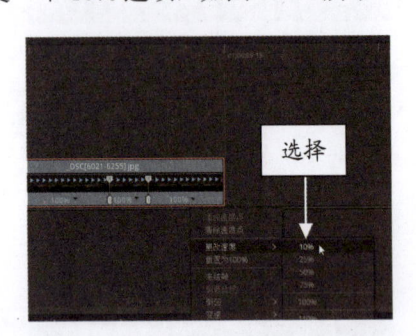

图 13-15 选择相应选项（1）

STEP 07 更改的速度呈黄色图标▶显示，如图 13-16 所示。

STEP 08 再次单击▼图标，弹出下拉列表，选择"更改速度" | 75% 选项，如图 13-17 所示，即可设置视频的变速程度。

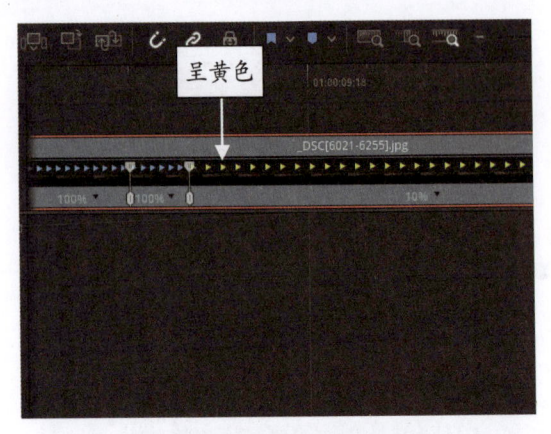

图 13-16 呈黄色图标显示

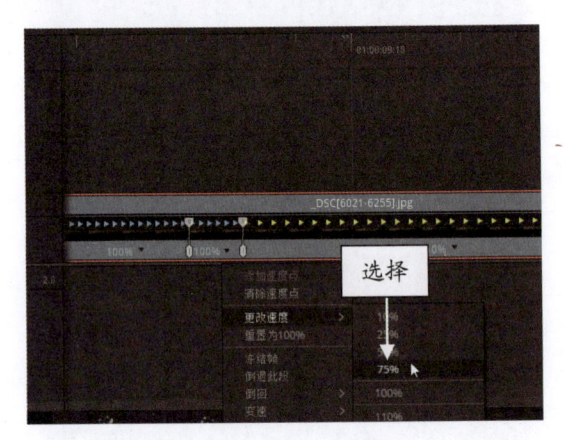

图 13-17 选择相应选项（2）

STEP 09 执行操作后，即可将视频速度变慢，同时将视频时间拉长，如图 13-18 所示。

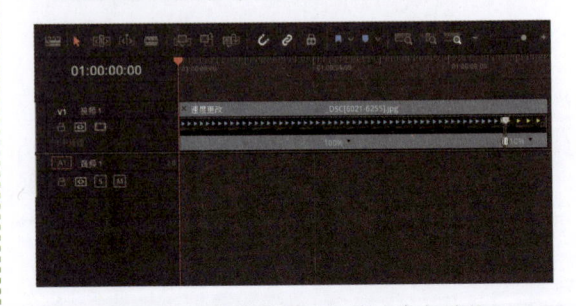

图 13-18 查看更改的视频速度与时长

13.2.3 对视频进行调色处理

对视频进行变速处理后，即可切换至"调色"步骤面板中，为视频调整色彩基调，下面介绍具体的操作方法。

第 13 章 » 延时视频汇总——《银河星空》

素材文件	无
效果文件	无
视频文件	视频\第 13 章\13.2.3 对视频进行调色处理.mp4

【操练 + 视频】——对视频进行调色处理

STEP 01 切换至"调色"步骤面板，展开"色轮"|"一级 - 校色轮"面板，将光标移至"暗部"色轮中的轮盘上，按住鼠标左键并拖曳，直至参数均为 -0.02，如图 13-19 所示，即可调整暗部画面。

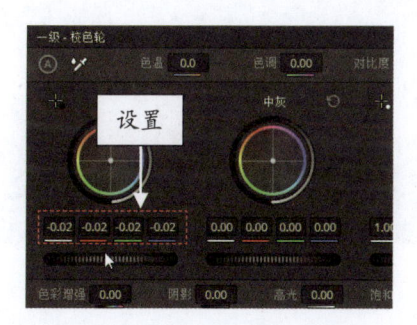

图 13-19 设置"暗部"参数

STEP 02 拖曳"中灰"色轮中间的圆圈，如图 13-20 所示，直至参数为 0.15、0.05、0.06、0.18，即可使画面偏蓝。

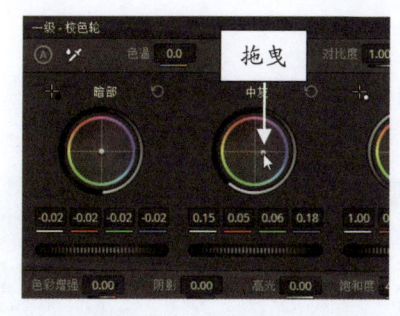

图 13-20 拖曳"中灰"色轮中间的圆圈

STEP 03 拖曳"亮部"色轮中间的圆圈，直至参数为 0.83、0.82、1.19、1.84，即可提升画面中的青蓝色调。拖曳"偏移"色轮中间的圆圈，直至参数为 21.19、23.53、28.32，如图 13-21 所示，即可使整体画面色调偏蓝。

STEP 04 设置"饱和度"参数为 43.00，如图 13-22 所示，即可调整整体色调，使画面色彩更加有质感。

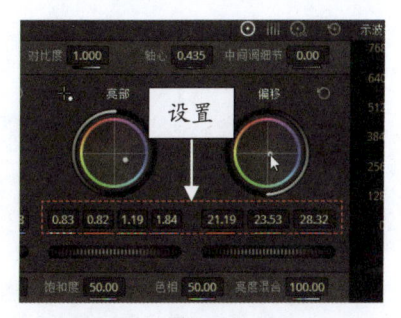

图 13-21 设置相应参数

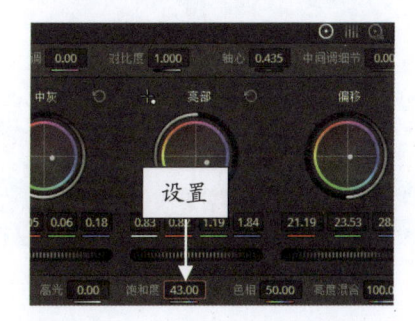

图 13-22 设置"饱和度"参数

STEP 05 在预览窗口中查看最终效果，如图 13-23 所示。

图 13-23 查看最终效果

253

图 13-23 查看最终效果（续）

13.3 剪辑输出视频

调色完成后，即可在"剪辑"步骤面板中为视频添加背景音乐，并在"交付"步骤面板中将制作的成品项目交付输出。

▶ 13.3.1 为视频匹配背景音乐

调色完成后，为视频匹配一段好听的背景音乐，可以使制作的视频文件更加完整，下面介绍具体的操作方法。

素材文件	素材\第 13 章\背景音乐 .mp3
效果文件	无
视频文件	视频\第 13 章\13.3.1 为视频匹配背景音乐 .mp4

【操练 + 视频】——为视频匹配背景音乐

STEP 01 切换至"剪辑"步骤面板，在"媒体池" 面板中的空白处单击鼠标右键，弹出快捷菜单，选择"导入媒体"命令，如图 13-24 所示。

图 13-24 选择"导入媒体"命令

第 13 章 » 延时视频汇总——《银河星空》

STEP 02 弹出"导入媒体"对话框，在其中选择需要导入的音频素材，如图 13-25 所示。

图 13-25 选择需要导入的音频素材

STEP 03 单击"打开"按钮，即可将选择的音频素材导入"媒体池"面板中，如图 13-26 所示。

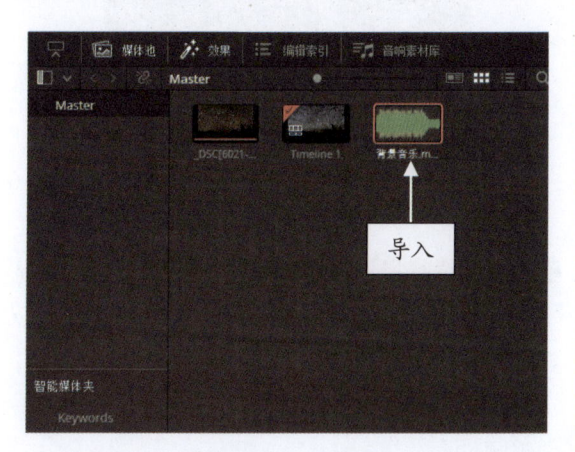

图 13-26 将素材导入"媒体池"面板中

STEP 04 选择背景音乐，按住鼠标左键向右拖曳，如图 13-27 所示，至合适位置后释放鼠标左键。

图 13-27 拖曳背景音乐

STEP 05 在"时间线"面板上方的工具栏中，单击"刀片编辑模式"按钮，如图 13-28 所示。

图 13-28 单击"刀片编辑模式"按钮

STEP 06 将时间指示器移至 01:00:10:22 位置处，如图 13-29 所示。

图 13-29 移动时间指示器至相应位置

STEP 07 在音频 1 轨道上单击鼠标左键，将音频分割为两段。选择多余的音频，单击鼠标右键，弹出快捷菜单，选择"删除所选"命令，如图 13-30 所示，即可删除多余的音频。

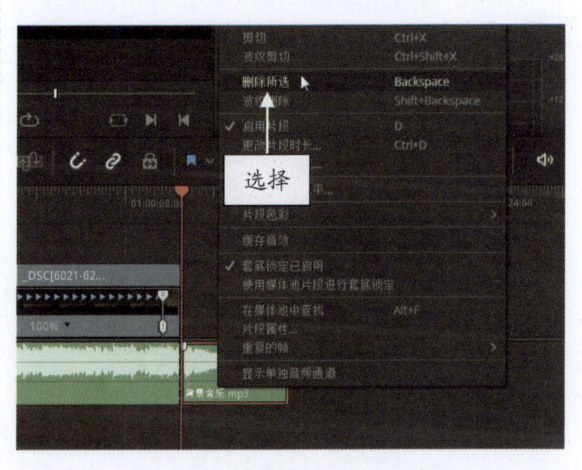

图 13-30 选择"删除所选"命令

255

13.3.2 交付输出制作的视频

为视频添加背景音乐后，即可切换至"交付"步骤面板，将制作的项目文件输出为 MP4 格式的视频，下面介绍具体的操作方法。

素材文件	无
效果文件	效果\第 13 章\银河星空.mp4
视频文件	视频\第 13 章\13.3.2 交付输出制作的视频.mp4

【操练+视频】——交付输出制作的视频

STEP 01 切换至"交付"步骤面板，在"渲染设置"|"渲染设置-Custom Export"选项面板中，设置文件名称和保存位置，如图 13-31 所示。

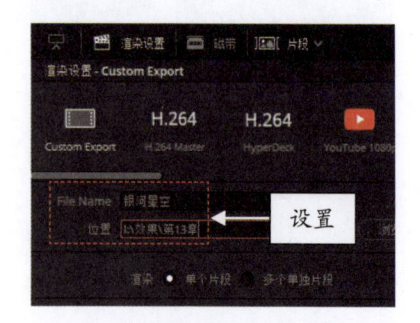

图 13-31 设置文件名称和保存位置

STEP 02 在"导出视频"选项区中，单击"格式"下拉按钮，在弹出的下拉列表中选择 MP4 选项，如图 13-32 所示。

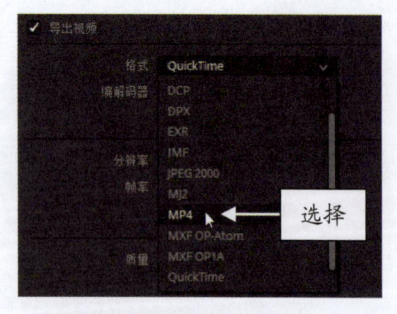

图 13-32 选择 MP4 选项

STEP 03 单击"添加到渲染队列"按钮，如图 13-33 所示。

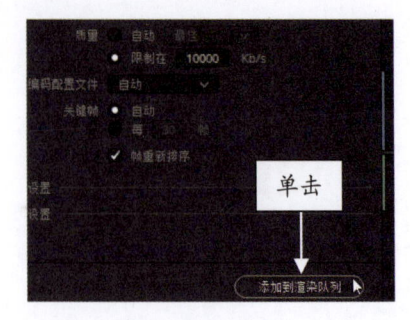

图 13-33 单击"添加到渲染队列"按钮

STEP 04 将视频文件添加到右上角的"渲染队列"面板中，单击"渲染所有"按钮，如图 13-34 所示。

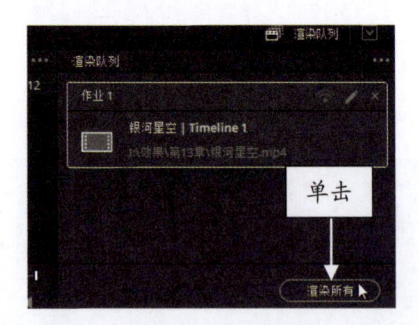

图 13-34 单击"渲染所有"按钮

STEP 05 执行操作后，开始渲染视频文件，并显示视频渲染进度。待渲染完成，在渲染列表上会显示渲染用时，表示渲染成功，如图 13-35 所示。在保存渲染视频的文件夹中，可以查看渲染输出的视频。

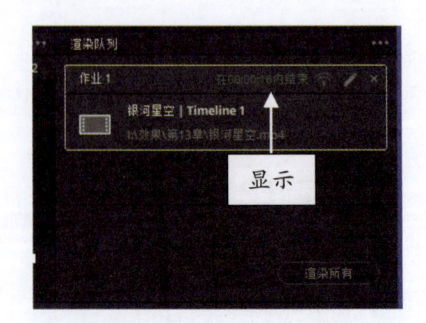

图 13-35 显示渲染用时

附录　达芬奇调色常用快捷键

在 DaVinci Resolve18 中，下面这些常用的快捷键可以帮助用户更方便、快捷地完成视频文件的剪辑和调色。

01　项目文件设置

项目文件设置			
序　号	快　捷　键		功　能
1	Ctrl+Shift+N		在"媒体池"面板中新建一个媒体文件夹
2	Ctrl+N		新建一个时间线
3	Ctrl+S		保存项目文件
4	Ctrl+Shift+S		另存项目文件
5	Ctrl+I		导入媒体文件
6	Ctrl+E		导出项目文件
7	Shift+1		打开"项目管理器"对话框
8	Shift+9		打开"项目设置"对话框

02　项目编辑设置

项目编辑设置			
序　号	快　捷　键		功　能
1	Ctrl+Z		撤销上一步操作
2	Ctrl+Shift+Z		重新编辑操作
3	Ctrl+Alt+Z		撤销修复操作
4	Ctrl+X		剪切
5	Ctrl+Shift+X		波纹剪切
6	Ctrl+C		复制
7	Ctrl+V		粘贴
8	Ctrl+Shift+V		粘贴插入
9	Alt+V		粘贴属性
10	Alt+Shift+V		粘贴值
11	Backspace		删除所选素材

（续表）

序 号	快 捷 键	功 能
12	Delete	波纹删除所选素材
13	Ctrl+A	全选当前面板中的素材
14	Ctrl+Shift+A	取消全选
15	F9	在时间指示器位置插入所选素材
16	F10	覆盖时间指示器位置的素材片段
17	F11	替换当前所选素材
18	F12	在时间指示器位置的素材上方的轨道上添加叠加素材
19	Shift+F10	波纹覆盖时间指示器位置的素材片段
20	Shift+F11	在素材轨道空白处适配填充所选素材
21	Shift+F12	快速附加到时间线结束位置素材片段的末端
22	Ctrl+Shift+,	与当前所选素材左边的片段进行位置交换
23	Ctrl+Shift+.	与当前所选素材右边的片段进行位置交换
24	Alt+Shift+Q	编辑后切换到时间线

03 视频修剪操作

视频修剪操作		
序 号	快 捷 键	功 能
1	A	快速切换至普通编辑模式
2	T	快速切换至修剪模式
3	R	快速切换至范围选择模式
4	W	快速切换至动态修剪模式
5	S	快速切换至滑移/滑动模式
6	B	快速切换至刀片编辑模式
7	E	扩展编辑
8	V	选择最近的编辑点
9	Alt+E	选择最近的视频编辑点
10	Shift+E	选择最近的音频编辑点
11	Shift+V	选择最近的片段/空隙

（续表）

序号	快捷键	功能
12	Alt+U	切换：视频+音频/视频/音频
13	Shift+[	修剪视频开始位置
14	Shift+]	修剪视频结束位置

04 "时间线"面板设置

\multicolumn{3}{c}{"时间线"面板设置}		
序号	快捷键	功能
1	Ctrl+T	为当前所选素材自动添加视频和音频转场效果
2	Alt+T	为当前所选素材自动添加视频转场效果
3	Shift+T	为当前所选素材自动添加音频转场效果
4	Ctrl+B 或 Ctrl+\	在时间指示器所在位置，分割所选素材片段
5	N	开启/关闭吸附功能
6	Ctrl+Shift+L	开启/关闭链接选择功能
7	Shift+S	开启/关闭音频链接功能
8	Alt+1/2/3	选择 V1/V2/V3 轨道
9	Alt+Shift+1/2/3	锁定或解锁 V1/V2/V3 轨道
10	Ctrl+Shift+1/2/3	启用或禁用 V1/V2/V3 轨道

05 视频片段设置

\multicolumn{3}{c}{视频片段设置}		
序号	快捷键	功能
1	Ctrl+Shift+C	显示关键帧编辑器
2	Shift+C	显示曲线编辑器
3	Ctrl+D	更改片段时长
4	Shift+R	冻结帧
5	Ctrl+R	变速控制
6	Ctrl+Alt+R	重置变速
7	Alt+F	在"媒体池"面板中查找视频片段

06　视频标记设置

视频标记设置		
序号	快捷键	功能
1	I	在时间指示器位置处标记入点
2	O	在时间指示器位置处标记出点
3	Alt+Shift+I	标记视频入点
4	Alt+Shift+O	标记视频出点
5	Ctrl+Alt+I	标记音频入点
6	Ctrl+Alt+O	标记音频出点
7	Alt+I	清除入点
8	Alt+O	清除出点
9	Alt+X	清除入点与出点
10	Alt+Shift+X	清除视频入点和出点
11	Ctrl+Alt+X	清除音频入点和出点
12	X	标记片段
13	Shift+A	标记所选内容
14	Alt+B	创建子片段
15	Ctrl+[	添加关键帧
16	Ctrl+]	添加静态关键帧
17	Alt+]	删除关键帧
18	Ctrl+Left	向左移动所选关键帧
19	Ctrl+Right	向右移动所选关键帧
20	Ctrl+Up	向上移动所选关键帧
21	Ctrl+Down	向下移动所选关键帧
22	Ctrl+M	添加并修改标记
23	Alt+M	删除标记

07 显示预览画面

显示预览画面		
序号	快捷键	功能
1	Ctrl+Alt+G	在"调色"步骤面板的预览窗口中抓取原素材静帧画面
2	Ctrl+Alt+F	播放抓取的静帧画面
3	Ctrl+Alt+B	切换至上一个静帧
4	Ctrl+Alt+N	切换至下一个静帧
5	Ctrl+W	快速开启划像功能，显示参考划像
6	Alt+W	反转显示的划像
7	Alt+Shift+Z	使检视器调整至实际大小
8	Shift+Q	在剪辑时启用/关闭预览
9	Ctrl+F	影院模式显示预览窗口
10	Shift+F	全屏模式显示预览窗口
11	Shift+Z	快速恢复画面大小到屏幕适配
12	空格	暂停/开始回放视频文件
13	J	从片尾方向开始倒放素材
14	K	停止正在播放中的素材
15	L	从片头方向开始正放素材
16	Alt+L	再次播放素材文件
17	Alt+K	快速停止播放，并跳转素材至结束位置处
18	Shift+J	快退
19	Shift+L	快进
20	Ctrl+/	使播放中的素材连续循环播放

08 调色节点设置

调色节点设置		
序号	快捷键	功能
1	Alt+Shift+;	切换至上一个节点
2	Alt+Shift+`	切换至下一个节点

（续表）

序号	快捷键	功能
3	Alt+S	添加串行节点
4	Shift+S	在当前节点前添加串行节点
5	Alt+P	添加并行节点
6	Alt+L	添加图层节点
7	Alt+K	附加节点
8	Alt+O	添加外部节点
9	Alt+Y	添加分离器/结合器节点
10	Alt+C	添加带有圆形窗口的串行节点
11	Alt+Q	添加带有四边形窗口的串行节点
12	Alt+G	添加带有多边形窗口的串行节点
13	Alt+B	添加带有 PowerCurve 曲线窗口的串行节点
14	Ctrl+D	启用或禁用已选节点
15	Alt+D	启用或禁用所有节点
16	Alt+A	自动调色
17	Shift+Home	对当前所选节点重置调色
18	Ctrl+Shift+Home	重置调色操作并保留节点
19	Ctrl+Home	重置所有节点和调色操作
20	Ctrl+Y	添加调色版本
21	Ctrl+U	切换至默认的调色版本
22	Ctrl+B	切换至上一个调色版本
23	Ctrl+N	切换至下一个调色版本

09　打开工作区面板

打开工作区面板		
序号	快捷键	功能
1	Shift+2	切换至"媒体"步骤面板
2	Shift+3	切换至 Cut（剪切）步骤面板
3	Shift+4	切换至"剪辑"步骤面板

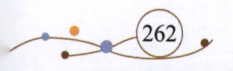

（续表）

序号	快捷键	功能
4	Shift+5	切换至 Fusion 步骤面板
5	Shift+6	切换至"调色"步骤面板
6	Shift+7	切换至 Fairlight 步骤面板
7	Shift+8	切换至"交付"步骤面板
8	Ctrl+1	展开"媒体池"面板
9	Ctrl+6	展开"特效库"面板
10	Ctrl+7	展开"编辑索引"面板
11	Ctrl+9	展开"检查器"面板
12	Ctrl+Shift+F	展开"光箱"面板
13	Ctrl+Shift+W	开启视频"示波器"面板